JN233299

チュートリアル化学シリーズ ④

典型元素の化学

W.Henderson 著　三吉克彦 訳

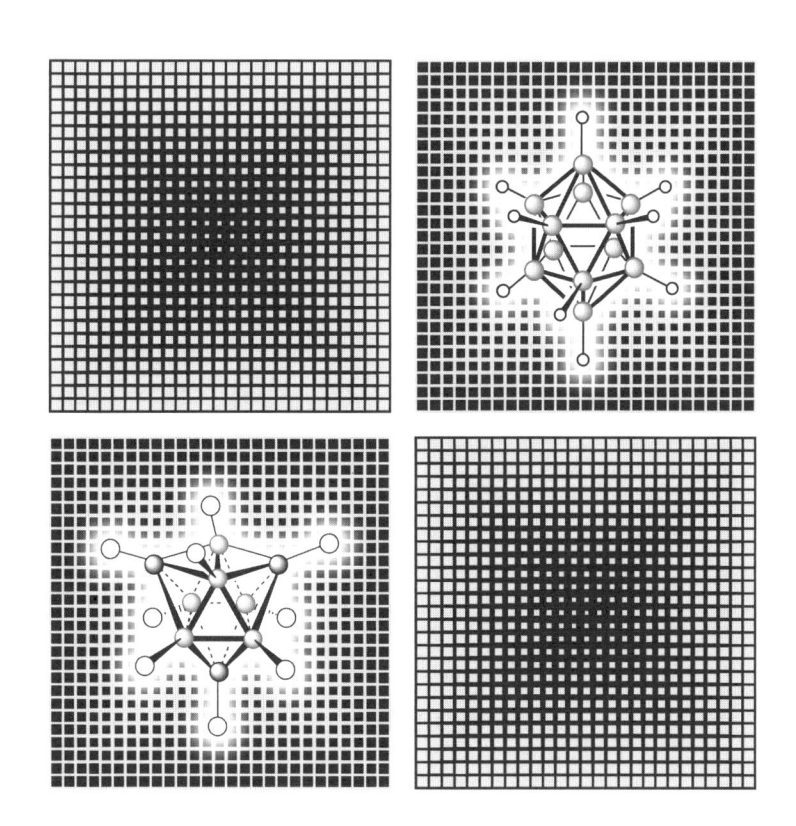

化学同人

Main Group Chemistry

by William Henderson

Copyright © The Royal Society of Chemistry 2000
Japanese translation rights arranged with Royal Society of Chemistry through Japan UNI Agency, Inc., Tokyo.

はじめに

　典型元素，つまり s および p ブロック元素は周期表の他のどの領域の元素よりも多様性に富んでいて，フッ素のようにきわめて反応活性な非金属から，ケイ素のような半金属（亜金属），さらには非常に反応活性なアルカリ金属までを含んでいる．このような典型元素とその化合物の物理的・化学的性質の傾向を議論するとき，周期表は非常に役立つ枠組みである．本書は，広範で変化に富んだ典型元素の化学のうちで重要な特徴を要約し，とくにその性質の周期的な傾向と，これを合理的に説明する原理を解説することを目指して書いたつもりである．また記述的な化学の部分には，例題と章末問題をあげて理解しやすくなるよう配慮した．なお典型元素は生物無機化学や工業化学のような分野でもかなり重要な役割を果たしているが，紙数の制約のためこれらには触れていない．

　本書を書くにあたって，原稿に対して多くの助言をいただいた Brian Nicholson 教授，Richard Coll 博士，Michael Taylor 博士に感謝の意を表したい．また本書に対して，教師としての意見をくれた私の妻 Angela にも感謝したい．

　なお，この本の内容に関連した練習問題（解答付き）は RSC Tutorial Chemistry Texts のホームページ（http://www.chemsoc.org/tct/maingrouphome.htm）から入手できる．

Bill Henderson
ニュージーランド・ハミルトンにて

訳者まえがき

　無機化学はすべての元素を対象としているので，教科書を読んでいると多様性に富んだ物質が次つぎと登場する．だから興味津々といった捉え方もできる反面，初学者にとっては有機化学や物理化学に比べると整理して系統的に学習することが難しい．すでに出版されている無機化学の教科書は，各論に正面から取り組んで無機化合物の詳しい解説がなされている辞書とでもいうべきものと，無機化合物の構造や結合の解説に重点を置いて，各論にはあまり触れないようなものとに大別される．前者は必然的に分厚いものとなる．私の経験からすれば，与えられた講義時間内で無機化学の各論にまで踏み込むことは相当の困難を伴うので，無機化学の特徴である各論はつい犠牲にしてしまいがちである．このたび（株）化学同人から翻訳を依頼された教科書は，典型元素の各論を周期表に沿って解説してあり，どちらかといえば前者に分類されるべきものである．しかし各論を精選することによって教科書として使いやすい分量にし，しかも結合や構造に対しても充分な解説を加えるという，理想に近い試みがなされていると思われたので，この依頼を積極的に受けることにした．

　翻訳を進めていくと各論を中心に展開されているだけに，これでは説明が不充分ではないかと思われる箇所に何度か出くわした．そこで，いささか僭越ではあるが〝訳者注〟として若干の追加をすることにした．結果的に，本書は化学を専門とする学部3年生程度までの無機化学の教科書として内容・分量ともに適したものに仕上がったと思っている．とくに例題を多く取り入れてあることが本書で学習するうえで非常に役立つと思われ，章末問題の解答にも少し解説を加えておいた．本書が学部での無機化学の基礎固めとして役立つことを切に願っている．なお大半の無機化学の教科書では錯体化学や有機金属化学も扱われているが，本書ではこれらにはほとんど触れていないし，工業化学や無機生物化学においても典型元素は重要な位置を占めているが，紙数の制約のために一切記述されていない．この点はそれぞれの専門書で補ってもらうしかない．小冊子であるがゆえの宿命であるが，この教科書が〝無機化学〟ではなく〝典型元素化学〟であるという特徴は充分生かされている．

2003年 夏

三吉　克彦

CONTENTS

1章 典型元素の化学における構造と結合の概略　1

1.1 序論　1
1.2 イオン化エネルギー，電子親和力と電気陰性度　1
1.3 典型元素間での周期性　6
1.3.1 典型元素の単体　6
1.3.2 典型元素の水素化物　7
1.3.3 典型元素の塩化物　7
1.3.4 典型元素の酸化物　8
1.4 VSEPR則　9
1.4.1 序論　9
1.4.2 VSEPR則の基本原理　9
1.4.3 孤立電子対をもつ分子の場合　11
1.4.4 多重結合をもつ分子の場合　12
1.4.5 5組の電子対をもつ分子の場合　12
1.4.6 7組あるいはそれ以上の電子対をもつ分子の場合　13
1.4.7 共鳴構造がある場合　14
1.4.8 供与結合がある場合　15
1.4.9 原子の電気陰性度の影響　15
1.5 分子軌道論　17
章末問題　20

2章 水素の化学　23

2.1 序論　23
2.2 水素の単体　23
2.2.1 自然界での存在と工業的製法　23
2.2.2 水素の同位体　25
2.3 水素の化学的性質　26
2.4 水素化物　26
2.4.1 イオン結合性水素化物　27

2.4.2　共有結合性水素化物　27
　　　2.4.3　侵入型水素化物　30
　2.5　形式的に H$^+$ として水素を含む化合物 ―――――――――――― 30
　2.6　水素結合 ――――――――――――――――――――――――― 31
　　　2.6.1　一般的特徴　31
　　　2.6.2　水素結合した物質の例　32
　　　2.6.3　水素結合の強さと重要性　33
　章末問題　34

3章　1族元素（アルカリ金属）――リチウム，ナトリウム，カリウム，ルビジウム，セシウムとフランシウム―― 35

　3.1　序論と酸化数の概観 ――――――――――――――――――― 35
　3.2　1族元素の単体 ―――――――――――――――――――――― 36
　3.3　アルカリ金属の化学的性質 ――――――――――――――――― 37
　3.4　アルカリ金属の簡単な塩類 ――――――――――――――――― 37
　3.5　アルカリ金属と酸素および硫黄との化合物 ――――――――――― 42
　3.6　アルカリ金属と窒素との化合物 ――――――――――――――― 43
　3.7　アルカリ金属の水素化物 ―――――――――――――――――― 43
　3.8　アルカリ金属と炭素との化合物 ――――――――――――――― 44
　3.9　アルカリ金属の錯体 ―――――――――――――――――――― 44
　3.10　リチウムとマグネシウムの化学的類似性 ―――――――――――― 46
　章末問題　47

4章　2族元素――ベリリウム，マグネシウム，カルシウム，ストロンチウム，バリウムとラジウム―― 49

　4.1　序論と酸化数の概観 ――――――――――――――――――― 49
　4.2　2族元素の単体 ―――――――――――――――――――――― 50
　4.3　2族元素の簡単な化合物と簡単な塩類 ―――――――――――― 50
　4.4　2族元素と酸素および硫黄との化合物 ――――――――――――― 53
　4.5　2族元素と窒素との化合物 ――――――――――――――――― 55
　4.6　2族元素の水素化物 ―――――――――――――――――――― 55
　4.7　2族元素と炭素との化合物 ――――――――――――――――― 56
　4.8　2族金属の錯体 ―――――――――――――――――――――― 58
　4.9　ベリリウムとアルミニウムの化学的類似性 ―――――――――――― 59
　章末問題　60

5章　13族元素 ― ホウ素，アルミニウム，ガリウム，インジウムとタリウム ― 　61

- 5.1　序論と酸化数の概観 ―― 61
- 5.2　13族元素の単体 ―― 62
- 5.3　13族元素の単体の化学的性質 ―― 63
- 5.4　ホウ化物 ―― 63
- 5.5　13族元素のハロゲン化物 ―― 65
  - 5.5.1　3価のハロゲン化物 MX_3　65
  - 5.5.2　低酸化数のハロゲン化物　67
- 5.6　13族元素の水素化物と有機金属化合物 ―― 68
  - 5.6.1　水素化ホウ素　68
  - 5.6.2　そのほかの13族元素の水素化物とアルキル化合物　72
  - 5.6.3　13族元素の水素化物の付加物　72
- 5.7　13族元素の酸化物，水酸化物とオキソ酸陰イオン ―― 74
  - 5.7.1　ホウ素の酸化物，水酸化物とオキソ酸陰イオン　74
  - 5.7.2　アルミニウムの酸化物，水酸化物とオキソ酸陰イオン　75
- 5.8　13族元素と15族および16族元素との化合物 ―― 76
  - 5.8.1　13族元素とP，As，S，Se，Teとの化合物　76
  - 5.8.2　13族元素と窒素との化合物 ― ボラジンと窒化ホウ素 ―　76
- 5.9　水和した13族元素の錯陽イオンとこれに関連した錯体 ―― 77

章末問題　78

6章　14族元素 ― 炭素，ケイ素，ゲルマニウム，スズと鉛 ― 　81

- 6.1　序論と酸化数の概観 ―― 81
- 6.2　14族元素の単体 ―― 82
  - 6.2.1　炭素　82
  - 6.2.2　ケイ素とゲルマニウム　84
  - 6.2.3　スズと鉛　85
- 6.3　14族元素の単体の化学的性質 ―― 85
- 6.4　14族元素の水素化物と有機金属化合物 ―― 86
- 6.5　14族元素のハロゲン化物 ―― 88
  - 6.5.1　四ハロゲン化物　88
  - 6.5.2　二ハロゲン化物　89
  - 6.5.3　E―E結合をもつ14族元素のハロゲン化物 ― 鎖状につながったハロゲン化物 ―　90
- 6.6　炭化物とケイ化物 ―― 90
- 6.7　14族元素の酸化物 ―― 91

x ● 目 次

    6.7.1 炭素の酸化物　92
    6.7.2 ケイ素，ゲルマニウム，スズと鉛の酸化物　94
  6.8　14族元素の硫化物，セレン化物，テルル化物 ——— 95
  6.9　14族元素の多原子陰イオン ——— 96
  章末問題　97

7章　15族元素（ニクトゲン）——窒素，リン，ヒ素，アンチモンとビスマス—— 99

  7.1　序論と酸化数の概観 ——— 99
  7.2　15族元素の単体 ——— 100
  7.3　15族元素の水素化物 ——— 102
    7.3.1 EH_3型の水素化物　102
    7.3.2 そのほかの水素化物　104
  7.4　15族元素の酸化物 ——— 106
    7.4.1 窒素の酸化物　106
    7.4.2 リンの酸化物　108
    7.4.3 ヒ素，アンチモン，ビスマスの酸化物　109
  7.5　15族元素の硫化物 ——— 110
  7.6　15族元素のオキソ酸陰イオンとオキソ酸 ——— 111
    7.6.1 窒素のオキソ酸　111
    7.6.2 リンのオキソ酸　112
    7.6.3 ヒ素，アンチモン，ビスマスのオキソ酸　113
  7.7　15族元素のハロゲン化物 ——— 114
    7.7.1 原子価5の15族元素のハロゲン化物——五ハロゲン化物——　114
    7.7.2 原子価3の15族元素のハロゲン化物——三ハロゲン化物——　115
    7.7.3 15族元素のオキソハロゲン化物　116
  7.8　窒化物とリン化物 ——— 116
  章末問題　117

8章　16族元素（カルコゲン）——酸素，硫黄，セレン，テルルとポロニウム—— 119

  8.1　序論と酸化数の概観 ——— 119
  8.2　16族元素の単体 ——— 120
    8.2.1 酸素　120
    8.2.2 硫黄　120
    8.2.3 セレン，テルル，ポロニウム　121
  8.3　16族元素の水素化物と関連化合物 ——— 122

8.3.1　H_2E 型の化合物　122
　　　8.3.2　カルコゲン化物陰イオン　123
　　　8.3.3　陽イオン性のオニウムイオン H_3E^+　124
　　　8.3.4　過酸化水素と過酸化物　124
　　　8.3.5　硫黄，セレン，テルルの水素化物と，カルコゲン間結合をもつ陰イオン　126
　8.4　**16族元素のハロゲン化物**　127
　　　8.4.1　酸素のハロゲン化物　127
　　　8.4.2　硫黄のハロゲン化物　127
　　　8.4.3　セレンとテルルのハロゲン化物　129
　8.5　**16族元素の酸化物**　129
　　　8.5.1　16族元素の二酸化物　129
　　　8.5.2　16族元素の三酸化物　130
　8.6　**硫黄，セレン，テルルのオキソハロゲン化物**　131
　8.7　**硫黄，セレン，テルルのオキソ酸**　132
　　　8.7.1　亜硫酸，亜セレン酸，亜テルル酸　132
　　　8.7.2　硫酸，セレン酸，テルル酸　132
　　　8.7.3　そのほかの硫黄の酸とその陰イオン　133
　8.8　**ポリカルコゲン陽イオン**　134
　　章末問題　136

9章　17族元素（ハロゲン）——フッ素，塩素，臭素，ヨウ素とアスタチン——　137

　9.1　**序論と酸化数の概観**　137
　9.2　**17族元素の単体**　138
　　　9.2.1　フッ素　139
　　　9.2.2　塩素　139
　　　9.2.3　臭素　139
　　　9.2.4　ヨウ素　139
　　　9.2.5　アスタチン　139
　9.3　**ハロゲンの単体の化学的性質**　140
　9.4　**ハロゲン化水素 HX とハロゲン化物塩 MX**　140
　9.5　**ハロゲンの酸化物**　141
　　　9.5.1　酸化二ハロゲン　142
　　　9.5.2　二酸化塩素　142
　　　9.5.3　塩素と臭素のそのほかの酸化物　142
　　　9.5.4　ヨウ素の酸化物　143
　9.6　**ハロゲンのオキソ酸とオキソ酸陰イオン**　143

- 9.6.1 ハロゲン酸(I) HOX とハロゲン酸(I) 陰イオン OX⁻　144
- 9.6.2 ハロゲン酸(III) HXO₂ とハロゲン酸(III) イオン XO₂⁻　145
- 9.6.3 ハロゲン酸(V) HXO₃ とハロゲン酸(V) イオン XO₃⁻　145
- 9.6.4 ハロゲン酸(VII) HXO₄ とハロゲン酸(VII) イオン XO₄⁻　145

9.7 ハロゲン間化合物 ―― **148**
- 9.7.1 電気的に中性なハロゲン間化合物　148
- 9.7.2 陽イオン性と陰イオン性のハロゲン間化合物　151
- 9.7.3 ポリヨウ化物陰イオン　152

9.8 アスタチンの化学的性質 ―― **153**

章末問題　154

10章 18族元素（希ガス）――ヘリウム，ネオン，アルゴン，クリプトン，キセノンとラドン――　157

10.1 序論と酸化数の概観 ―― **157**

10.2 18族元素の単体 ―― **159**
- 10.2.1 天然における存在　159
- 10.2.2 希ガスの包接化合物　159

10.3 希ガスのハロゲン化物 ―― **160**
- 10.3.1 二フッ化クリプトン　160
- 10.3.2 キセノンのフッ化物　160

10.4 希ガスのフッ化物と F⁻ イオンの受容体あるいは供与体との反応 ―― **161**

10.5 キセノンと酸素との化合物 ―― **162**

10.6 酸素，フッ素以外の元素との結合をもつキセノンとクリプトンの化合物 ―― **164**

章末問題　165

11章 12族元素 ――亜鉛，カドミウムと水銀――　167

11.1 序論 ―― **167**

11.2 12族元素の単体 ―― **168**

11.3 12族元素の単体の化学的性質 ―― **168**

11.4 12族元素のハロゲン化物 ―― **169**

11.5 12族元素のカルコゲン化物と関連化合物 ―― **170**

11.6 12族元素と酸素との化合物 ―― **171**

11.7 12族元素の配位化合物の生成 ―― **172**

11.8 12族元素の低原子価の化合物 ―― **173**

章末問題　175

12章 代表的なポリマー性の典型元素化合物　　177

- **12.1 序論** ── 177
- **12.2 ポリリン酸塩** ── 177
- **12.3 ケイ酸塩** ── 180
  - 12.3.1 概要　180
  - 12.3.2 簡単なケイ酸塩──オルトケイ酸陰イオンとピロケイ酸陰イオン　181
  - 12.3.3 環状および直鎖状のポリケイ酸イオン　181
  - 12.3.4 層状のポリケイ酸塩　183
  - 12.3.5 網目構造のケイ酸塩物質　184
- **12.4 シリコーンポリマー** ── 185
- **12.5 ポリホスファゼン** ── 186

章末問題　187

さらなる学習のために ── 189
章末問題の解答 ── 193
索　引 ── 209

1章 典型元素の化学における構造と結合の概略

この章の目的

この章では、以下の二つの項目について理解する．
- イオン化エネルギーと電気陰性度の概念を使って，典型元素の酸化物，塩化物，水素化物が示す性質の周期的な傾向を概観すること
- 原子価殻電子対反発則（VSEPR則）を使って分子の構造（形）を予想することと，初歩的な分子軌道法を使って二原子分子の結合を記述すること

1.1 序論

これから論じる典型元素の化学の前置きとして，この章では典型元素の単体と化合物の構造と結合について全体的な様相を大ざっぱに眺めてみる．本書の読者は原子構造と化学結合について基本的なことはすでに知っているものとして話を進める．まず，イオン化エネルギーと電子親和力と電気陰性度の概念を説明することから始める．これらの概念が典型元素の化学を大まかに理解するための骨組みとして重要だからである．このようにして，ここでは後の章で述べる化学の詳しい議論ための準備をしておきたい．また，原子価殻電子対反発則（VSEPR則）は典型元素化合物の構造（形）を合理的に予想するのに有用でしかも簡単な規則であるから，これについても解説する．最後に分子軌道法の考え方について，ごく簡単に触れることにする．

> イオン化エネルギーはイオン化エンタルピー，電子親和力は電子付加エンタルピーと呼ぶのが正確であるが，そのまま使われることが多い．なお電子親和力といっても，物理学でいう力ではなく，エネルギーである．

1.2 イオン化エネルギー，電子親和力と電気陰性度

ある元素が化合物を生成するときには，電子を得たり，失ったり，あるいは他の原子との間で電子を共有したりする．このような傾向は各元素のイオン化エネルギー，電子親和力と電気陰性度の三つのパラメータで見積ることができる．結合がイオン結合性なのか，あるいは共有結合性なのかが予想できると，その化合物の化学的・物理的性質を予測することができるようにもなる．

イオン化エネルギー(kJ mol⁻¹)

	K	Al
第一IE	+421	+584
第二IE	+3058	+1823
第三IE	+4418	+2751

第一IE (kJ mol⁻¹)

H	+1312
Li	+526
Na	+502
K	+421
Rb	+409
Cs	+378

†1 訳者注 以下登場する反応式において，物質の右下にある添字(g)，(s)，(l)，(aq)，(NH_3) などはその物質の状態を表していて，それぞれ気体 (gas)，固体 (solid)，液体 (liquid)，水溶液 (aqueous solution)，液体アンモニア溶液の状態にあることを示す．

イオン化エネルギー (ionization energy，IE と略す) は，気体状態の原子あるいはイオンから1個の電子を奪う過程に必要なエネルギーである(式 1.1)．この過程は一般に吸熱的で，エンタルピー変化としては正である．また，原子から電子を次つぎと奪うことは次第に困難になってくる．というのは原子から電子が奪われると陽イオンになるので，その陽イオンが残りの電子を以前よりも強く引きつける(有効核電荷が大きくなる)からである．だから，たとえば第三 IE は第二 IE より常に大きく，第二 IE は第一 IE より大きい．

$$M^{n+}_{(g)} \longrightarrow M^{(n+1)+}_{(g)} + e^- \qquad (1.1)^{†1}$$

周期表で，ある族について周期を下がると IE は減少する．奪われる価電子が主量子数の大きい軌道に収容されるようになり，原子核から遠くに位置する(つまり原子のサイズが大きくなる)ので，その電子が原子核から強く引きつけられなくなるからである．さらに，周期を下がると原子核の正電荷はかなり増大するが，外側の(奪われる)電子は内側の電子によって**遮蔽** (shield または screen) されている．その結果，外側の電子が核から受ける実効的な正電荷，つまり**有効核電荷** (effective nuclear charge) が相当小さくなるからでもある．ただし，5〜12族元素では遮蔽効率の低い 4f 軌道が占有されたあとに続く第6周期元素 (Ta〜Hg) が各族で最大の第一 IE をもつ(11.3節参照)．

同じ周期で周期表を右に進むと第一 IE は増大する(図 1.1)．まず，原子核の正電荷が1ずつ増大し，電子が1個ずつ同じ主量子数の殻に入る．同じ殻にある電子は互いを原子核の正電荷から遮蔽する効率が悪い(結果的に有効核電荷が大きくなる)ので，これらの電子は原子核に次第に強く引きつけられるようになる(そのため周期表で，同じ周期を右に進むと一般に原子サイズは小さくなる)．その結果，IE は増大する．さらに，閉殻の(安定な)電子配置から電子を奪うには多くのエネルギーを要する．たとえば Ne($1s^2\,2s^2\,2p^6$) の第一 IE (2081 kJ mol⁻¹)

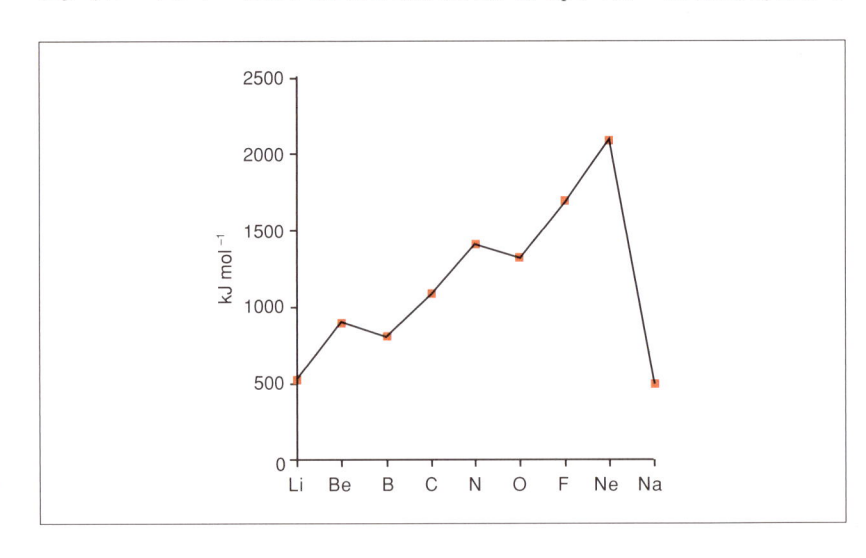

図 1.1 Li から Na までの元素の第一 IE．

はその次の元素 Na($1s^2\,2s^2\,2p^6\,3s^1$) の第一 IE ($502\,\mathrm{kJ\,mol^{-1}}$) に比べ格段に大きい. 逆に Na では 1 電子を失うと閉殻の(安定な)電子配置 $1s^2\,2s^2\,2p^6$ になるので 1 族金属の第一 IE は小さく (K では $421\,\mathrm{kJ\,mol^{-1}}$), 第二 IE は閉殻の電子配置から電子を奪うことになるので相当大きい(第二 IE は Na では $4562\,\mathrm{kJ\,mol^{-1}}$, K では $3058\,\mathrm{kJ\,mol^{-1}}$). 1 族金属が +1 の酸化数をとり, +2 価にならないのはこのためである. 同様に準閉殻の 12 族元素 ($s^2\,d^{10}$) の第一 IE は比較的大きく, イオン化すると準閉殻 (d^{10}) になる 11 族元素 ($s^1\,d^{10}$) のそれは小さい (11.3 節).

上述のように, 同じ周期内では原子番号の増大に伴って(周期表を右に進むと) IE は増大する傾向があるが, これに加えて B($1s^2\,2s^2\,2p^1$) と O($1s^2\,2s^2\,2p^4$) のところでへこみがある(図 1.1). まず, Be($1s^2\,2s^2$) では 2s 準位(軌道)は 2 電子で占有されている. B になると 2p 軌道の一つに 1 電子を加えることになる. もちろん核電荷は一つ増すが, その 2p 電子は内側の 2s 電子によって十分遮蔽されるので, 軌道のエネルギー準位は 2s < 2p となり, IE はむしろ小さくなる(軌道のエネルギー準位は ns < np となる). 一方, N($1s^2\,2s^2\,2p^3$) では各 2p 軌道が 1 電子ずつで平行スピンになるように占められ〔フントの規則 (Hund's rule)〕, 交換エネルギー (exchange energy) による安定化を大きく受けている(だから, この安定な配置を崩すことになる第一 IE は大きい). O($1s^2\,2s^2\,2p^4$) になれば, 原子核の正電荷は 1 だけ増すが, 2p 軌道の一つが電子対をもつようになる. 同じ軌道にある 2 電子は互いに反発するので, 第一 IE は核の電荷が大きい O のほうが N よりかえって小さくなる(それぞれ 1314 と $1402\,\mathrm{kJ\,mol^{-1}}$). 同じ軌道にある 2 電子のうち 1 電子を放出すると, 電子間反発が軽減される分だけイオン化が容易になるからである(N と同じ安定な $1s^2\,2s^2\,2p^3$ 配置になるからともいえる).

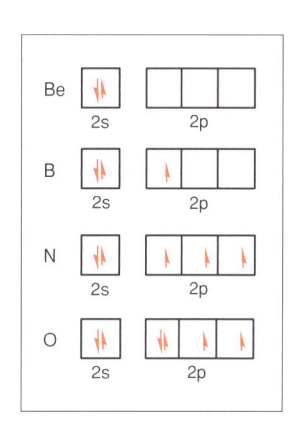

> **例題 1.1**
>
> Q 図 1.2 には Li から Na までの元素の第二 IE の変化が示してある. 同じ元素の第一 IE(図 1.1)との比較という観点からこの図の形について考察せよ.
>
> 図 1.2 Li から Na までの元素の第二 IE.

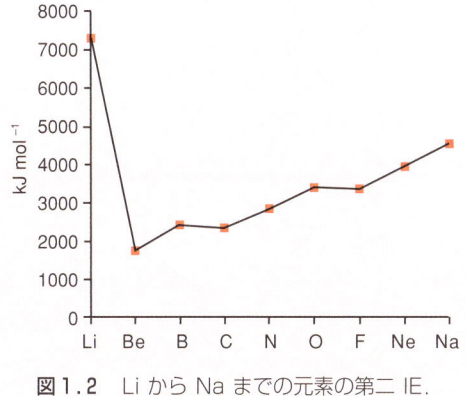

A 図1.1と同じような一般的な傾向がみられ,原子番号が増すと第二IEも一般に増大する.また,どの元素についても第二IEは第一IEより断然大きい.第二イオン化では陽イオンから電子を奪うことになるからである.Be($1s^2 2s^2$)で第二IEが最小になるのは二番目の2s電子を失うと閉殻の(安定な)$1s^2$配置になるからである(だから2族金属は+2価イオンになることができる).さらに,Li($1s^2 2s^1$)で第二IEが最大になるのは閉殻の$1s^2$配置のLi$^+$から1電子を奪うことになるからである(1個の2s電子は第一イオン化で失われている).だから1族金属は+2価イオンにはならない(例題3.2参照).第二IEでみられるへこみのパターン(図1.2)は第一IEの場合(図1.1)と似ているが,そのパターンは元素1個分だけ右側にずれている.たとえばNからOでみられる第一IEの減少は,第二IEではOからFについてみられる.それぞれのイオン化で同じ電子が奪われるからである.

第一電子親和力(kJ mol^{-1})	
F	−328
Cl	−349
Br	−325
I	−295
H	−73

電子親和力(electron affinity. EAと略す)は気体状態の原子またはイオンに1電子を付加させたとき発生するエネルギー(エンタルピー変化)である(式1.2).

$$X^{n-}_{(g)} + e^- \longrightarrow X^{(n+1)-}_{(g)} \tag{1.2}$$

第一EAは周期表の右上にある元素(つまりハロゲン)でエンタルピー変化として最も大きな負(発熱)の値である.一方,第二とそれ以降のEAがエンタルピー変化として常に正(吸熱)であるのは,すでに負の電荷を帯びている陰イオンに電子を付加することは静電反発のためにもっと難しくなるからである.たとえばOの第一EAと第二EAはそれぞれ−141と+780 kJ mol^{-1}である.また,主量子数が1だけ大きい次の新しい殻に電子を入れる場合もEAは正になる(弱い核引力と電子間反発のため).だから希ガスのEAは正(吸熱)になる.たとえばO,F,Neの第一EAはそれぞれ−141,−328,+29 kJ mol^{-1}である.

周期表上でのEAの傾向はIEに比べ一般にそれほど単純ではないが,電子による原子核の正電荷の遮蔽は不完全なので,第一EAは負(発熱)であることが多い.周期表を右に進むと,上述のように有効核電荷が大きくなるので,EAは(負に)増大する傾向がある.一方,周期を下がると,IEの場合と同じ理由で核の引力が弱くなるのでEAは減少する.ただし,サイズが小さい第2周期元素のEAは既存の電子との反発のため予想以上に小さくなる(たとえばFのEAはClより小さい.欄外の表を参照).15族の第2周期元素N($2s^2 2p^3$)ではこの効果に加えて,1電子を受け取ると2p軌道の一つが2電子を収容することになる(電子間反発が大きくなる)ので,その第一EAは小さい正の値である.これらの電子間反発は周期を下がると軌道が広がるので小さくなり,結果的に15族では一般的傾向に反して,周期を下がると第一EAは負に大きくなる.逆に14族($ns^2 np^2$)では1電子を受け取ると,15族元素と同じ三つの平行スピンをもったns^2

1.2 イオン化エネルギー，電子親和力と電気陰性度

np^3 配置が実現され(3ページ欄外の図参照)，交換エネルギーによる大きな安定化が得られるので第一 EA は負に大きい(ただし 16, 17 族ほどではない)．その結果，同じ周期で比べると 14 族の第一 EA は 15 族より負に大きくなる．また，1 族元素では 1 電子を受け取ると ns^2 の安定な準閉殻になるので第一 EA は小さい負の値(発熱)である(だから 1 族金属は −1 価の陰イオンになる可能性がある．45 ページ訳者注 1 参照)．逆に 2 族元素(ns^2)ではエネルギーの高い p 軌道に電子を収容することになるので(ns^2np^1)，その第一 EA は小さい正の値(吸熱)である．同じ理由で $d^{10}s^1$ 配置の 11 族元素(Cu, Ag, Au)の第一 EA は負に大きく($d^{10}s^2$ の準閉殻になるから)，準閉殻 $d^{10}s^2$ 配置の 12 族元素(Zn, Cd, Hg)のそれは小さい正の値である．

IE と EA を一緒に考えると，周期表の左下の元素は IE と EA がともに小さい(電子を出しやすく，電子をもらいにくい)ので，容易に電子を失って(相手に電子を与えて)陽イオンになる．一方，ハロゲン，酸素，硫黄のような，周期表で右上にある元素は大きな IE と負に大きい EA をもつ(電子を出しにくく，電子をもらいやすい)ので，相手から容易に電子を受け取って陰イオンになる．中間に位置する元素，とくに周期表の上側の(軽い)元素は適度な IE と EA をもつので，一般に共有結合性の化合物を生成する．ただし，その共有(結合)電子対が元素間で等分に共有されなければ，その結合は多少なりとも極性(polarity)をもつことになる．この問題は次に述べる原子の電気陰性度を使うと理解しやすい．

電気陰性度(electronegativity)はある分子中のある原子が自分のほうに電子を引きつける能力の尺度である．電気陰性度の値は結合エネルギーに基づいて Pauling によって最初に考案された．他の値もいくつか提案されているが[†1]，ポーリングの値が現在でも広く用いられている．電気陰性な元素は周期表の右上にあり，F が最も大きな電気陰性度 4.0(ポーリングの値)をもつ．つまり同じ周期で族を右に進むと電気陰性度は高くなり，同じ族で周期を下がると低くなる(例外については 72 ページ訳者注 1 参照)．遷移金属は金属だから電気陰性度は低いが一般に，第 1(第 4 周期) > 第 3(第 6 周期) > 第 2(第 5 周期)遷移金属，の順である．第 3 遷移金属が予想以上に電気陰性であるのは，4f, 5d 電子の低い遮蔽効率のために有効核電荷が大きく，その結果 IE と EA が比較的大きくなるからである．

電気陰性度は元素の一般的な化学的挙動を予想するのに有用なパラメータであり，結合様式を知るうえでもよい指針を与える．一般に大きな電気陰性度差がある二つの元素間ではイオン結合性の化合物を生成する傾向がある．一方，同じ程度でしかも中間的な電気陰性度(2.5 程度)をもつ元素間では共有結合性の化合物が生成する傾向がある．実例は C(2.5) と H(2.1) の組合せであり，これらが共有結合性の多種多様な有機化合物を生成することはよく知っている．CCl_4 のように，極性のある C—Cl 結合をもつ無極性分子もある．

ポーリングの電気陰性度

F	4.0	Cl	3.2
O	3.5	N	3.0
S	2.6	C	2.5
H	2.1	B	2.0
Na	0.9	Be	1.6

[†1] 訳者注　Pauling は原子間の結合エネルギーに基づいて(最も電気陰性な F のそれを 4.0 として)各原子の電気陰性度を決めた．その後 Mulliken, Allred-Rochow, Allen らによっても電気陰性度が定義されているが，値は互いに大きくは異ならない．なお同じ元素でも，その酸化数や混成の様式によって電気陰性度は変化する(酸化数が高いほど，また混成に s 軌道の寄与が大きいほど電気陰性になる)．

1.3 典型元素間での周期性

典型元素の単体とその化合物はイオン性からポリマー性，さらに分子性といった幅広い結合様式を示す．この節では典型元素の単体とその代表的な化合物の一般的な化学的特徴を概観してみる．その際，定性的な尺度として元素の電気陰性度の変化を用い，これらの特徴が電気陰性度によってどの程度説明できるかに着目する．ここで取り上げる化合物は水素化物，酸化物と塩化物であり，これらは最も重要な物質であると同時に一般的な特徴を備えた化合物でもある．それぞれの化合物の詳しい説明は後の各章で適宜行うことにする．

1.3.1 典型元素の単体

まず，非金属元素を含むのは周期表のpブロック(13～18族)元素だけであることに注意する．つまり(Hを除く)，sブロック(1, 2族)元素は電気陽性であるため単体はすべて金属である．一般的傾向としては，周期表の左下には金属元素(sブロック金属)が位置しており，右上には非金属元素(ハロゲンと希ガス)が位置している(図1.3)．このことは各元素の電気陰性度と密接に関係している．つまり，電気陰性度が低い元素の単体は金属であり，それが高い元素の単体は非金属である．金属は熱および電気の良い伝導体であり，固体金属中では電子が全体にわたって非局在化(delocalized)している(IEが小さく，価電子が原子核に強く引きつけられていないから)．一方，電気陰性な非金属は絶縁体(insulator)であり，非局在化した結合をもたない．その代わり局在化(localized)した共有結合から成り立っている．pブロックの中央部(対角線上)にはB, Si, Ge, As, Sb, Teのようないわゆる亜金属元素(metalloid, 半金属元素ともいう)があり，これらは中間的な電気陰性度(それぞれ2.0, 1.9, 2.0, 2.2, 2.1, 2.1)をもっている．これらは金属に比べると導電性は低いが，温度を上げると金属とは逆に導電性が増す(半導体的性質)．

このような性質の変化の様子はNaからArまでの最初の長周期(第2周期)元素を調べてみるとよくわかる(図1.3)．まず，NaとMgはともに電気陽性な金属である．次の元素Alも金属であるが，NaやMgより少し電気陰性なのでAl_2Me_6などの共有結合性化合物を生成する非金属的な性質ももっている．14族のSiは亜金属(半導体)であり，その化合物は金属性と非金属性の両方の特徴をもつ．電気陰性な15族までくるとまさに非金属の領域になる．つまり，Pの単体にはいくつかの同素体(allotrope)があるが，すべてP—P共有結合をもっている．16族(S)と17族(Cl)元素の単体も真の非金属であり，Sは共有結合性のS_8の環状構造(およびその他のS_nの構造)として，Clは共有結合した二原子分子Cl_2として，それぞれ存在する．最後のArは常温・常圧で単原子の気体として存在し，安定な閉殻の電子構造をもちIEが非常に大きいので化学結合には関与しない．

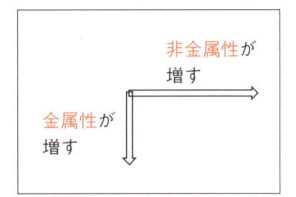

図1.3 周期表での金属性と非金属性の変化の傾向．

典型元素の単体は，電気陰性度が2以下のとき金属，2.2以上のとき非金属とみなしてもたいていは構わない．中間の電気陰性度をもつときは半導体(semiconductor)的な性質をもつ亜金属(半金属ともいう)である．Auは顕著な例外で，EAが大きいので(11.3節参照)電気陰性度は大きく2.5であるが(ただしAllred - Rochowの値は1.42)金属である．

どの族の典型元素でも周期を下がるにつれて一般に電気陰性度が小さくなるので(例外については72ページ訳者注1参照)，結合が非局在化しはじめ，単体は次第に金属性を帯びてくる(18族の希ガスは除く)．たとえば15族元素ではN, Pは非金属，As, Sbは亜金属，Biは金属である．

1.3.2 典型元素の水素化物

典型元素の水素化物(hydride)には，1族と(Beを除く)2族金属の水素化物のようなイオン結合性のものから，ポリマー性(たとえば13族のAlH$_3$)，さらに14～17族元素の場合のように分子性の共有結合性水素化物まである．

1族と(Beを除く)2族金属はHよりもかなり電気陽性なので(電気陰性度はLiとNaが1.0と0.9，Caが1.0，Hが2.1)，これらの水素化物の結合はM$^+$H$^-$やM^{2+}(H$^-$)$_2$のようにおもにイオン結合的であり，水と激しく反応してH$_2$ガスを発生する(式2.4と3.12)．Be(1.6)と13族のB(2.0)ではHとの電気陰性度差が小さくなるので，BeH$_2$は共有結合性の多量体であり(図4.4)，Bの水素化物は共有結合性の**クラスター化合物**である(5.6.1項)．もう少し電気陰性な14族の水素化物はCH$_4$やSiH$_4$で代表されるように，すべて分子性の共有結合性化合物である．

周期表を右に進んでもっと電気陰性な15, 16, 17族元素の水素化物も分子性の共有結合性化合物であるが(NH$_3$/PH$_3$, H$_2$O/H$_2$S, HF/HCl)，その水溶液の酸性度は右に進むほど高くなる．Hとの電気陰性度差が大きくなり，H$^{\delta+}$—X$^{\delta-}$のようにH—X結合の**分極**が激しくなるからである†1．このことは2.6.1項で述べるように，電気陰性な元素の水素化物の物理的性質(沸点など)に大きな影響を与える．

> 水素化物の化学的性質は2.4節で議論する．

例題 1.2

Q 電気陰性度が(a)0.9と(b)3.5の元素の水素化物の性質を予測せよ．

A (a)0.9(<2)の電気陰性度をもつ元素は金属である．だから恐らくイオン結合性の水素化物を生成するであろう．そのような水素化物は水と反応してH$_2$を発生し，塩基性の水酸化物の水溶液になる．(b)電気陰性度が3.5(>2.2)の元素は非金属であり，その水素化物は共有結合性で，H—X結合は極性をもつ．水に溶かすと恐らく中性ないしは酸性の水溶液になるであろう．

1.3.3 典型元素の塩化物

典型元素の塩化物(chloride)の性質は上記の水素化物とほぼ同じような傾向を示し，構造的には金属の塩化物はイオン結合性固体，非金属のそれは共有結合性の分子である．たとえば，1族†2と(Beを除く)2族の金属塩化物はイオン結合

---

†1 訳者注　これらの各族で周期を下がるとHとの電気陰性度差が小さくなり，H—Xの分極は小さくなる．しかし酸性度は逆に大きくなる．たとえばハロゲン化水素HXの酸性度の順序はHF < HCl < HBr < HI(9.4節)，16族元素の水素化物ではH$_2$O < H$_2$S < H$_2$Se < H$_2$Te(8.3.1項)であり，結合の分極の大きさとは逆の傾向になる．これらの場合では，酸性度は分極の大きさよりも結合の強さに支配されるのである(9.4節のHXの酸性度に関する議論を参照せよ)．

†2 訳者注　水素はsブロックの1族元素ではあるが，他の1族元素とは多くの点で異なるので，1族元素はLi以下のアルカリ金属を指し，水素は別扱いとするのが普通である(2.1節)．他の族の典型元素でも，その族の最初の元素(第2周期元素)はそれ以降の元素とは性質が異なることが多い．その族にしては電気陰性度が高く，サイズが小さく，相手を分極する能力が高いからである(61ページ訳者注1参照)．

性の固体であり，水に溶かすと中性の水溶液になる．これに対してBe^{2+}，Al^{3+}，Ga^{3+}などのように，イオンサイズが小さく電荷密度が高い（イオン半径に対する正電荷の比が大きい†1）陽イオンは相手を分極する能力が高いので，その塩化物は共有結合性を帯び，固体状態ではポリマー構造をもつ．14族と15族元素の塩化物の大部分と，13族にしては電気陰性なBの塩化物BCl_3は分子性の共有結合性化合物である．またpブロック元素やBeの塩化物を水に入れると単に溶けるのではなく，水と反応して一般に酸性の水溶液になる（たとえば$BCl_3 + 3H_2O \longrightarrow B(OH)_3 + 3HCl$や式7.15）．$CCl_4$が$SiCl_4$のように水と反応して（式6.8．$SiCl_4 + 2H_2O \longrightarrow SiO_2 + 4HCl$），酸性の水溶液になるような反応性を示さないことは注目すべきである．これはまったく速度論的な原因によるものであり，これについては6.5.1項で議論する．もっと電気陰性な16族のOCl_2，SCl_2（8.4節）や17族のハロゲン間化合物XCl（9.7節）なども極性のある共有結合性分子である．

†1 訳者注　電荷密度が高い陽イオンはそのままでは不安定で，相手を分極して共有結合性の化合物を生成したり〔ファヤンス則（Fajans' rule）〕，水に溶かすと強く水和して（水和水を分極して）酸性を示す（23ページ一つ目の欄外記事と50ページ訳者注1参照）．

1.3.4　典型元素の酸化物

典型元素の酸化物（oxide）でも同様の傾向があり，左下の元素はイオン結合性の酸化物〔塩基性酸化物（basic oxide）〕を，中間の元素はポリマー状の酸化物〔多くは両性酸化物（amphoteric oxide）〕を生成し，右側の電気陰性なpブロック元素の酸化物は共有結合性の分子になる〔多くは酸性酸化物（acidic oxide）〕．

酸素（3.5）はフッ素（4.0）についで2番目に電気陰性なので，左下にある電気陽性な1族や2族金属の酸化物はイオン結合性である．例にはNa_2OやCaOがある．このような酸化物は塩基性酸化物と呼ばれ，水に溶かすと強い塩基性水溶液になる（式1.3と4.8）．BeOは両性酸化物である（MgOは塩基性）．右に進んで13族になるとB_2O_3とAl_2O_3のような酸化物はポリマー構造となり，Al_2O_3はBeOと同じく両性である（B_2O_3は酸性，Ga_2O_3は両性）．14族のうち最も軽い炭素（2.5）では，COやCO_2のような酸化物は共有結合性の分子で，CとOの間にπ結合をもっている．これとは対照的に，SiO_2（酸性酸化物）はポリマー状であり（6.7.2項），GeO_2（両性酸化物）にはSiO_2と類似のα-石英型構造とルチル型構造（図6.8）とがある．これらではOとの間にπ結合はない．CO_2は酸性酸化物の例であり（COは中性），水に溶かすと酸性水溶液になる（6.7.1項）．もっと電気陰性な15族のN（3.0）の酸化物（図7.8）はすべて共有結合性の分子であり（N＝Oのπ結合をもつ），多くは酸性酸化物である（酸化数が高いほど酸性）．P（2.2）の酸化物P_4O_{10}やP_4O_6もそうである（図7.9）．さらに16族のS（2.6）の酸化物SO_2（分子性）とSO_3（図8.7）はいずれもS＝Oのπ結合をもつ共有結合性の酸性酸化物であり，水に溶けて酸性を示す（式1.4）．同様に，17族の酸化物（酸性酸化物．9.5節）とXeの酸化物（10.5節）は共有結合性の分子である．このように酸化物は，下の周期のものほど塩基性（イオン結合的）に，右側の族のものほど酸性（共有結合的）になる（5.7節）．

両性酸化物は酸性水溶液にも塩基性水溶液にも溶ける．たとえば$Al_2O_3 + 6H^+ \longrightarrow 2Al^{3+} + 3H_2O$，$Al_2O_3 + 2OH^- + 3H_2O \longrightarrow 2[Al(OH)_4]^-$

$$Na_2O_{(s)} + H_2O_{(l)} \longrightarrow 2\,Na^+_{(aq)} + 2\,OH^-_{(aq)} \qquad (1.3)$$

$$SO_{3(s)} + H_2O_{(l)} \longrightarrow 2\,H^+_{(aq)} + SO_4^{2-}_{(aq)} \qquad (1.4)$$

1.4 VSEPR則

1.4.1 序論

後の章で登場するpブロック元素の化合物を全体的に眺めてみると，多様な構造があることがわかる．中心原子の周りにある原子の数(配位数)が同じであっても，これらの原子を配列した幾何構造には何種類かある場合がある．たとえば配位数が5の場合では三角両錐構造(三方両錐構造ともいう)と正方錐構造(四角錐構造ともいう)とがある．

典型元素化合物の形を予想するために広く用いられる最も簡単な方法は原子価殻電子対反発則(valence shell electron pair repulsion theory，VSEPR則)である．この規則はもともと1960年代に発展し，最近Gillespie[1]によって再発展している．分子構造を予想すること(あるいは理想的には構造に関する知見を得ること)は，たとえば沸点のように分子構造に依存する性質を推定する際に重要である．また電気陰性度を使って結合の極性を知ることも重要である．

分子の形は，孤立電子対〔lone pair electron，非共有電子対(unshared electron pair)，または非結合電子対(non-bonding pair)ともよばれる〕を無視して，原子の空間的配列のみによって記述する．たとえばアンモニア NH_3 では，Nはその原子価殻にほぼ四面体的に配置した4組の電子対をもつが，そのうち1組は孤立電子対である．だから，これを無視して三角ピラミッド(trigonal pyramidal)構造であると記述するのが普通である．

1.4.2 VSEPR則の基本原理

VSEPR則の基本的な前提は，分子の中心原子の原子価殻にある電子対は互いに反発するので，できるだけ離れて位置しようとするということである．容易に分極しない内側のコア電子(core electron)の寄与は便宜上無視する．つまり分

表1.1　分子あるいはイオンの構造

中心原子上の電子対数	結合性電子対数	非結合性電子対数	構造	実例
2	2	0	直線	$BeCl_{2(g)}$
3	3	0	正三角形	BF_3
3	2	1	屈曲(V字型)	$SnCl_{2(g)}$
4	4	0	正四面体	CCl_4
4	3	1	三角ピラミッド	NH_3
4	2	2	屈曲(V字型)	H_2O
5	5	0	三角両錐(tbp)[a]	PF_5
5	4	1	シーソー型[b]	BrF_4^+, SF_4
5	3	2	T字型	BrF_3
5	2	3	直線	XeF_2, I_3^-
6	6	0	八面体	SF_6, PF_6^-
6	5	1	正方錐[c]	IF_5
6	4	2	正方形	XeF_4, IF_4^-

a) $[InCl_5]^{2-}$ や $[SbPh_5]$ のように5組の電子対をもつが正方錐構造(中心原子は正方面から浮いている)をとるものも例外的にある．
b) バタフライ構造または擬三角両錐構造ともいう．
c) 1組の孤立電子対との反発を避けるように，中心原子は四角平面より沈んでいる(四角平面内の置換基が孤立電子対とは反対側に反る)．

子の形を決めることは球面上にいくつかの点をできるだけ離して配列することに要約される。表 1.1 には，中心原子（一般に電気陽性な原子）の周りに 2 組から 6 組の電子対があるような分子の基本構造があげてある。VSEPR 則によって分子またはイオンの基本構造を予測するには，Box 1.1 に示した一般的な手順に従えばよい。取り上げた分子あるいはイオンの結合そのものについて何も知らなくてもその構造が予想できるというのが VSEPR 則の重要な特徴である（結合の本質は 1.5 節で簡単に考察する）。

Box 1.1 VSEPR 則を使って分子とイオンの構造を予想するには

1. その分子（イオン）の簡単なルイス構造を描く。このとき（形式的な）二重結合，三重結合，供与結合があるかどうかに注意する。また，中心原子が電荷をもっているかどうかを確認し，電荷がなければ無視すればよい。
2. 中心原子（一般に電気陽性な原子）が中性であるとみなし，その価電子数を数える。たとえば 14 族の原子ならば 4 個の価電子をもち，15 族なら 5 個もつ。
3. この価電子数に，中心原子に σ 結合した各原子当り 1 電子を加える。ただし，他の原子からの供与結合があれば各原子当り 2 電子分を加える。
4. 中心原子が関与する π 結合があるときには，その結合 1 個当り 1 電子を差し引く（このとき，どの軌道を使って π 結合が生成するのかは気にしない）。
5. 中心原子が正電荷をもつ場合には，その電荷分だけ上記の数値から差し引く。負電荷をもつ場合には，その電荷分だけ加える（周りの原子の電荷は無関係）。
6. こうして中心原子上の電子対の数が求まる。表 1.1 を参考にすれば，その分子の基本構造が決まる。

CBr_4 のルイス構造
（黒点は電子）

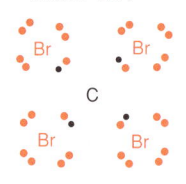

分子構造

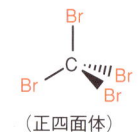

（正四面体）

正四面体の結合角 θ はすべて 109.5°である。$\cos\theta = -1/3$。

例題 1.3

Q 四臭化炭素 CBr_4 の構造を予想せよ。

A C は 14 族なので 4 個の価電子をもつ。四つの C–Br の σ 結合があるので 4 電子分を加える（4 + 4）。中心原子は電荷をもたないので C の周りには 8 電子，つまり 4 組の電子対がある。これらはみな結合性電子対であり，4 個の Br 原子が C に結合している。したがって分子の構造は正四面体構造（sp^3 混成）である。

Box 1.2 混成の概念

混成(hybridization) の概念を使うと，原子上の原子価軌道を組み合わせ

て必要な方向に向いた適当な軌道をつくることができる．たとえば炭素の1個の2s軌道と3個の2p軌道を組み合わせると四つの等価なsp³混成軌道ができる．これらは正四面体(tetrahedron)の頂点に向いているので(結合角は109.5°)，CBr_4中のCはsp³混成をしていると考えることができる．同様にして結合角が120°(平面三角形構造)と180°(直線構造)の場合では，それぞれsp²(p^2はp_x, p_y)とspz混成軌道が，三角両錐構造ではsp³d_{z^2}またはsp$_z$d³(d^3はd_{z^2}, $d_{x^2-y^2}$, d_{xy})混成軌道が，八面体(octahedral)構造ではsp³d²(d^2はd_{z^2}と$d_{x^2-y^2}$)混成が使われ，これらは必要とされる方向を向いている．こうしてこれらの混成軌道はVSEPR則による解析で想定される電子対を収容することができる．なお，混成の役割は正しくとらえる必要がある．つまり，混成は必要な方向に向いた軌道をつくるための数学的手段であるに過ぎないことを忘れないでほしい．

1.4.3 孤立電子対をもつ分子の場合

結合電子対は二つの原子間で共有されているが，非結合性の電子対，すなわち孤立電子対(lone pair)は一つの原子だけに属している．だから孤立電子対は，それが属している原子の原子価殻内では結合電子対より大きな空間を占める．その結果，その原子上の他の電子対に対して大きな反発を与えることになる．こうして一般に，電子対間の反発は

　　孤立電子対間＞孤立電子対と結合電子対間＞結合電子対間

の順になる[†1]．このことは次の二つの例，NH_3とH_2Oでよく理解される．

例題 1.4

Q　アンモニア分子NH_3の構造を推定せよ．

A　Nは五つの価電子をもち，三つのN—Hのσ結合は合計で3電子分を寄与する．こうして合計8電子，つまり4組の電子対があるので，これらは四面体的に分布する(sp³混成)．ところが4組の電子対と3個のHがあるので，1組は孤立電子対である．だからこの分子は三角ピラミッド構造をもつ(9ページ欄外の記事参照)．1組の孤立電子対はNの原子価殻内でより大きな空間を占めるので，その反発を避けるように三つのN—H結合は互いのほうへわずかに押され，結果的にH—N—H結合角は正四面体角(109.5°)より狭くなる(実測106.7°)．

例題 1.5

Q　水分子H_2Oの構造を推定せよ．

---

†1 訳者注　不対電子(unpaired electron)が原子価殻内で占める空間は(結合電子対よりも)狭い．たとえばN上に孤立電子対をもつNO_2^-(sp²混成で屈曲構造)のO—N—O角は115°(＜120°)，N上に不対電子をもつNO_2(同じくsp²混成で屈曲構造)では不対電子と結合電子対間の反発が小さいので結合角は134°(＞120°)である．

106.7°

実験的に決められたアンモニア分子NH_3の構造

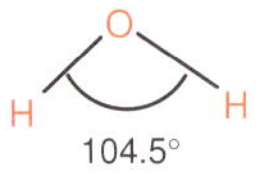

実験的に決められた水分子 H₂O の構造

> **A** 水分子のOも4組の価電子対をもつ（6＋2＝8電子でsp³混成）．だからH₂Oは屈曲構造（V字型構造ともいう）をもつと考えられる．O上には2組の孤立電子対があるので，これらは結合電子対どうしよりも余計に反発する．その結果，H原子は押されて互いに接近し，H—O—H結合角はNH₃の場合よりももっと，109.5°より狭くなる（実測は104.5°）．2組の孤立電子対はO原子のsp³混成軌道（σ性）のうちの2個に収容されるが，Oがsp²混成であるとすれば，一方はsp²混成軌道（σ性）に，もう一方は未混成のp軌道（π性）に収容されることになる．氷などでは前者の混成であり，金属イオンに配位した水分子では両者が知られている．

1.4.4 多重結合をもつ分子の場合

二重結合はσ結合とπ結合の成分をもつ．VSEPR則の立場では，両者は同じ方向を向いていると考える（だからπ結合1個当り1電子を差し引く）．つまり二重結合あるいは三重結合は1組の「超電子対」とみなし，孤立電子対と同じような役割を果たすと考える．例としてCOF_2分子を取り上げる．これは平面三角形構造であるが（4＋3－1＝6電子でsp²混成），二重結合はより大きな空間を占めるので反発を避けるようにF原子は互いに少し接近する．その結果，F—C—F結合角は正三角形の角120°より狭くなる（実測107.7°）．

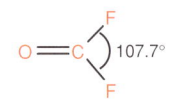

1.4.5 5組の電子対をもつ分子の場合

四面体や八面体構造では頂点はすべて等価である．ところが三角両錐（trigonal bipyramidal）構造では，互いに立場が異なる**アキシアル**（axial，軸方向）と**エクアトリアル**（equatorial，赤道方向）の二種の非等価な頂点がある．これらは気体状のPCl_5を例として図1.4に示してある．なお5組の電子対をもつ正方錐構造の$[InCl_5]^{2-}$や$[BiPh_5]$（表1.1）でも，アキシアル（軸方向）と**ベイサル**（平面内）とは立場が違う．

だから，5組の電子対のうちの1組ないしはそれ以上が孤立電子対であるような分子に対しては少し問題がある．というのはその孤立電子対をアキシアル（軸方向）に置くか，エクアトリアル（赤道方向）に置くかの選択があるからである．しかし，このような化合物中でのいろいろな電子対間の反発の大きさを考慮すると，孤立電子対や多重結合はエクアトリアルに位置するのが常に安定であると結論される．孤立電子対や多重結合のほうが中心原子の原子価殻中でより大きな空

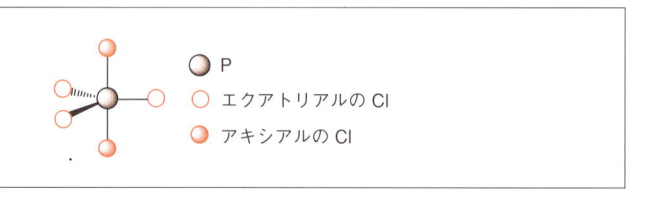

気体のPCl_5では，P—Cl結合はエクアトリアル（202 pm）のほうがアキシアル（212 pm）より少し短い〔1 pm（ピコメートル）＝10^{-12}m＝0.01Å〕．三角両錐構造では，アキシアルの2本の結合に1個のp軌道（z）が関与し（**三中心四電子結合**），エクアトリアルの3本の結合に2個のp軌道（x, y）が関与するので，結合1本当りにp軌道が関与する割合が高いエクアトリアルの結合のほうが強くて短い，と解釈される（全結合次数 4）．ただし溶液中ではBerryの**擬回転**（pseudo-rotation）によって，両者が入れ替わって区別がなくなる．114ページ訳注2参照．

図1.4 気体のPCl_5の構造．アキシアル位とエクアトリアル位にCl原子があることを示している（エクアトリアルの結合のほうが短い）．

- P
- ○ エクアトリアルのCl
- ● アキシアルのCl

間を占めるから，立体的に混み合っていないエクアトリアル位を占めるのが反発が少なくて安定なのである（分子軌道法による解釈はこれとは少し異なる）．このことは SF_4（図1.5），BrF_4^+，ClF_3（149ページ欄外の図）や XeF_2（図10.2）などの例でよく示される．

例題 1.6

Q SF_4 分子の構造を推定せよ．

A S は 6 個の価電子をもち，四つの F が合わせて 4 電子を寄与するので，合計で 10 電子，つまり 5 組の電子対になる（sp^3d 混成）．実験的に決められた SF_4 の構造はシーソー型構造（ときにはバタフライ構造や擬三角両錐構造とも呼ばれる．図1.5）である．S 上の孤立電子対は立体的に混み合わないエクアトリアル位にあり，これとの反発を避けるように F 原子どうしが接近している．この場合でも孤立電子対を頂点にもつ正方錐構造との間で相互変換（擬回転）が可能である．SOF_4 分子もよく似た構造で，二重結合した O が S 上の孤立電子対と置き換わっているとみればよい．6 組の電子対をもつ SF_6，BrF_5，XeF_4 の構造は，8.4.2 と 9.7.1 項，図10.2 を参照．

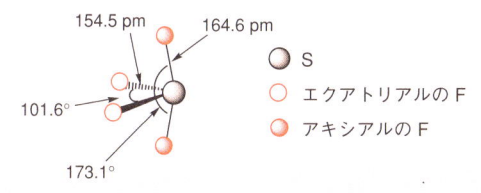

図1.5 気体の SF_4 の構造．アキシアル位とエクアトリアル位に F 原子があることを示している．エクアトリアル位にある孤立電子対（図には示してない）が強い反発的な影響を与えていることがわかる．この場合でも三角両錐構造の場合と同様に，エクアトリアル結合のほうが短い．

1.4.6 7組あるいはそれ以上の電子対をもつ分子の場合

中心原子の原子価殻に 7 組の電子対がある場合には，構造を推定することは難しくなる．同程度の安定性をもつ複数の構造があることが多いからである．この場合，次の三つが重要な多面体構造である．すなわち図1.6 に示した面冠八面

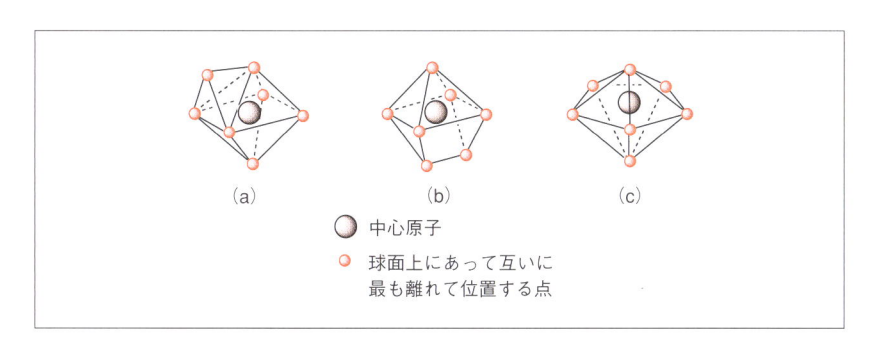

図1.6 7組の電子対をもつ場合によくみられる構造．(a) 面冠八面体，(b) 面冠三角プリズム，(c) 五角両錐．

体(capped octahedral)構造，面冠三角プリズム(capped trigonal prismatic)構造(面冠三角柱構造ともいう)と五角両錐(pentagonal bipyramidal)構造である．

　Se, Te, Br, Sb, Bi のように周期表で下にある重い p ブロック元素では，孤立電子対が球状の s 軌道に収容されて分子の構造に影響しないような場合がある〔このような電子対を不活性電子対(inert pair)という．62 ページ欄外の記事参照〕．たとえば $TeCl_6^{2-}$ 中の Te は 1 組の孤立電子対(と 6 組の結合電子対)と 6 個の Cl 原子をもつので図 1.6 のうちのいずれかの構造をもつと予想するが，実際には八面体構造である．その 1 組の孤立電子対が球対称の s 軌道に収容されて立体的な主張をしない(電子対が立体的に不活性である)と考えるのである．ただし，s 軌道が孤立電子対で占有されるので，6 本の結合に sp^3d^2 混成(Box 1.2) は使えない．3 組の三中心結合によって 6 本の結合が支えられていることになる(全結合次数は 3 個の p 軌道による 3)．したがって 6 組の電子対をもつ八面体構造(全結合次数は s, p 軌道による 4)よりも結合は長くなる．$SeCl_6^{2-}$ や BrF_6^- も同じ理由で八面体構造をもつ．同様に，$SbCl_6^{3-}$ (14 電子)と $SbCl_6^-$ (12 電子)は八面体構造であり，Sb—Cl 結合は全結合次数が 3 である前者のほうが長い．14 電子の XeF_6 については図 10.2 を参照せよ．

　8 組の電子対をもつ例には IF_8^- があり(全結合次数は s, p 軌道による 4)，XeF_8^{2-} は 9 組の電子対をもつが，これらは図 1.7 に示すように正方逆プリズム(square anti-prismatic)構造である．後者では 1 組の孤立電子対が不活性電子対となっていると考えられる(全結合次数は 3 個の p 軌道による 3)．

1.4.7 共鳴構造がある場合

　ある分子あるいはイオンに対して二つ以上の共鳴構造(resonance form)があるときには，結合角を予想する前にこれらの共鳴構造を考慮しておく必要がある．炭酸イオン CO_3^{2-} を実例として説明する．このイオンでは中心の C の周りには 6 電子〔4(C) + 3(σ 結合) − 1(π 結合) = 6〕，つまり 3 組の電子対があるので，正三角形構造(sp^2 混成)である．スキーム 1.1 に示すように，炭酸イオンには三つの等価な共鳴構造があるので，これら三つの構造を混ぜ合わせた平均の構造 **1.1** (共鳴混成体)が真の構造である．だから O—C—O 角はすべて正確に 120° である．もし共鳴構造の一つだけを取り上げたとすると，1 個の C=O 二重結合と 2 個の C—O 単結合をもつので，O=C—O 結合角は 120° より広く，O—C—O 結合角は 120° より狭いという間違った予想をしてしまう．結合角を予想するにはあらかじめ可能な共鳴構造を考慮しておくことが必要である．

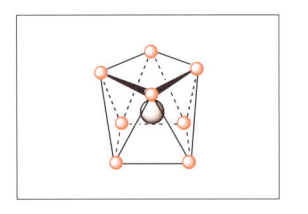

図 1.7　XeF_8^{2-} イオンの中心原子 Xe の周りに 8 個の F 原子を配列した正方逆プリズム構造(立方体の一つの正方面を 45°回転させるとこの構造になる)．9 組の電子対のうち 1 組は Xe の 5s 軌道に収容されていると考える．

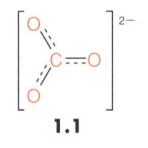

スキーム 1.1

1.4.8 供与結合がある場合

供与結合(dative bond)は，2電子を共有する普通の共有結合と基本的には同じ結合である．ただ，電子数の計算では供与結合の2電子は一方の原子(ルイス塩基)から供与されていると考える点が異なることに注意する(例題1.7)．

例題 1.7

Q 付加物 $Et_2O \rightarrow BF_3$ (5.5.1項)の構造を推定せよ．

A この化合物では $B \leftarrow :O$ の(供与)結合の2電子は両方ともOからきている．さらに，この場合では中心原子はOとBの2個である．Bについては電子数の計算にはOからの2電子を加える．一方，OはBからの電子供与をまったく受けない．したがってBについては，Bは3個の価電子をもち，3個のFが3電子分の寄与をする$(3 + 3)$．Oからの供与結合による2電子を加えると計8電子，つまりB周りには4組の電子対がある．だからB周りの構造は四面体(sp^3)である．Oは6個の価電子をもち，2個のEt基が1電子ずつ寄与し$(6 + 2)$，BからはOには電子の寄与はない．こうして合計8電子(1組は孤立電子対)があるので(sp^3混成)，O周りの構造は三角ピラミッド構造となる(頂点に1組の孤立電子対をもつ四面体構造)．

$Et_2O \rightarrow BF_3$ の構造

1.4.9 原子の電気陰性度の影響

原子Aと原子Xとの間の結合A—Xにおいて，Xの電気陰性度が大きくなるにつれてこの結合電子対はX側に引かれるので，A原子の原子価殻内でこれが占める空間は小さくなる．このことは一連の類似化合物を比べたとき，F—A—F結合角はCl—A—Cl角やBr—A—Br角より一般に狭くなるということを意味する(図1.8)．F原子に比べCl原子のほうがサイズが大きいこともCl—A—Cl角が広くなる原因である．前出の$O=CF_2$のF—C—F角が107.7°であるのに対して，$O=CCl_2$のCl—C—Cl角はこれより広く111.8°である(なお，$O=CH_2$では116.5°)．

電気陰性度については1.2節参照．

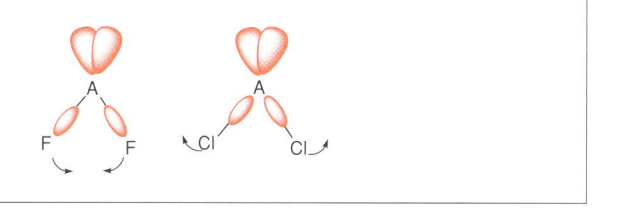

図1.8 結合角に及ぼす原子の電気陰性度の影響．

例題 1.8

Q 一連のPOX_3化合物(四面体構造)において，X—P—X結合角はX = Br

(104.1°) > X = Cl(103.3°) > X = F(101.3°) の順に狭くなる理由を説明せよ．

A F は最も電気陰性なハロゲンなので，F は P—F 結合の電子密度（結合電子対）を P 原子から引き離そうとする．その結果，P—F 結合の電子対の反発は P—Cl や P—Br 結合の電子対の反発より小さくなるので F—P—F 結合角が最も狭い．Cl—P—Cl と Br—P—Br の結合角の大小関係も同様に理解される（X のサイズの影響もある）．

例題 1.9

Q H_2O と F_2O とではどちらが広い X—O—X 結合角をもつであろうか．

A F は H より電気陰性であるから，O の原子価殻内で O—H の結合電子対が占める空間は O—F のそれより大きい．だから反発が大きい H_2O のほうが広い結合角をもつ．CH_3 基の電気陰性度を 2.3 とすれば H よりわずかに電気陰性である．しかし H_3C—O—CH_3 の結合角は 112°で H_2O のそれより広い（H_3Si—O—SiH_3 では 144°）．これは VSEPR 則では説明できない．

H_2O と F_2O における H—O—H と F—O—F の結合角は，それぞれ 104.5°と 103.1°である（なお OCl_2 の Cl—O—Cl 角は 110.9°）．

CH_4 と CF_4 は正四面体構造であるが，CF_2H_2 はひずんだ四面体構造で，F—C—F 結合角は H—C—H 結合角より狭い．例題 1.8 と 1.9 の議論を使えば，電気陰性な F が C—F 結合電子を引きつけるので炭素の原子価殻内でこの電子対が占める空間は小さくなる．よって F—C—F 角は 109.5°より狭くなる．

Box 1.3 Bent 則

Bent 則[2)] とは，電気陰性な置換基は s 軌道の寄与が少ない混成軌道を好み，電気陽性な置換基は s 軌道の寄与が大きい混成軌道を好むというものである．

CH_4，CF_4，CH_2F_2 などの結合角はこの Bent 則によって説明できる．つまり，CH_4 や CF_4 の C 原子は等価な四つの sp^3 混成軌道を結合に使うが（正四面体構造），CF_2H_2 では使う混成軌道は等価ではない．C—F 結合は sp^3 混成軌道よりも p 軌道の寄与が少し多く s 軌道の寄与が少ない $s^{1-x}p^{3+x}$ 混成軌道を使って生成し，C—H 結合は逆に p 軌道の寄与が少なく s 軌道の寄与が多い $s^{1+x}p^{3-x}$ 混成軌道を使って生成する．C—F 結合のほうが p 軌道の寄与が大きいので F—C—F 結合角は狭くなる．というのは，p 軌道だけを使って結合すると極端に考えれば結合角は 90°にまで狭くなるはずだからである（p 軌道の寄与が大きいほど結合角が狭くなる）．例題 1.9 に Bent 則を適用しても同じ結果が得られる．さらに，孤立電子対は s 軌道の混成の割合が高い

三つの p_x，p_y，p_z 軌道はそれぞれ x，y，z 軸に沿っており，互いに 90°の角をなしている（だから結合角は 90°になる）ことを思い出すこと．

(エネルギーが低い)軌道を占めるともいえる．Bent 則は三角両錐構造の 5 配位リン化合物(ホスホラン)にみられる置換基の位置選択性〔電気陰性な置換基は p 軌道がおもに結合に関与するアキシアル位を占める．114 ページ訳者注 2 と章末問題 1.2(e)の解答参照〕などについても説明できるが万能ではない．たとえば NH_3 (106.7°) と NF_3 (102.5°) や H_2O (104.5°) と F_2O (103.1°) の結合角の傾向は説明できても PH_3 (93.5°) と PF_3 (97.7°) や H_2S (92.1°) と F_2S (98.2°) の傾向は説明できない(H とは違って，ハロゲンはもっと多くの原子価軌道を中心原子との結合に使え，π 結合にも関与できることを考慮する必要がある)．

1.5 分子軌道論

分子軌道論(molecular orbital theory)では，局在化した軌道によってそれぞれの原子間で結合が生成すると考えるのではなく，分子全体にわたって広がった(非局在化した)分子軌道(MO)を考える．紙面の制約のために分子軌道法による結合の取扱いはごく簡単に説明するにとどめ，ここでは共有結合性の典型元素分子に MO 理論を適用することを考えてみる．例として O_2 とこれに関連した化学種 O_2^+, O_2, O_2^-, O_2^{2-} を取り上げ，その性質を考察することにする．

まず，最も簡単な分子 H_2 を考えることから始める．各 H 原子は結合に使える 1 個の 1s 原子価軌道(atomic orbital, AO)をもち，これらの二つの軌道は同位相(in-phase)と逆位相(out-of phase)の二通りの相互作用をすることができる．つまり同位相の(足し算的な)相互作用によって結合性分子軌道 σ ができ，逆位相の(引き算的な)相互作用によって反結合性分子軌道 σ* ができる．この様子が図 1.9 に描いてある．結合性の分子軌道 σ は分子の中心に対して対称であり，結合前の二つの 1s 軌道に比べ核間領域の電子密度が増大している(これが二つの核を結びつける「のり」のような役目をすると考える)．だから結合性の分子軌道 σ は H の 1s 原子価軌道よりもエネルギーが低い．これに対して反結合性の分子軌道 σ* は，これが電子で占有されると結合前よりも核間領域の電子密度が減少するので，1s 原子価軌道よりエネルギーが高くなる[†1]．図 1.10 には H_2 分子のエネルギー準位図が示してある．各 H 原子からの計 2 電子は反平行のスピン状態でエネルギーの低い結合性分子軌道 σ に入り，これが正味の H—H 単結合に

反結合性の分子軌道は * 印で示す．

[†1] 訳者注　厳密にいうと，結合性軌道が結合前より安定化する以上に反結合性軌道は不安定化する．だから両軌道が占有されると結合前より不安定になる．

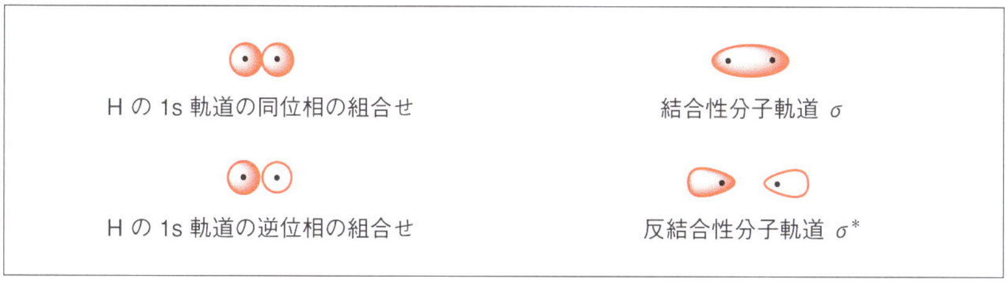

| H の 1s 軌道の同位相の組合せ | 結合性分子軌道 σ |
| H の 1s 軌道の逆位相の組合せ | 反結合性分子軌道 σ* |

図 1.9　H_2 の分子軌道．黒丸は原子核を表すが，以後の図では省略する．

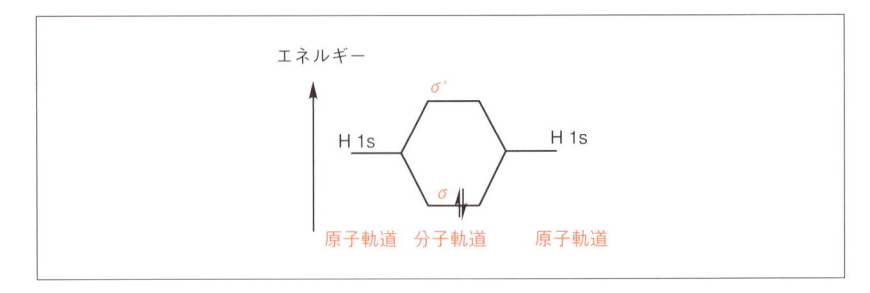

図 1.10 H_2 の分子軌道エネルギー準位図.

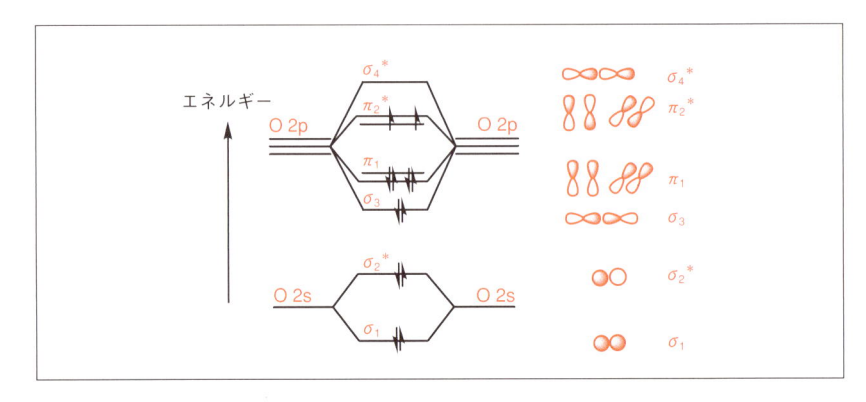

図 1.11 O_2 の分子軌道エネルギー準位図.

†1 訳者注　O(やF)のように電気陰性な原子では 2s と $2p_z$ 軌道とのエネルギー差が大きいので,これらの間の相互作用[例題 1.10 の図(a)]は無視できるが,C や N では無視できない.この相互作用を考慮すると,図 1.11 において σ_1 と σ_3 とが混合して前者はもっと結合的になり,後者はほぼ非結合的になって π_1 軌道よりエネルギーが高くなる.一方,σ_2^* と σ_4^* とが混合して前者はほぼ非結合的に,後者はもっと反結合的になる.だから5,6番目の電子は σ_3 軌道ではなく π_1 軌道に収容され(8番目まで),9,10番目が σ_3 軌道を占めるようになる.

縮重した軌道とは,同じエネルギーをもつ軌道のことである.

相当する(結合次数1).H_2 にもう2電子加えると,反結合性の分子軌道 σ^* も満たされる.こうなると結合性と反結合性の MO に同数の電子があるので,正味の結合はなくなる(結合次数0).つまり,H_2 に2電子加えた H_2^{2-} はこれが解離して生じる2個の H^- 陰イオンより不安定になる.$He(1s^2)$ が二原子分子 He_2 を生成しないのも同じ理由による.

O_2 分子では,その MO 図は,各 O 原子が結合に使える 2s と 2p 軌道をもつのでもう少し複雑になる.O_2 分子の分子軌道エネルギー準位図が図 1.11 に示してある.H_2 の場合と同じように,各 O 原子の 2s 軌道どうしが相互作用して結合性の分子軌道 σ_1 と反結合性の分子軌道 σ_2^* とができる.分子軸を z 軸とすれば,各 O 原子の $2p_z$ 軌道は互いに向き合っていて,両者が相互作用する結果,σ 結合性の分子軌道 σ_3 と σ 反結合性の分子軌道 σ_4^* とができる†.各 O 原子の $2p_x$ 軌道どうしは横側から相互作用して(重なって) π 結合性の分子軌道 π_1 と π 反結合性の分子軌道 π_2^* とができる.同様に,$2p_y$ 軌道どうしの相互作用によって π 結合性の分子軌道 π_1 と π 反結合性の分子軌道 π_2^* ができるが,これらは p_x 軌道どうしからできる分子軌道 π_1 と分子軌道 π_2^* とそれぞれ縮重(degenerate)している.ここで p_z 軌道どうしの σ 型の相互作用は p_x 軌道どうしや p_y 軌道どうしの π 型の相互作用よりも重なりが大きく強い.だから図 1.11 において σ_3 は π_1 よりエネルギーが低く,σ_4^* は π_2^* よりエネルギーが高い.

この MO エネルギー準位図は O_2^+,O_2,O_2^-,O_2^{2-} における結合を記述するのにも使える.原子の場合と同様に,最もエネルギーの低い軌道から電子によって占有されていく.縮重した軌道がある場合には,各軌道はまず1電子ずつ,しか

もできるだけ多くの平行スピンをもつように占有される(フントの規則)。

O_2 の場合では，分子軌道 π_2^* が 2 個の不対電子(unpaired electron)をもつことがわかる(三重項酸素という)．だから O_2 は常磁性(paramagnetic)で，磁場に引きつけられることが予想される．このことは O_2 分子の物理的性質とも合致し，O_2 は実際に常磁性である．単純な原子価結合法(valence bond)による O_2 の記述(O=O)では不対電子の存在は予測できないことは注目すべきである．だから，これは原子価結合法よりも分子軌道法のほうが優れていることを示す典型的な例である．この MO エネルギー準位図から O_2 の結合次数(bond order)は 2 となり($1\sigma + 1\pi$ 結合)，単純な原子価結合法の記述 O=O と形式的には一致する．

二酸素陽イオン O_2^+ は O_2 と比べると反結合性の分子軌道 π_2^* 中の電子が 1 個少ないので，結合次数は 2.5 となる．同様に，O_2^- と O_2^{2-} は O_2 に比べると分子軌道 π_2^* 中にそれぞれ 1 電子と 2 電子多くもつので結合次数はそれぞれ 1.5 と 1 である．このようにして得られる結合次数は実験的に得られた結合距離の傾向と一致しており，表 1.2 に示すように結合次数が大きいものは短い(強い)結合をもつ．同様に O_2^+ (1 個)，O_2 (2 個)，O_2^- (1 個)は不対電子をもち常磁性であるが，O_2^{2-} は不対電子をもたず反磁性(diamagnetic)である(O_2^{2-} は F_2 分子と等電子)．なお，結合次数が大きいほど，その化学種が安定であると考えてはならない．この場合では，最も安定な化学種は O_2 であり，O_2 を O_2^+ にするには真空中で 1164 kJ mol^{-1} ものイオン化エネルギー(O_2 分子のイオン化エネルギー)が必要である．これは 0.5 だけの結合次数の増大ではまかなえない．N_2 では σ_4^* と π_2^* (2 個)とが非占有で，結合次数は 3($1\sigma + 2\pi$)，F_2 では σ_4^* だけが非占有なので結合次数は 1(1σ)である．異核 2 原子分子の MO は例題 7.6 参照．

> 結合次数(bond order)は $1/2 \times$ (結合性 MO 中の電子数－反結合性 MO 中の電子数)と定義される(非結合性 MO 中の電子は無視)．結合次数はその結合の多重性の尺度であり，O_2 の場合では $1/2 \times (8-4) = 2$(二重結合)である．

表 1.2 O_2 とこれに関連した化学種の結合距離と結合エネルギー [a]

化学種	名称	結合次数	結合距離(pm)	結合エネルギー(kJ mol^{-1})
O_2^+	二酸素陽イオン	2.5	112.3	625
O_2	二酸素	2.0	120.7	498
O_2^-	超酸化物イオン	1.5	128	395
O_2^{2-}	過酸化物イオン	1.0	149	204

a) これらの化学種の詳しい化学的性質については 8 章(と 3.5 節)を参照せよ．

例題 1.10

Q 次の軌道間の相互作用を結合性，非結合性，反結合性に分類せよ．

(a)

(b)

A (a)この相互作用では s 軌道と p 軌道とが頭どうし(end-on)で同位相で

重なっている．だから結合性の相互作用である（図1.11では無視）．位相が逆であれば反結合性．(b)この相互作用は非結合性である．なぜなら結合性の（同位相の）重なりと反結合性の（逆位相の）重なりとが同じ大きさなので，ちょうど相殺されるからである．

この章のまとめ

1. 典型元素の単体の全体的な化学的性質はイオン化エネルギーと電気陰性度の二つの尺度を使って分類できる．周期表の左下にある電気陽性な典型元素の単体は金属的な性質を示し，塩基性の酸化物と水素化物，中性のハロゲン化物（イオン結合性）を与える．pブロックの右上にある電気陰性な元素の単体は非金属性で，大きなイオン化エネルギーと電子親和力をもち，酸性の酸化物，水素化物，ハロゲン化物（共有結合性）を与える．
2. 原子価殻電子対反発則（VSEPR則）は典型元素化合物の分子構造（分子の形）を予想するのに簡単で有効な方法である．このVSEPR則は構造の推定に使えるが，結合については何も情報を提供しない（だから例外もありうる）[†1]．
3. 分子軌道（MO）法は多くの化学種の結合と性質を予想するのに有効であるが，ここでは例としてあげた等核2原子分子のO_2と，これに関連した化学種についてのみ議論した．

†1 訳者注　VSEPR則で説明できない顕著な例としては，気体状態での2族重金属のフッ化物など（屈曲構造），気体状態でのLi_2O（直線構造），$N(SiH_3)_3$（平面三角形構造）などがある．後二者ではO(p)→Li(p)やN(p)→Si(σ^*)のπ供与結合を考慮に入れる必要がある．また7.3.2項と8.3.4項でそれぞれ登場するヒドラジンH_2N-NH_2と過酸化水素H_2O_2の配座（conformation）を解釈するには隣接原子上の孤立電子対間反発を正しく理解する必要がある．

章末問題

1.1 以下の組の元素（イオン）のうち，どちらが大きな第一イオン化エネルギーをもつであろうか．
(a) LiとBe，(b) NとO，(c) CとN，(d) SeとSe⁺，(e) KとRb

1.2 次の分子またはイオンの構造をVSEPR則により推定せよ．
(a) SF_6, (b) SeF_2, (c) HCO_3^-, (d) $XeOF_4$, (e) PF_3Cl_2, (f) $[SF_2Cl]^+$, (g) $[S_2O_4]^{2-}$

1.3 次の分子のうちで109.5°より大きい結合角をもつものはどれか．
(a) SF_2, (b) CF_4, (c) BF_3, (d) PF_3, (e) H_2S

1.4 図1.11のMO準位図を使ってO_2^{2+}の結合次数を求めよ．また，これと等電子構造をもつ簡単な分子にはどのようなものがあるか．

1.5 次の軌道間相互作用を結合性，非結合性，反結合性に分類せよ．

参 考 文 献

1) R. J. Gillespie, *Chem. Soc. Rev.*, **21**, 59 (1992).
2) H. A. Bent, *J. Chem. Educ.*, **37**, 616 (1960); H. A. Bent, *Chem. Rev.*, **61**, 275 (1961); J. E. Huheey, E. A. Keiter, R. L. Keiter, "Inorganic Chemistry," 4th Edn., HarperCollins, New York (1993).

さらなる学習のために

M. J. Winter, "Chemical Bonding," Oxford University Press, Oxford (1994).

R. J. Gillespie, E. A. Robinson, *Angew. Chem., Int. Ed. Engl.*, **35**, 495 (1996).

R. J. Gillespie, *J. Chem. Educ.*, **69**, 116 (1992).

J. E. Parker, S. D. Woodgate, *J. Chem. Educ.*, **68**, 456 (1991).

J. Q. Pardo, *J. Chem. Educ.*, **66**, 456 (1989).

2章 水素の化学

この章の目的

この章では，以下の三つの項目について理解する．
- Hが周期表において特異な位置を占めること
- 水素化物には多様なものがあること
- 特異な相互作用として水素結合があること

2.1 序論

水素 H (hydrogen) は周期表中で最も単純な元素であるが，その化学的性質は多様性に富んでいる．その性質から考えると，水素を周期表のどの族に所属させても不満が残る (7 ページ訳者注 2 参照)．ただし，H はアルカリ金属 (1 族) と同じ電子配置 (ns^1) をもつので，便宜上 1 族の最上段に置くのが普通である．

水素が化合物を生成するときには，端的にいえば次の三種の様式で結合する．

- 電子を 1 個放出して**水素イオン** H^+ になる (この点では 1 族元素に似ている)．ただし，H^+ は極端に高い電荷密度をもつのでそれ自身単独では存在しないで，多くの場合水和している (2.5 節)．
- 他の多くの元素との間で電子を共有して共有結合を生成する．
- 電子を受け取って**ヒドリド陰イオン** (hydride ion) H^- になる．これは希ガス He と等電子の $1s^2$ (閉殻) 電子配置をもつ (この点では 17 族のハロゲンと似ている)．H^- イオンでは核引力が弱いので，その半径は F^- と Cl^- の間の値 (∼150 pm) である．分極しやすいので，結合相手によっても変動する．

2.2 水素の単体

2.2.1 自然界での存在と工業的製法

水素は宇宙で最も多量に存在する元素で (76%)，その次が He (23%) である．

大きな電荷密度をもつイオンは半径に対する電荷の比が大きい (サイズが小さく電荷が大きい)．これが陽イオンであれば相手を分極する能力が高い．その結果，他の元素との結合は共有結合性を帯び (**ファヤンス則**．8 ページ訳者注 1 参照)，$[Be(H_2O)_4]^{2+}$ や $[Al(H_2O)_6]^{3+}$ のような水和陽イオンは加水分解して酸性を示す (50 ページ訳者注 1 参照)．

ヒドリド (hydride) という言葉は H^- イオン以外に，共有結合的な水素化物や侵入型水素化物 (金属状水素化物ともいう．2.4 節) のことも意味する．

しかし，気体の水素分子 H_2 は反応活性である（生成する E—H 結合が強い）ために自然界では大半の水素は他の元素との化合物，とくに海水や水和した金属鉱物，あるいは有機化合物として存在する．水素の製法には以下のようにいくつかある．

- 電気分解（electrolysis）：水それ自身の電気分解（式 2.1）によるか，かん水（NaCl 水溶液）を電気分解（電極に Hg を使うこの方法は旧式で，現在はイオン交換膜法が主流）して塩素を製造する際に副生成物として水素の**単体**が得られる（式 2.2）．

$$2\,H_2O_{(l)} \longrightarrow 2\,H_{2(g)} + O_{2(g)}, \qquad \Delta H^\circ = +571.7\text{ kJ} \tag{2.1}$$

$$2\,NaCl_{(aq)} + 2\,Hg \longrightarrow 2\,\underset{\text{アマルガム}}{NaHg_{(l)}} + Cl_{2(g)}$$

ついで

$$2\,\underset{\text{アマルガム}}{NaHg_{(l)}} + 2\,H_2O_{(l)} \longrightarrow 2\,NaOH_{(aq)} + H_{2(g)} + 2\,Hg_{(l)} \tag{2.2}$$

- 炭化水素の改質（reforming）：ニッケル触媒上で炭化水素と水蒸気を 800 ℃ くらいで反応させる．たとえば式 (2.3) は天然ガスから得たメタンの改質反応である．これは H_2 のおもな工業的製造法である．

$$CH_{4(g)} + H_2O_{(g)} \longrightarrow CO_{(g)} + 3\,H_{2(g)}, \quad \Delta H^\circ = +206\text{ kJ},\ T\Delta S^\circ = +63.8\text{ kJ} \tag{2.3}$$

- 炭化水素の熱分解蒸留（cracking）：高級炭化水素（アルカン）を熱的に分解して低分子量のアルケンを得る際に副産物として水素が生成する．
- NaH や CaH_2 のようなイオン性水素化物（ionic hydride）の加水分解（hydrolysis）による（式 2.4）．

$$CaH_2 + 2\,H_2O \longrightarrow Ca(OH)_2 + 2\,H_2 \tag{2.4}$$

CO と H_2 の混合物が**合成ガス**（synthesis gas）と呼ばれるのは，ZnO/CuO を触媒としてメタノールのような化合物の合成に使われる（$CO + 2H_2 \longrightarrow CH_3OH$，$\Delta H = -128$ kJ）からである．式 (2.3) で生じた CO は，さらに $CO_{(g)} + H_2O_{(g)} \longrightarrow CO_{2(g)} + H_{2(g)}$（$\Delta H = -41$ kJ）の転化反応（固体触媒による水性ガスシフト反応）をさせる．

例題 2.1

Q 実験室で水素ガス H_2 を発生させるもう一つの方法には，電気陽性な金属と酸（弱酸水溶液も含む）を反応させる方法がある．この反応に使える金属の例を二つあげ，その反応式を書け．

A アルカリ金属（1族），Ca，Sr，Ba などは水と反応して，たとえば

$$2\,Na + 2\,H_2O \longrightarrow 2\,NaOH + H_2$$

となる（式 3.3）．Mg，Zn，Sn のように反応性が劣る金属は HCl のような酸に溶けて水素を発生する．

$$Mg + 2\,HCl \longrightarrow MgCl_2 + H_2$$

例題 2.2

Q 4 g の水素分子を完全燃焼させると,どれだけのエネルギーが発生するか.ただし $H_{2(g)} + 1/2\,O_{2(g)} \longrightarrow H_2O_{(l)}$ の反応の ΔH(エンタルピー変化.この場合は $H_2O_{(l)}$ の生成エンタルピーに相当)は -286 kJ mol^{-1} である(気体の $H_2O_{(g)}$ の生成エンタルピーは -242 kJ mol^{-1} であり,その差 44 kJ mol^{-1} は蒸発熱).また,水素を燃料として用いることの利点は何か.

A 4 g の H_2 の物質量は 2 mol だから $286 \times 2 = 572$ kJ mol^{-1} のエネルギーが発生する.水素はエネルギーの豊富な燃料であり,燃焼して生じるものは水だけである.だから水素は公害とは無縁で非常に魅力的な燃料であり,実際,世界中で輸送機関に用いられることが多くなりつつある.

2.2.2 水素の同位体

水素には三種の同位体(isotope)がある(表 2.1).同位体 ^1H(protium)が断然多いが,天然の水素には約 0.02% の重水素 ^2H(deuterium,D)が含まれている.三つの同位体は反応速度が異なる(同位体効果という)以外は化学的に等価である.この反応速度の相違を使って重水素 D_2 がつくられる.たとえば,水を電気分解(式 2.1)して生成する水素ガスには ^1H の割合が多く,残った水には重くて反応が遅い重水素 $D(^2H)$ の割合が多くなる(質量の大きい D_2O のほうが拡散速度が遅い).一般に E—D 結合は E—H 結合より若干強い.D_2O は中性子減速剤として,原子炉で多量に使用されている.

表 2.1 水素の同位体

同位体	名称(記号)	陽子数	中性子数	安定性
^1H	プロチウムまたは軽水素(H)	1	0	安定
^2H	ジュウテリウムまたは重水素(D)	1	1	安定
^3H	トリチウムまたは三重水素(T)	1	2	放射性(半減期 12.26 年)

トリチウム ^3H(tritium,T)は大気圏の上層部で ^{14}N が宇宙線と衝突するとき,あるいは原子炉で Li と中性子が衝突する(式 2.5)ときに生じる.

$$^6Li + {}^1n \longrightarrow {}^3H + {}^4He \qquad (2.5)$$

商業的に入手可能な D と T の供給源は D_2O と T_2O である.重水素化あるいは三重水素化した化合物,たとえば重水素化ベンゼン C_6D_6,D_2SO_4,ND_3 などは直接的な反応によって合成される(式 2.6〜2.8).

$$3\,CaC_2 + 6\,D_2O \longrightarrow 3\,DC{\equiv}CD\ [+ 3\,Ca(OD)_2] \xrightarrow{\text{触媒}} C_6D_6 \qquad (2.6)$$

$$SO_3 + D_2O \longrightarrow D_2SO_4 \qquad (2.7)$$

$$Li_3N + 3\,D_2O \longrightarrow ND_3 + 3\,LiOD \qquad (2.8)$$

> **例題 2.3**
>
> **Q** D_2O から出発して (a) D_3PO_4 と (b) $DCl_{(g)}$ はどのようにしてつくるか.
>
> **A** (a) $P_4O_{10} + 6\,D_2O \longrightarrow 4\,D_3PO_4$
>
> (b) まず式(2.7)によって D_2SO_4 をつくる. 次に
>
> $D_2SO_{4(l)} + NaCl_{(s)} \longrightarrow DCl_{(g)} + NaDSO_{4(s)}$ （式9.5参照）
>
> により $DCl_{(g)}$ を得る. または D_2O を電気分解すると $D_{2(g)}$ が得られる. これを $Cl_{2(g)}$ と反応させる.
>
> $D_{2(g)} + Cl_{2(g)} \longrightarrow 2\,DCl_{(g)}$

2.3 水素の化学的性質

水素分子 H_2 の結合解離エネルギーは大きいので($+436\,\mathrm{kJ\,mol^{-1}}$)，室温では比較的反応不活性である. しかし触媒が存在したり，高温になったりすると H_2 はほとんどの元素に対して反応する. 低圧の H_2 ガス中で電気放電を行うと原子状の水素 H が生成し，これはきわめて反応活性である. H_2 が反応するために必要な H_2 の解離エネルギーがすでに非化学的な方法(上記の放電)によって供給されているからである.

水素分子 H_2 は N_2, O_2, ハロゲン X_2 と直接反応して共有結合性の水素化物を生成する(2.4.2項). これらの反応は光を当てるとか，点火するとかいった反応の開始操作を必要とすることが多い(速度論的安定性). 単体の水素 H_2 は有効な還元剤であり，多くの金属酸化物を金属に還元する(このとき水が副成する). また $C\equiv C$, $C=C$ や $C=O$ 結合をもつ不飽和有機化合物を水素化して(水素添加)，炭化水素やアルコールのような飽和有機化合物に変換する.

2.4 水素化物

ある元素と水素とを結合させると水素化物(hydride)と呼ばれる化合物になる. 一般に，p ブロックの元素の水素化物は共有結合性であり，Be と Mg を除く s ブロック元素の水素化物はイオン結合性の固体であるが，遷移金属やランタノイドとは侵入型水素化物〔interstitial hydride. 金属状水素化物(metallic hydride)や金属類似水素化物(metal-like hydride)ともいう〕を生成する. この水素化物は外見上は金属であり導電性をもつが，真の金属とは違ってもろくて砕けやすい(2.4.3項). 周期表を右に進むと，イオン結合性(たとえばNaH)から共有結合性のポリマー(たとえばAlH_3)，さらに共有結合性分子(たとえば気体分子 SiH_4, PH_3, SH_2, HCl)へと変化する. これらのタイプの水素化物については以下の項で順次解説する.

比較のために若干の平均の結合解離エネルギー($\mathrm{kJ\,mol^{-1}}$)を示す. $Cl-Cl = +242$, $B-H = +373$, $C-H = +416$, $N-H = +391$, $O-H = +463.5$.

ニッケル触媒を使って，植物油を部分的に水素化しマーガリンをつくるのは，よく知られた応用例である.

2.4.1 イオン結合性水素化物

H_2ガスと1族や2族の金属(BeとMgを除く)を反応させると，$1s^2$電子配置のH⁻イオンを含んだ無色の水素化物が得られる．その金属の電気陰性度が1.2より小さい場合には，その水素化物はたいていイオン結合性である(このページ最後の欄外記事を参照)．

このような**イオン結合性水素化物**の生成においては，水素は希ガス配置に1電子不足しているという点でハロゲンの化学的性質に似ているといえる．Cl⁻の生成(式2.9)はH⁻の生成(式2.10)より容易である(真空中で)．というのは，結合力はCl—Cl($+242$ kJ mol⁻¹)のほうがH—H($+436$ kJ mol⁻¹)より弱いので，Cl—Cl結合が切断しやすく，電子親和力はCl(-349 kJ mol⁻¹)のほうがH(-73 kJ mol⁻¹)よりも大きいからである．

$$\tfrac{1}{2}Cl_2 \xrightarrow{+242/2} Cl_{(g)} + (e^-) \xrightarrow{-349 \text{ kJ mol}^{-1}} Cl^-_{(g)}, \quad \Delta H \text{の和} = -228 \text{ kJ mol}^{-1} \quad (2.9)$$

$$\tfrac{1}{2}H_2 \xrightarrow{+436/2} H_{(g)} + (e^-) \xrightarrow{-73 \text{ kJ mol}^{-1}} H^-_{(g)}, \quad \Delta H \text{の和} = +145 \text{ kJ mol}^{-1} \quad (2.10)$$

式(2.10)の反応で必要とされるエネルギー(と金属の昇華熱とイオン化エネルギー)は生成するイオン結合性の水素化物の格子エネルギーでまかなわれる．ハロゲン化物イオンは水溶液中で安定であるが，**ヒドリドイオン** H⁻は水中で容易に加水分解して水素を発生する(式2.11)．

$$H^- + H_2O \longrightarrow H_2 + OH^- \quad (2.11)$$

アルカリ金属(3.7節)とアルカリ土類金属Ca, Sr, Ba(4.6節)の水素化物はH⁻を含むイオン結合的な化合物であるが，これよりもう少し電気陰性なAl(5.6.2項)，Mg, Be(4.6節)の水素化物は共有結合性を帯びたポリマー状の固体，14族以降のようにもっと電気陰性であれば共有結合性分子になる．

2.4.2 共有結合性水素化物

H(電気陰性度2.1)は，その1s電子を他の原子と共有することによって共有結合を生成することができる．その原子の電気陰性度が1.5より大きい場合には，おもに共有結合性をもった水素化物(**共有結合性水素化物**)になる．たとえば最も電気陰性なF(4.0)との化合物HFでも共有結合性はかなりある．

上の例でもわかるように，共有結合といっても広い範囲にわたって分極しており，Hがδ+に分極するような場合(たとえばH—S)から，Hがδ−に分極するような場合(たとえばB—HやGe—H)まである．pブロック元素からなる重要な水素化物が表2.2にあげてある．14族から17族の元素は典型的な共有結合をもつ水素化物を生成する．E—Hの平均の結合エネルギーの大きさは同じ周期ではだいたい(1族)<(2族)<13族<14族≦15族<16族<17族の順であり(右側の族のほうがEの軌道が集中していてHの1s軌道との重なりがよいか

H_2OのHが+1の，Oが−2の酸化数をもつとすれば，式(2.11)や(2.4)や(3.12)の正味の反応はH⁻+H⁺⟶H_2とみなすことができる．

Na[BH_4]とLi[AlH_4]の化学的性質については5.6節で述べる．以下の二つの欄外記事も参照．

共有結合性水素化物を生成する元素とその電気陰性度(ポーリングの値)はSi=1.9, P=2.2, S=2.6. そのほかについては5ページの表を参照．

BeH_2は共有結合性，MgH_2は共有結合性とイオン結合性の中間，CuH, ZnH_2, CdH_2は共有結合性と金属結合性との中間である．

ら),同じ族で周期を下がるとE—H結合は弱くなる(相互作用する軌道間のエネルギー差が大きくなり,軌道の重なりも悪くなるから).

表2.2　pブロック元素の重要な水素化物

族	13	14	15	16	17
	B_2H_6	C_nH_{2n+2} [a]	NH_3	H_2O	HF
		C_nH_{2n}	N_2H_4	H_2O_2	
		C_nH_{2n-2} など			
	$(AlH_3)_n$	Si_nH_{2n+2} ($n \leq 8$)	PH_3	H_2S	HCl
			P_2H_4	H_2S_n	
		Ge_nH_{2n+2} ($n \leq 9$)	AsH_3	H_2Se	HBr
		SnH_4	SbH_3	H_2Te	HI

a) 炭素原子からできる鎖の長さには,はっきりした限界はない.

C_nH_{2n+2} はアルカン,C_nH_{2n} はアルケン,C_nH_{2n-2} はアルキンという.

例題 2.4

Q 電気陰性度(Ga = 1.8,Bi = 2.0,Pb = 2.3)を使って,Ga_2H_6(構造については5.6.2項と図5.6を参照),BiH_3,PbH_4 が共有結合性かどうかを論じよ.

A Ga,Bi,Pb は金属だから1,2族金属のようにイオン性の水素化物を生成すると期待するかもしれない.しかしこれらは1.5より大きな電気陰性度をもつので(占有された3dや4fや5d電子の遮蔽能力が低いから,価電子が受ける有効核電荷が大きい.72ページ訳者注1参照)ので,その水素化物はかなり共有結合性を帯びていると予想される.

もう一つの重要な共有結合性の水素化物には電子不足(electron-deficient.電子欠損ともいう)の水素化物がある.その典型例はジボラン B_2H_6(と B の高級水素化物)である(図5.6).これらについては5.6節で詳しく述べる.

例題 2.5

Q ハロゲン化水素 HX の生成エンタルピー $\Delta_f H°$ ($kJ\ mol^{-1}$)は,なぜ HF (−273) > HCl (−92) > HBr (−36) > HI (+26.5) の順になるのかを説明せよ.

A 生成エンタルピーは $1/2\ H_2 + 1/2\ X_2 \longrightarrow HX$ の反応のエンタルピー変化である.HF では強い H—H 結合($436/2\ kJ\ mol^{-1}$)と比較的弱い F—F 結合($158/2\ kJ\ mol^{-1}$)を切断するのに必要なエネルギーは,非常に強い H—F 結合($570\ kJ\ mol^{-1}$)を生成することで十分まかなわれる(その差が $\Delta_f H° = 436/2 + 158/2 − 570 = −273$).周期を下がると切断する必要がある X—X 結合は弱くなるが,生成する H—X 結合も次第に弱くなるので(ハロゲンの軌道が広がって,H の小さな 1s 軌道との重なりが悪くなるから),H—H の結合切断(と X—X の結合切断)に必要なエネルギーは次第にまかなわれに

くくなる．だから17族を下がるにつれて HX の $\Delta_f H°$ の値は負から正になってくる（H—X の結合エネルギーは140ページ訳者注2参照）．たとえば，HI の場合では $1/2\,H_{2(g)} + 1/2\,I_{2(s)} \longrightarrow HI_{(g)}$ なので，$\Delta_f H°(HI_{(g)}) = 1/2 \times 436$（$H_{2(g)}$ の結合エネルギー）$+ 1/2 \times 62$（$I_{2(s)}$ の昇華熱）$+ 1/2 \times 151$（$I_{2(g)}$ の結合エネルギー）$- 298$（$HI_{(g)}$ の結合エネルギー）$= +26.5$ となる（9.4節）．HBr では Br_2 は標準状態で液体であるから $\Delta_f H°(HBr_{(g)}) = 1/2 \times 436$（$H_{2(g)}$ の結合エネルギー）$+ 1/2 \times 31$（$Br_{2(l)}$ の蒸発熱）$+ 1/2 \times 193$（$Br_{2(g)}$ の結合エネルギー）$- 366$（$HBr_{(g)}$ の結合エネルギー）$= -36$ となる（$X_{2(g)}$ の結合エネルギーについては105ページ欄外の記事参照）．

共有結合性の水素化物の合成法

共有結合性の水素化物を合成するには，次のようにいくつかの方法がある．

- 単体を直接反応させる（式2.12と2.13）．

$$2\,H_2 + O_2 \longrightarrow 2\,H_2O_{(l)}, \quad \Delta H° = -571.7\,\text{kJ} \tag{2.12}$$

$$H_2 + Cl_2 \longrightarrow 2\,HCl, \quad \Delta H° = -184.6\,\text{kJ} \tag{2.13}$$

- ハロゲン化物または酸化物を還元する（たとえば式2.14）．この方法は一般に最も広く用いられている．

$$SiCl_4 + LiAlH_4 \longrightarrow SiH_4 + LiAlCl_4 \tag{2.14}$$

- 金属のリン化物（phosphide），炭化物（carbide），ケイ化物（silicide），ホウ化物（boride）などを加水分解する（たとえば式2.15）．

$$Ca_3P_2 + 6\,H_2O \longrightarrow 2\,PH_3 + 3\,Ca(OH)_2 \tag{2.15}$$

- 水素化物を，たとえば放電によって相互変換する（たとえば式2.16）．

$$n\,GeH_4 \longrightarrow Ge_2H_6 + Ge_3H_8 + \text{数種の高級水素化物} \tag{2.16}$$

一般に，p ブロックの水素化物は還元剤として働き，あるもの（たとえば SiH_4）は空気中で自然燃焼する（式2.17）．これに対して CH_4 のように，速度論的に安定なので反応開始に点火を必要とするものもある（式2.18）．

$$SiH_4 + 2\,O_2 \longrightarrow SiO_2 + 2\,H_2O, \quad \Delta H° = -1516\,\text{kJ} \tag{2.17}$$

$$CH_4 + 2\,O_2 \longrightarrow CO_2 + 2\,H_2O, \quad \Delta H° = -890\,\text{kJ} \tag{2.18}$$

還元剤は容易に酸化される．式(2.17)と(2.18)では，まさにこの反応が起こっている（O_2 は酸化剤であり，これらの反応では当然還元されている）．

例題 2.6

Q 次の反応式を完成せよ．ただし生成物は水素化物である．

(a) $Na_2S + HCl \longrightarrow$

(b) PhPCl$_2$ + LiAlH$_4$ ⟶

A　(a) Na$_2$S + 2 HCl ⟶ H$_2$S + 2 NaCl. H$_2$S は HCl より弱酸である（弱酸の塩 + 強酸 ⟶ 弱酸 + 強酸の塩 の反応）．
(b) 2 PhPCl$_2$ + LiAlH$_4$ ⟶ 2 PhPH$_2$ + LiAlCl$_4$. PhPCl$_2$ は PCl$_3$ の有機誘導体．

例題 2.7

Q　次の水素化物はどのようにして合成するか．(a) HF, (b) SeH$_2$.
A　(a) 濃 H$_2$SO$_{4(l)}$ + NaF$_{(s)}$ ⟶ HF$_{(g)}$ + NaHSO$_{4(s)}$[†1]．あるいは爆発的に起こる H$_2$ と F$_2$ との直接の反応も使える（式 9.4 も参照）．
(b) H$_2$ は Se の単体とは反応しないので間接的な方法が用いられる．

$$2 Na + Se ⟶ Na_2Se（または Se + Na[BH_4] ⟶ NaHSe + BH_3）$$

ついで

$$Na_2Se + 2 HCl ⟶ H_2Se + 2 NaCl（または NaHSe + HCl ⟶ H_2Se + NaCl. 弱酸の塩 + 強酸 ⟶ 弱酸 + 強酸の塩 の反応）$$

[†1] 訳者注　この反応を NaCl に適用して HCl を発生させることができるが，NaBr を使うと，いったん生じた HBr は濃硫酸に酸化されて Br$_2$ になる．HI はもっと酸化されやすい（140 ページ訳者注 1 参照）．

ここで，Na も Na[BH$_4$] も還元剤として働いている．

2.4.3　侵入型水素化物

遷移金属，ランタノイド，アクチノイドの多くは適度に水素を吸収して**侵入型水素化物**〔interstitial hydride. **金属状水素化物**（metallic hydride）ともいう〕となる．これらは硬度，導電性，光沢性など，金属に特徴的な多くの性質をもっている（ただし，もろくて砕けやすい）．また，これらの水素化物は組成が PdH$_{0.6}$ とか VH$_{1.6}$ のように非化学量論的であり，最密充填の金属格子の**四面体間隙**（interstice）に水素が侵入している．ランタノイドの水素化物は**八面体間隙**にも水素を取り込むことができ，グラファイトのような外見をもつ，イオン結合的で MH$_3$ の組成をもつ水素化物を与える．

2.5　形式的に H$^+$ として水素を含む化合物

H はその 1s 電子を失って**水素イオン**〔proton. **プロトン**ともいう〕になって化合物を生成することができる．ただし，H$_2$ ガスをガス状の 2 H$^+$ イオンに変換するには多量のエネルギーが必要である（式 2.19）．

$$H_{2(g)} - 2 e^- ⟶ 2 H^+_{(g)} \tag{2.19}$$
$$\Delta H = +436(H—H) + 2 \times 1312(IE) = 3060 \text{ kJ mol}^{-1}$$

水溶液中で H$^+$ が生成すると，水分子と結合（水和）して**ヒドロキソニウムイオン**（hydroxonium ion）H$_3$O$^+$〔**ヒドロニウムイオン**（hydronium ion）または**オキソ**

ニウムイオン(oxonium ion)とも呼ばれる[†2]を生成して安定化する．このイオンは部分的な正電荷をもっているので溶媒の水分子によってさらに溶媒和される．水中のプロトンは $[H_3O(H_2O)_3]^+$ または $[H_9O_4]^+$ という化学式で近似的に表される(H^+ の水和エネルギーは $-1127\ kJ\ mol^{-1}$)．その構造は図2.1に示してあり，H_3O^+ の各 H は水分子の酸素原子と水素結合(2.6節)している[1])．

[†2 訳者注] H_3O^+ の水素をアルキル基 R で置き換えた RH_2O^+, R_2HO^+, R_3O^+ などのイオンを総称して**オキソニウムイオン**という．**オニウムイオン**(onium ion)とは，化合物中の孤立電子対に H^+ や R^+ などが結合した陽イオンをいう．NH_4^+ や PR_4^+（ホスホニウム）や SR_3^+（スルホニウム）は典型的なオニウムイオンである．

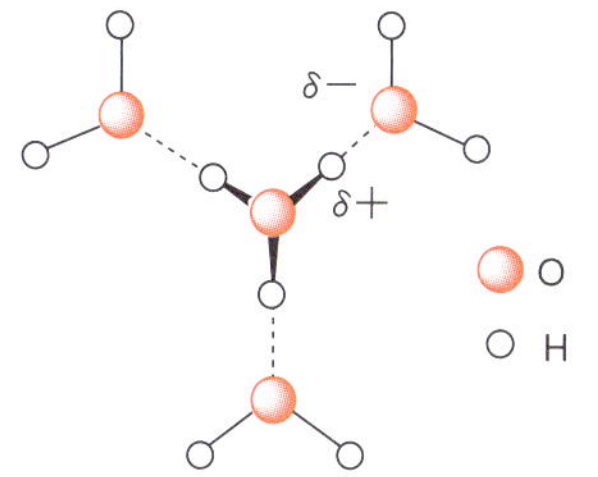

図2.1 $H_9O_4^+$ イオンの構造．

2.6 水素結合

2.6.1 一般的特徴

　水素原子が F, O, Cl, N のような非常に電気陰性な元素に結合すると，その分子中の H は部分的に正電荷を帯びるので，部分的に負電荷を帯びた原子があれば，これとの間で二次的な相互作用，つまり水素結合(hydrogen bond)が起こる．

　この水素結合の効果は水素だけについて重要であり，他の電気陽性な元素にはほとんどみられない．というのは水素はサイズが小さく，原子核の正電荷を遮蔽する内殻の電子をもたないからである．

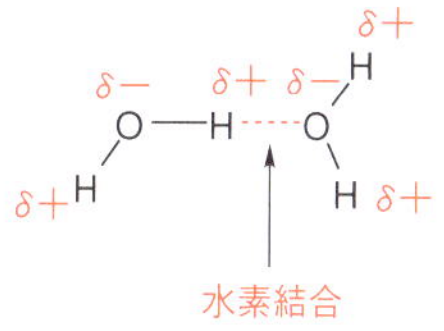

　水素結合の効果は 16 族の水素化物 EH_2 と 14 族の水素化物 EH_4 の沸点を比較するとよくわかる．これが図2.2に示してあり，EH_4 では分子量の増大につれて分子間のファンデルワールス力(引力)が増すので沸点が上昇する(極性がないので EH_3 や EH_2 に比べ，分子量の割に沸点は低い)．同じ傾向が H_2E の H_2S, H_2Se, H_2Te にもみられるが，水 H_2O の沸点だけが異常に高い．水には広範囲の水素結合があるからである(2.6.2項)．H_2S や，その下の水素化物では水素結合はほとんど起こっていない．16 族の水素化物にみられたのと同じ傾向は

- 15 族の水素化物(NH_3 から SbH_3 まで)と 17 族の水素化物(HF から HI まで)の沸点[†3]．
- 蒸発熱(気化熱)，融解熱，融点など，液体中と固体中での分子間結合(相互作用)の強さによって支配される物性

にもみられる．

2個の水分子間の水素結合

[†3 訳者注] 15 族の水素化物の沸点については章末問題 7.4 を参照．17 族の水素化物の沸点(℃)は HF ($+19.5$), HCl (-85.1), HBr (-67.1), HI (-35.1)である．

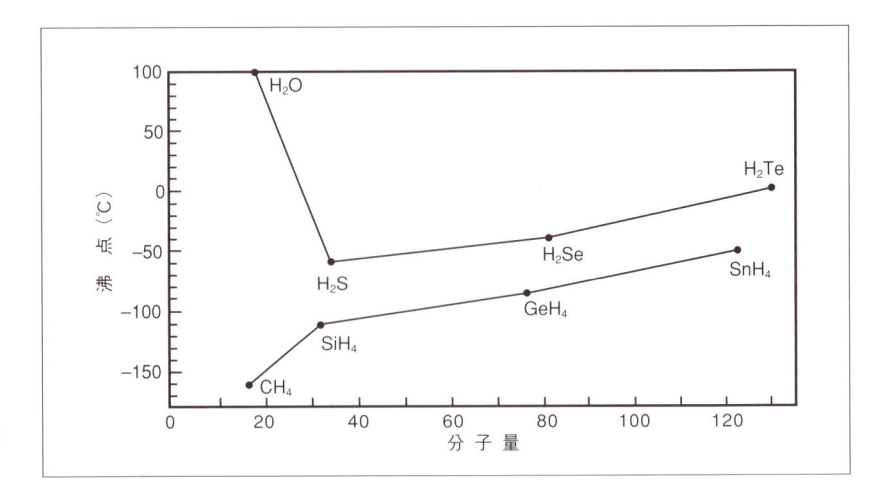

図2.2 いくつかのpブロック元素(14族と16族)の共有結合性水素化物の沸点.

2.6.2 水素結合した物質の例

　水は液体および固体状態で強い水素結合をした物質のうちで重要な例である．水素結合がなければ水の沸点は同族の物質の外挿から−75℃くらいと推定され，われわれが現在知っているような生命は発生できなかったはずである．固体の氷では水素原子と酸素原子は方向性のある広範な水素結合に関与していて，各酸素原子は4個の水素原子と結合している(最近接分子数は4)．だから隙間の多い構造になっている(図10.1)．液体の水では水素結合は固体の氷ほどは広範囲にわたってはいないが，構造的にもっと複雑で，動的な水素結合による網目構造を形成している(平均の最近接分子数は4.4で，氷より密度が大きい)．そのためプロトンは水分子間を素早く移動できる(プロトンジャンプという)[2]．

　H−F結合をもつ化合物も強く水素結合していることが多い．フッ化水素 HF はポリマー状のジグザグの鎖状構造で，その構造については9.4節で詳しく述べる(図9.2)．フッ化物を HF に加えて生成する陰イオン HF_2^- 中では(式2.20)，非常に強くて対称的な水素結合が存在する．

HF_2^- イオンの構造

$$HF + F^- \longrightarrow [F\cdots H\cdots F]^-, \quad \Delta H は約 -243 \text{ kJ mol}^{-1} \qquad (2.20)$$

　フッ化アンモニウム NH_4F は他のハロゲン化アンモニウム(8:8の CsCl 型)と

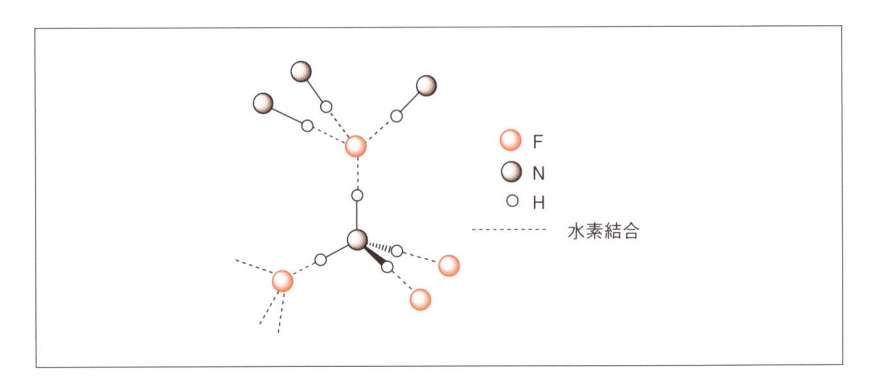

図2.3 固体の NH_4F 中での NH_4^+ イオンと F^- イオンとの水素結合(ウルツ鉱型)．

F
N
H
------ 水素結合

2.6 水素結合 33

は異なった構造(4:4のウルツ鉱型)をもっていて，固体中では強い，方向性のある H···F 水素結合を形成するために非常に隙間の多い構造になっている(図2.3)．分子(原子)間の相互作用がファンデルワールス力による場合では，できるだけ詰め込んだ(最近接分子が多い)構造が安定であるが，それが方向性のある水素結合である場合は，最近接の分子数が最大になる構造よりは，隙間があっても直線性の(方向性のある)強い水素結合ができる構造のほうが安定になる場合がある．氷や固体の NH_4F がその典型なのである．だから氷は融けると体積が減る．

例題 2.8

Q KF が無水の HF と反応すると KF·2HF の組成をもつ物質を生成する．この化合物の可能な構造を推定せよ．

A H—F 系の水素結合は非常に強いので，2分子の HF に F^- イオンを加えると $[F···H···F···H···F]^-$ のようなジグザグ様の直線構造をもった $H_2F_3^-$ イオンを生成するであろう(p.140，図 9.2 参照)．

2.6.3 水素結合の強さと重要性

一般に，水素結合の結合エンタルピーは約 +4 から $+40\,kJ\,mol^{-1}$ の範囲にある．だから水素結合は通常の共有結合(たとえば H—Cl の結合エンタルピーは $+432\,kJ\,mol^{-1}$)に比べ比較的弱い．しかし，すべての分子間に存在する弱いファンデルワールス力に比べれば水素結合はそんなに弱くない．だから多くの重要な物質において，その構造を決めるきわめて重要な結合である．自然界でみられる好例には氷の複雑な構造，DNA の二重らせん構造を担う水素結合の相互作用，生物学的に重要なタンパク質や酵素の高次構造と活性の発現などがある．

例題 2.9

Q DNA に存在する塩基，グアニンとシトシンは相補的な塩基であり，互いに強い水素結合を形成する．両塩基間で形成される相補的な水素結合を描け．

A

グアニン　　シトシン

この章のまとめ

1. 水素は周期表で独特の位置を占め,ほとんどの元素と化合物を生成する.
2. 水素は,低いイオン化エネルギーと電気陰性度をもつ元素(つまり金属)と反応してイオン結合性の水素化物を生成する.高い電気陰性度をもつ元素(金属以外のほとんどの元素)とは共有結合性の水素化物を生成する.
3. 酸性のハロゲン化物(HX)と中性の酸化物(H_2O や H_2O_2)は $H^{\delta+}-X^{\delta-}$ のような極性のある結合をもつ.また水素の化合物の独特な化学的特徴は,水素の結合相手が電気陰性な元素(F,O,Cl,N)である場合に水素結合を生成することができることである.

章末問題

2.1 化合物中で水素はどのような酸化数をもつことができるか.例をあげよ.

2.2 以下の元素 X は,それぞれ何であるかを特定せよ.
(a) X は熱に対して不安定な水素化物 HX を生成する.
(b) X は XH_4,X_2H_4 と X_2H_2 を生成する.これらは空気中で燃え,気体の酸化物(と水)になる.
(c) X は水中で安定な水素化物錯体 $Li[XH_4]$ を生成する.これは水中でもきわめて安定である.
(d) X は,毒性がなく室温で液体の水素化物 XH_2 を生成する.

2.3 次の水素化物がイオン結合的か共有結合的かを推定せよ.(a) CsH,(b) PH_3,(c) B_2H_6,(d) $NaBH_4$,(e) HCl
ただし電気陰性度は Cs(0.79),P(2.2),B(2.0),Cl(3.2)である.

2.4 H_2S_2 の沸点は H_2O_2 より高いであろうか低いであろうか.

参考文献

1) Z. Xie, R. Bau, C. A. Reed, *Inorg. Chem.*, **34**, 5403(1995).
2) M. C. R. Symons, *Chem. Br.*, **1989**, 491.

さらなる学習のために

J. Emsley, *Chem. Soc. Rev.*, **9**, 91(1980).

3章 1族元素（アルカリ金属）
― リチウム，ナトリウム，カリウム，ルビジウム，セシウムとフランシウム ―

> **この章の目的**
>
> この章では，以下の四つの項目について理解する．
> - 1族元素においては M^+ 陽イオンが優勢であること
> - 1族元素の金属は高い反応性（還元力）をもつこと
> - 1族元素は塩基性の酸化物と水酸化物を生成すること
> - Li は右下の Mg（2族）と化学的類似性をもつこと（対角関係）

3.1　序論と酸化数の概観

　1族元素（本書では H を除く），つまり アルカリ金属（電子配置は ns^1）の化学的性質は，s 電子を一つ失って希ガスの電子配置になりやすいということに支配されている．各元素の第一イオン化エネルギー（IE）が小さく，第二 IE は非常に大きいので M^+ イオンを生成する．これがこの族のおもな化学的特徴である．周期を下がると ns 価電子が原子核から遠ざかるので第一 IE は減少する（図3.1）．Rb と Cs の値が予想より大きいのは，これらが ns 価電子を効率よく遮蔽できな

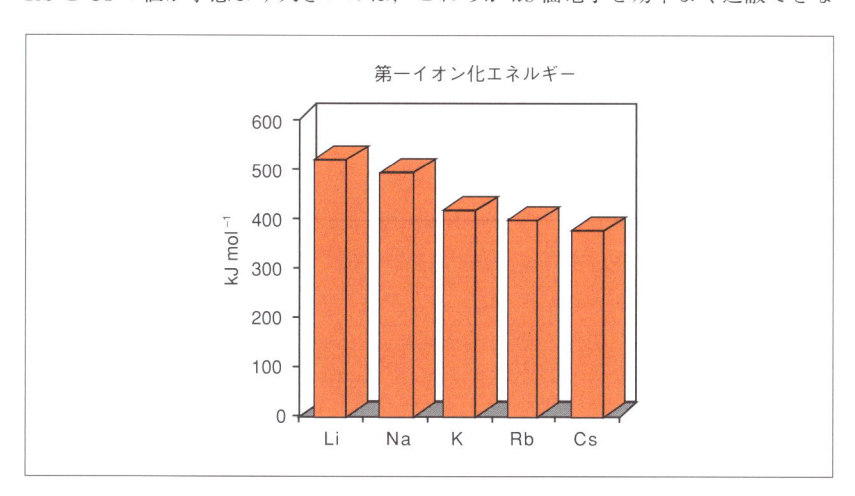

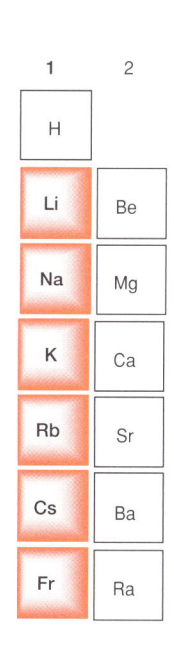

図 3.1　1族元素の第一イオン化エネルギー．

い，内側の占有 d 軌道をもっているからである．この族で IE が最も小さい Cs は高い酸化数（+3）の状態で存在できるかもしれないという指摘があるが，そのような化合物はまだ単離されていない[1]．

アルカリ金属では他の典型元素の各族に比べ，同じ族の間で化学的性質は大きく変化しない．ただし，水和とか錯体生成（小さい Li^+ イオンについてはこれらは重要）などの傾向，あるいは炭酸塩や硝酸塩などの化合物の熱的安定性（3.4節）には 1 族金属間でも微妙な相違がある．

3.2　1 族元素の単体

ナトリウム（sodium）Na は最も豊富なアルカリ金属であり，大きな地下鉱床に岩塩 NaCl として存在する．また海水は高濃度（10800 ppm）の Na^+ と 390 ppm の K^+ を含んでいる．**カリウム**（potassium）K はカリ岩塩 KCl やカーナル石 $KCl \cdot MgCl_2 \cdot 6H_2O$ からも得られる．**リチウム**（lithium）Li の主要鉱石はリチア輝石 $LiAlSi_2O_6$ や紅雲母（リン雲母）であるが，**ルビジウム**（rubidium）Rb や**セシウム**（caesium）Cs も紅雲母などに微量含まれるので，これから Li を製造するときの副産物として得られる．フランシウムの同位体はすべて放射性であり，自然界ではアクチニウムの崩壊によってごく微量生成する．

塩化物 MCl は普通に工業的につくられる生成物で，Li_2CO_3 も多量に合成されている．Li と Na 金属は溶融した LiCl や NaCl を電気分解して得られる（式 3.1）．

$$NaCl \longrightarrow Na + \frac{1}{2}Cl_2 \tag{3.1}$$

K 金属は KCl を Na の蒸気で，850℃で還元して得られる（式 3.2）．

$$KCl + Na \rightleftharpoons NaCl + K \tag{3.2}$$

アルカリ金属は**体心立方格子**（配位数は 8 あるいは 14）として結晶化する（図 3.2）．

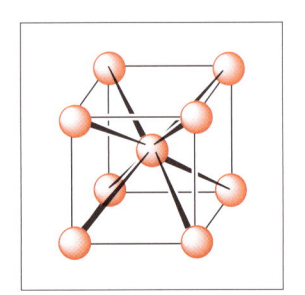

図 3.2 アルカリ金属がとる体心立方格子．中心原子は 8 個の最近接原子に立方体的に取り囲まれているが，もう少し離れた位置（$2/\sqrt{3}$ 倍の距離）に 6 個の原子がある（上下，左右，前後）．周期を下がると結合が弱くなるので融点は徐々に低下する（なお後述の 11 族金属はすべて立方最密構造である）．

分子軌道法については 1.5 節を参照せよ．

例題 3.1

Q　気体状態ではアルカリ金属は二量体 M_2 を生成する．この二原子分子 M_2 について簡単な分子軌道エネルギー準位図を描け．

A　水素 H と同様に，アルカリ金属は結合に使える 1 電子占有の ns 軌道をもっている．これらの互いの重なりによって結合性と反結合性の σ 型の分子軌道ができる．

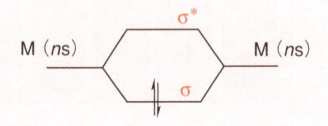

M_2 の分子軌道エネルギー準位図

> 各 M 原子は一つの電子を供給するので結合性分子軌道 σ は満たされるが，反結合性分子軌道 σ* は空のままである．だから正味の結合次数が 1 の M—M 単結合となる．周期を下がるほど軌道の重なりが悪くなるので M—M 結合は弱くなる．

3.3 アルカリ金属の化学的性質

アルカリ金属(alkali metal)はすべて反応活性で，ほとんどすべての他の元素と容易に結合し，ときには爆発的に反応することもある．アルカリ金属の化合物はほとんどがイオン結合性であるが，Li の化合物の一部，とくに C との直接の結合をもった LiR などの有機金属化合物はかなりの共有結合性をもつ(Li と対角関係にある Mg に類似．3.10 節)．金属それ自体と NaK のような合金は強力な還元剤である．Li^+ イオンが最も大きな負の $E°$ 値(還元電位[†1]．表3.1)をもつ(水中の Li^+ イオンが最も還元されにくい)のは，1 族金属イオン中では最もサイズが小さいので，最も大きな水和エネルギー(Box 3.1)で安定化しているからである．しかし，1 族金属は周期を下がるほど反応活性になる(2 族もそうである)．IE が小さくなり，軌道の重なりが悪くなるので M—M 間結合が弱くなるからである(したがって融点も低くなる)．

表 3.1 アルカリ金属イオンの標準還元電位

反応	$E°$(V)
$Li^+ + e^- \longrightarrow Li$	-3.05
$Na^+ + e^- \longrightarrow Na$	-2.71
$K^+ + e^- \longrightarrow K$	-2.94
$Rb^+ + e^- \longrightarrow Rb$	-2.94
$Cs^+ + e^- \longrightarrow Cs$	-3.02

3.4 アルカリ金属の簡単な塩類

アルカリ金属の塩は総じて水によく溶ける．とくに Li 塩と Na 塩はそうであるが，K，Rb，Cs 塩の一部には溶けにくいものがある[†2]．また，LiF と Li_2CO_3 は水にほとんど溶けない．塩の溶解度は二つの相反する大きなエネルギー，格子エネルギー(lattice energy．イオンどうしを引きつけて固体を維持する)とイオンの水和エネルギー(hydration energy．固体を溶解させる)に依存する．

> **Box 3.1 格子エネルギーと水和エネルギー**
>
> 塩 MX の格子エネルギー(lattice energy)U は次の過程
>
> $$M^+_{(g)} + X^-_{(g)} \longrightarrow MX_{(s)}$$

1族金属の化学では，1価陽イオン M^+ がその大半を占める．

[†1] 訳者注　還元電位 $E°$ が正に大きいほど，その陽イオンは水溶液中で還元されやすいことを意味する(Box 9.3 参照)．IE の値から判断すると，(真空中では)Li が最も酸化されにくい，つまり Li^+ イオンが最も還元されやすいはずである．実は，この効果よりも水和の効果のほうが優勢なのである(サイズが小さい Li^+ イオンが最も強く水和して安定化しているので，還元に対して最も抵抗する)．こうしてアルカリ金属の IE は互いに異なるが，これらのイオンは水溶液中で同程度の $E°$ 値をもつ(アルカリ金属イオンの水和エネルギーは章末問題 3.3 を参照)．Be と Mg を除く 2 族金属でも，類似の現象がみられる．

[†2] 訳者注　次ページに示す．

溶解度の低い M＝K, Rb, Cs 塩の例

塩	陰イオン
$M[ClO_4]$	塩素酸(VII)イオン(過塩素酸イオン)
$M_2[PtCl_6]$	ヘキサクロロ白金酸(IV)イオン
$M_2[SiF_6]$	ヘキサフルオロケイ酸(IV)イオン
$M[BPh_4]$	テトラフェニルホウ酸イオン

のエンタルピー変化であり，その大きさは z^+z^-/r に比例する．ここで z^+ と z^- はそれぞれ陽イオンと陰イオンの電荷，r は両イオンの半径和 ($r_+ + r_-$) である．格子エネルギーはイオン結晶の構造に基づいて理論的に計算することができる（ボルン・ランデの式）．一般に格子エネルギーが大きいイオン結合性固体の融点は高い．

M^+ の水和エネルギー (hydration energy) は

$$M^+_{(g)} + n\,H_2O_{(l)} \longrightarrow [M(H_2O)_n]^+_{(aq)}$$

で示される過程のエンタルピー変化である（このほかに，陰イオンに対する水和も当然ある）．

一般に格子エネルギーと水和エネルギーは，小さな陽イオンと小さな陰イオンの組合せのとき最大になる．たとえば LiF がアルカリ金属のフッ化物中で最も溶解度が低いのは，その格子エネルギーが非常に大きいからである（水和エネルギーも大きいが）．K^+ や Rb^+ のような周期の下のアルカリ金属塩の一部に溶解度が低いものがあるのは，恐らくこれらの陽イオンのサイズが大きいために水和エネルギーが小さく（対陰イオンのサイズも大きいと，その水和エネルギーも小さい），格子エネルギーのほうが優勢になるからであろう（イオンの水和よりもイオン間の静電相互作用のほうが遠距離力である）．

前ページ訳者注　一般に強酸（たとえば $HClO_4$）の共役塩基（ClO_4^-）は水和が弱く，その塩はサイズの大きい（水和が弱い）K^+ や Rb^+，Cs^+ 塩のとき溶解度が低く，弱酸（たとえば H_2CO_3 や CH_3COOH）の共役塩基（CO_3^{2-}，CH_3COO^-）は水和が強く，その塩はサイズの小さい（水和が強い）Li^+（や 2 族金属）塩のとき溶解度が低いという傾向がある．溶解度が低い例として前ページ欄外の表にあげた塩の陰イオンの共役酸はすべて強酸だから，M^+ のサイズが大きいとき溶解度が低い．強酸の塩 MSO_4 も，サイズが大きい Ba 塩の溶解度が最も低い．

例題 3.2

Q 以下の表に示す熱力学データを使って，$NaCl_2$ の標準生成エンタルピー $\Delta_f H^\circ$ を計算し，これが不安定な化合物である原因を考察せよ．なお，NaCl と $NaCl_2$ の格子エネルギー（計算値）はそれぞれ -771 と $-2250\,kJ\,mol^{-1}$ である．

過程	ΔH° (kJ mol^{-1})
$Na_{(s)} \longrightarrow Na_{(g)}$	$+107$〔昇華熱〕
$Na_{(g)} \longrightarrow Na^+_{(g)} + e^-$	$+502$〔第一 IE〕
$Na^+_{(g)} \longrightarrow Na^{2+}_{(g)} + e^-$	$+4562$〔第二 IE〕
$Cl_{2(g)} \longrightarrow 2Cl_{(g)}$	$+242$〔結合解離エネルギー〕
$Cl_{(g)} \longrightarrow Cl^-_{(g)}$	-349〔電子親和力〕

A 次のページに示すような熱力学サイクル（ボルン・ハーバーサイクル）をつくる．ここで未知量は $\Delta_f H^\circ$ だけである．
こうして

$$\Delta_f H^\circ = 107 + 502 + 4562 + 242 - 349 \times 2 - 2250 = +2465\,kJ\,mol^{-1}$$

3.4 アルカリ金属の簡単な塩類

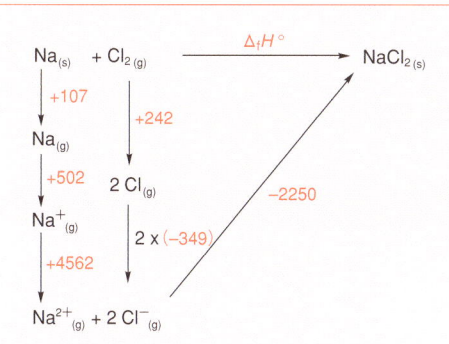

```
Na(s) + Cl2(g)  ——ΔfH°——→  NaCl2(s)
 ↓+107    ↓+242                ↗
Na(g)   2 Cl(g)               ↗
 ↓+502    ↓2×(−349)       −2250
Na⁺(g)                       ↗
 ↓+4562                     ↗
Na²⁺(g) + 2 Cl⁻(g)
```

となる.$\Delta_f H°$ が大きな正の値なので,この化合物は明らかに不安定である.アルカリ金属がもっぱら M^+ イオンを生成するおもな原因は,その第二 IE (内殻の p 電子の放出)がきわめて大きい(Na では 4562 kJ mol^{-1})からである.$NaCl_2$ (-2250 kJ mol^{-1})のほうが NaCl (-771 kJ mol^{-1})より格子エネルギーが相当大きいといっても,これでは Na を Na^{2+} にイオン化するのに必要なエネルギー(第一 IE + 第二 IE = 502 + 4562 = 5064 kJ mol^{-1})をまかなえない.2 族金属(ns^2)では第二 IE が比較的小さく(図 1.2),電荷が大きいために格子エネルギーが大きいので MX_2 型結晶が存在できるのである(例題 4.1).同じ計算を $NaCl_{(s)}$ について行うと $\Delta_f H° = 107 + 502 + 242/2 - 349 - 771 = -390$ kJ mol^{-1}(実験値 -411)となる.だから $NaCl_{(s)}$ には十分安定性がある.

アルカリ金属のうち Li はやや穏やかに水と反応するが,周期を下がると反応は次第に激しくなり(Rb, Cs はガラスのアンプル中に保存しなければならないほど反応活性である.例題 2.1 参照),いずれも水酸化物と H_2 ガスを与える(式 3.3).

$$2 M + 2 H_2O \longrightarrow 2 MOH + H_2 \tag{3.3}$$

これらの水酸化物は適当な酸で中和すれば他の塩になるので,他の塩をつくる際の有用な前駆体になる.また,これらは CO_2 を吸収してアルカリ金属の**炭酸塩**(carbonate)M_2CO_3 や**炭酸水素塩**〔hydrogen carbonate.重炭酸塩(bicarbonate)ともいう〕$MHCO_3$(Li を除く)を与える.炭酸水素塩は加熱すると炭酸塩になり(6.7.1 項),もっと加熱すると分解して酸化物と二酸化炭素になる(式 3.4).

$$2 MHCO_3 \longrightarrow M_2CO_3 (+H_2O + CO_2) \longrightarrow M_2O (+CO_2) \tag{3.4}$$

硝酸塩(nitrate)MNO_3(M = Na, K, Rb, Cs)は加熱すると分解して亜硝酸塩

Li^+ イオンはサイズが小さくて相手を分極する能力が高いので,NO_3^- や CO_3^{2-} のような,大きな**オキソ酸陰イオン**の Li 塩は分解しやすい.分解して生成する Li_2O が大きな格子エネルギーをもつので,これが分解の推進力になるのである.2 族金属イオン M^{2+} のオキソ酸塩も同様の傾向をもつ(4.3 節).

(nitrite) MNO_2 になるが (式 3.5),$LiNO_3$ だけは分解して Li_2O (と NO_2+O_2) になる.Li_2O の大きな格子エネルギーのせいである (NH_4NO_3 の熱分解は式 7.6).

$$2\,MNO_3 \longrightarrow 2\,MNO_2 + O_2 \tag{3.5}$$

例題 3.3

Q 次の化合物はどのようにして合成すればよいか.(a) $NaClO_4$ (Na_2CO_3 から出発する),(b) $CsClO_4$.

A (a) Na_2CO_3 を塩素酸(VII),$HClO_4$ (過塩素酸)と反応させる.
$$Na_2CO_3 + 2\,HClO_4 \longrightarrow 2\,NaClO_4 + H_2O + CO_2$$
(b) $CsClO_4$ は水には溶けにくいから,たとえば $NaClO_4$ のようなよく溶ける塩素酸塩(VII)(過塩素酸塩)を,よく溶ける Cs の塩(たとえば CsCl)の水溶液に加えると(その逆でもよい)$CsClO_4$ が沈殿する.
$$Cs^+_{(aq)} + ClO_4^-_{(aq)} \longrightarrow CsClO_{4(s)}$$
あるいは Cs_2CO_3 か CsOH を (a) と同じように $HClO_4$ と反応させてもよい.

アルカリ金属のハロゲン化物 (halide) はよく知られたイオン結合性化合物で,CsCl,CsBr,CsI の結晶は同じ塩化セシウム型構造 (CsCl 型構造) である(図 3.3).これら以外のハロゲン化物と CsF は塩化ナトリウム型構造 (NaCl 型構造) である(図 3.4).CsCl 型構造では陽イオンも陰イオンも配位数が 8 であり (8:8),NaCl 構造では両者の配位数は 6 である (6:6).この二種の構造は非常に重要で

CsCl 型構造では図 3.3 に示すように,各 Cl^- イオンは一つの単位格子に対してその体積の 1/8 を寄与するだけだから,陰イオン 1 個当り 1 個の陽イオンがあることになる.

図 3.3 CsCl の構造.各 Cl^- イオンも,隣り合った単位格子中の 8 個の Cs^+ イオンによって立方体的に取り囲まれている(全体として体心立方格子).配位数は 8:8 で,各イオン周りは立方体配位.

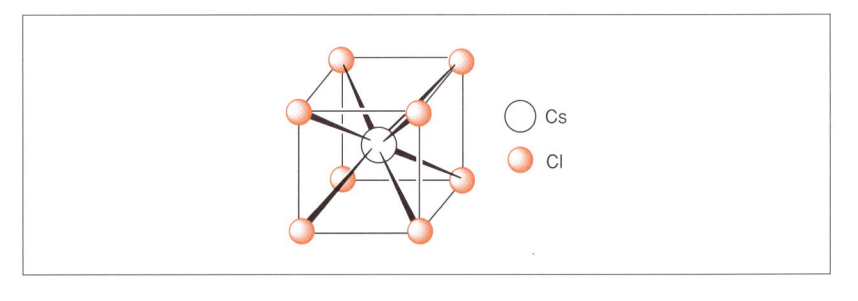

図 3.4 NaCl の構造.この構造は,Cl^- イオンがつくる面心立方格子(立方最密格子)のすべての八面体間隙を Na^+ イオンが占めている,あるいは Na^+ イオンがつくる面心立方格子(立方最密格子)のすべての八面体間隙を Cl^- イオンが占めているともみなせる.配位数は 6:6 で,各イオン周りは八面体配位.

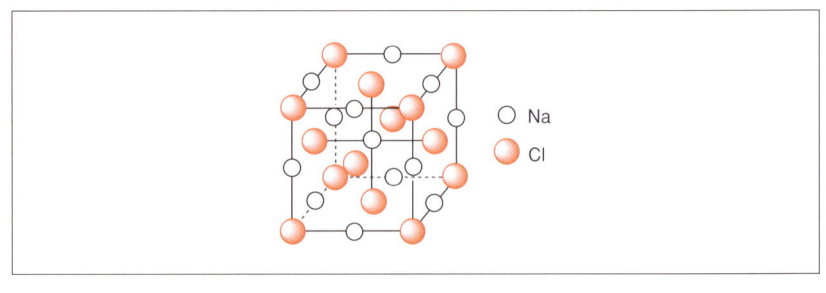

あり，陽イオンと陰イオンとが1：1の比をもつ多くのイオン結合性化合物がこれらの構造をとる．なお NH_4^+ イオンと，K^+ または Rb^+ イオンはサイズが近いので，これらの塩は同じ構造であったり，溶解挙動が類似したりすることが多い．そのほか1：1の比の場合の構造には，4：4のせん亜鉛鉱型構造(図11.1．せん亜鉛鉱の理想化学組成はZnS)，4：4のウルツ鉱型構造(図11.2．ウルツ鉱の理想化学組成はZnS)，6：6のヒ化ニッケル型構造〔NiAs 型構造．As がつくる六方最密格子(hexagonal closest packing lattice)の八面体間隙のすべてを Ni が占め，As 周りは三角柱〕などがある(8.3.2項参照)．

Box 3.2 半径比則を用いたイオン結晶の構造の推定

塩 M^+X^- がとる構造は陽イオン(半径 r_+)と陰イオン(半径 r_-)との相対的なサイズ，いわゆる半径比則(radius ratio rule)で予想することができる(ことが多い)．

r_+/r_-	配位数	構造
0.225～0.414	4	ZnS 型(せん亜鉛鉱型)（11.5節と図11.1を参照）
0.414～0.732	6	NaCl 型(図3.4)
0.732～1.0	8	CsCl 型(図3.3)

半径比則はイオンを剛球体とみなせば幾何学計算によって簡単に導くことができ，イオン結合性固体がとりそうな構造を推定するための合理的で一般的な手段であるが，次の場合には間違った推定を導きやすい．

- 共有結合性がかなりある場合(半径比が 0.414 より多少大きくても四面体配位の ZnS 型をとる傾向を示す．たとえば ZnS では，実は半径比は 0.52＞0.414)．つまり共有結合性のために，イオンを剛球体とはみなせない場合．
- 半径比が境界にある場合(温度により異なる構造をとるものも多い)．
- イオン半径が正確にわかっていない場合．イオン半径はイオンの配位数(そのイオンを直接取り囲む対イオン数)によって変化し，配位数が大きいほど半径は大きい〔イオン結晶中で最近接している陰陽両イオン間距離がイオン半径の和であるとする．最近では配位数が6と4の O^{2-} イオンの半径をそれぞれ 126 pm と 124 pm として決めたシャノン(Shannon)のイオン半径が用いられることが多い〕．

例題 3.4

Q　イオン半径を pm 単位で，$Li^+ = 74$，$Cs^+ = 167$，$F^- = 133$，$I^- = 220$ と

仮定して，以下のアルカリ金属塩がとる構造型を推定せよ．(a) CsI, (b) LiF．

A (a) CsI では半径比 $r_+/r_- = 167/220 = 0.76$ だから CsCl 型構造が予想される．(b) LiF では半径比 $r_+/r_- = 74/133 = 0.56$ だから NaCl 型構造が予想される（ただし LiBr や LiI は半径比が 0.414 より小さいが，陰イオン間の反発が小さい NaCl 型）．

3.5 アルカリ金属と酸素および硫黄との化合物

1族金属の酸化物は塩基性であり，水と反応すると水酸化物になる．たとえば，式(1.3)の $Na_2O + H_2O \longrightarrow 2NaOH$．式(4.8)も参照せよ．

空気中あるいは酸素中でアルカリ金属を燃焼させてできる生成物（酸化物）は1族金属によって異なる．実際には酸素を含む陰イオンからなる三種の化合物ができ（金属 Na を空気中にさらすと Na_2O_2 も生成するので表面が黄色になる），これらは加水分解して生じる生成物によって区別できる（表3.2）．

表3.2 空気中でアルカリ金属を燃焼させたときの生成物とその加水分解生成物

金属	塩	陰イオン	塩の加水分解生成物
Li	Li_2O	O^{2-}（酸化物イオン）	OH^-
Na	$Na_2O_2 + Na_2O$	O_2^{2-}（過酸化物イオン）	OH^-, H_2O_2
K, Rb, Cs	MO_2	O_2^-（超酸化物イオン）	OH^-, H_2O_2, O_2

超酸化物イオンと過酸化物イオン自身の結合は1章に記述されている．8章では過酸化物についてもう少し詳しく述べる．

†1 訳者注 酸化物を生成するには O—O 結合を切断する必要がある．Li^+ の半径は小さいので，生成する Li_2O の格子エネルギーでこれをまかなえるが，K^+ 以下の大きい陽イオンではまかなえないので，酸化物が生成しにくいという解釈も可能である．

Li は超酸化物(superoxide) LiO_2 を生成しないし，LiOH と過酸化水素 H_2O_2 との反応で生成する過酸化物(peroxide) Li_2O_2 は不安定で，Li_2O と O_2 とに分解する．周期を下がると過酸化物と超酸化物が相対的に安定になってくる．これは大きな陰イオンが大きな陽イオンによって安定化されるもう一つの例である[†1]（3.4節の硝酸塩や炭酸塩の挙動と比べよ）．Na から Cs までの酸化物 M_2O は，超酸化物や過酸化物の生成を避けるために過剰量の金属と O_2 とを反応させると得られる（$CdCl_2$ 型の Cs_2O 以外の M_2O は図4.2で Ca^{2+} と F^- を逆にした逆蛍石型構造）．過剰の金属は蒸発させて取り除く．亜硝酸の金属塩を金属で還元する（式3.6）という改良された合成法もある．

$$6M + 2MNO_2 \longrightarrow 4M_2O + N_2 \tag{3.6}$$

オゾン O_3 については 8.2.1 項参照．

アルカリ金属とオゾン O_3 とを反応させるとオゾン化物(ozonide)の塩 MO_3 が生成する．これは1個の不対電子をもち常磁性である〔O_3^- は ClO_2 と同じく屈曲構造（結合角 119.5°）の 19 電子種〕．

アルカリ金属は硫黄と反応して M_2S_x の組成をもつ硫化物($x = 1$)と多硫化物($x \geq 2$)を生成する．アルカリ金属の硫化物 M_2S とセレン化物 M_2Se はイオン結合的で，各 S(Se) 原子が 8 個の M に立方体的に，各 M が 4 個の S に四面体的に囲まれている（酸化物 M_2O と同じく逆蛍石型構造）．$H_2S(H_2Se)$ は弱酸なので，

M$_2$S(M$_2$Se)を水に溶かすと容易に加水分解して塩基性を示す(8.3.2項)．多硫化物については8.3.5項で別個に議論する．

3.6 アルカリ金属と窒素との化合物

LiはN$_2$ガスと反応する唯一のアルカリ金属であり，生成物は赤色の窒化リチウム(lithium nitride)Li$_3$Nである(式3.7)．これを生成するには強いN≡N結合を切断しなければならないが，Li$_3$Nは小さいLi$^+$イオンと小さくて電荷の大きいN^{3-}イオンとからなるので大きな格子エネルギーによって切断に必要なエネルギーがまかなわれ，安定である(2族金属の窒化物については4.5節参照)．Na以降では十分な格子エネルギーが得られないのでN$_2$と反応しない．Li$_3$Nを加水分解するとアンモニアが発生する(式3.8)．

$$6\,\text{Li} + \text{N}_2 \longrightarrow 2\,\text{Li}_3\text{N} \tag{3.7}$$
$$\text{Li}_3\text{N} + 3\,\text{H}_2\text{O} \longrightarrow 3\,\text{LiOH} + \text{NH}_3 \tag{3.8}$$

窒化物イオンN^{3-}は炭化物イオンC^{4-}，酸化物イオンO^{2-}，フッ化物イオンF$^-$と等電子(8電子)である．2族のM^{2+}イオンは電荷が大きくサイズも小さいので，すべて窒化物を生成する(4.5節)．

アルカリ金属を無水の液体アンモニアに溶解すると，濃い青色の導電性のある溶液になる(2族金属の類似の挙動については4.5節参照)．この溶液はアンモニアで溶媒和(アンモニア化)されたアルカリ金属の陽イオンと溶媒和電子(solvated electron)を含み，導電性をもち，強力な還元剤として働く．濃厚溶液では金属クラスターイオンが生成するので金属光沢をもつ銅色になる．これに硝酸鉄(III)のような遷移金属化合物を触媒量加えると，アルカリ金属アミドMNH$_2$とH$_2$ガスを生成する反応が起こる(式3.9)．

$$2\,\text{M} + 2\,\text{NH}_3 \longrightarrow 2\,\text{M}^+\text{NH}_2^- + \text{H}_2 \tag{3.9}$$
$$(\text{または } 2\,e^- + 2\,\text{NH}_3 \longrightarrow 2\,\text{NH}_2^- + \text{H}_2)$$

液体アンモニアは非水溶媒(non-aqueous solvent)として用いられ，水および関連化合物とは比較すべきものが多くある(7.3.1項)．すなわち，ちょうどNaOHが水中で塩基であるように，ナトリウムアミドNaNH$_2$は液体アンモニア中で塩基である．たとえばNaNH$_2$は酸性のHをもつR—H分子を脱プロトン化する(R—HからH$^+$を引き抜く)ことができる(式3.10)．

$$\text{R—H} + \text{NaNH}_2 \longrightarrow \text{NaR} + \text{NH}_3 \tag{3.10}$$

例題7.3も参照せよ．

3.7 アルカリ金属の水素化物

アルカリ金属は加熱すると水素と反応して，無色のヒドリド陰イオンH$^-$を含むイオン結合性(塩類似)の水素化物になる(式3.11)．

$$2\,\text{M} + \text{H}_2 \longrightarrow 2\,\text{M}^+\text{H}^- \tag{3.11}$$

イオン結合性の水素化物については2.4.1項にもっと詳細に記載してある．

アルカリ金属陽イオンを含む,その他の重要な水素化物には水素化ホウ素ナトリウム Na[BH$_4$](テトラヒドロホウ酸ナトリウム)や水素化アルミニウムリチウム Li[AlH$_4$](テトラヒドロアルミン酸リチウム)がある.これらについては 5.6.3 項で述べる.

これらの水素化物は NaCl 型構造(図 3.4)をもち,水中で容易に加水分解して水素を発生する(式 3.12 および式 2.4).H$^-$ は強い塩基であり,比較的酸性な C—H 基をもつ有機化合物を脱プロトン化する(H$^+$ を引き抜く.H$^-$ + H$^+$ ⟶ H$_2$)のに使うことができる(たとえば式 3.13).アルカリ金属陽イオンを含む有用な水素化物については 5.6.3 項で述べる.

$$\text{Na}^+\text{H}^- + \text{H}_2\text{O} \longrightarrow \text{NaOH} + \text{H}_2 \tag{3.12}$$

$$\text{Na}^+\text{H}^- + \text{CH}_3\text{S}(=\text{O})\text{CH}_3 \longrightarrow \text{Na}^+[\text{CH}_3\text{S}(=\text{O})\text{CH}_2]^- + \text{H}_2 \tag{3.13}$$

3.8 アルカリ金属と炭素との化合物

アルカリ金属はエチン(アセチレン HC≡CH であり,sp 混成の C は電気陰性なので,その H の酸性度は高い)と容易に反応して,一つあるいは二つのプロトンがとれたアセチレンを含む金属エチニド(金属アセチリド)を与える(式 3.14).

$$\text{HC≡CH} \xrightarrow{\text{M}} \text{M(C≡CH)}\left(+\frac{1}{2}\text{H}_2\right) \xrightarrow{\text{M}} \text{M}_2(\text{C≡C})\left(+\frac{1}{2}\text{H}_2\right) \tag{3.14}$$

この反応では,アセチレンは(プロトン)酸として働いている(対応する 2 族金属の化合物については 4.7 節参照).

アルカリ金属,とくに最初の Li では広範な有機金属化学(organometallic chemistry)がある.Li 金属は乾燥した炭化水素やエーテル溶媒中で塩化アルキルや塩化アリール(および対応する臭化物)と反応して有機リチウム化合物(organolithium)を与える(式 3.15).これらは共有結合性を帯びている.

有機金属化合物は形式的に金属-炭素結合を含む化合物であるが,金属がシアン化物イオン CN$^-$ の C 原子と結合した化合物は除く.式(3.15)の反応の推進力はイオン結晶 LiX の格子エネルギーに負うところが大きい.

$$\text{R—X} + 2\text{Li} \longrightarrow \text{LiR} + \text{LiX} \tag{3.15}$$

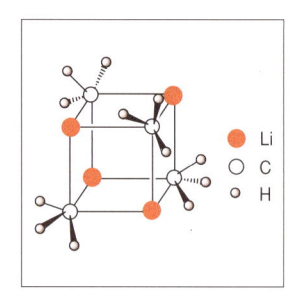

有機リチウム化合物は電子不足なので,固体および溶液状態では通常,集合体を形成している.たとえばメチルリチウムは四量体(LiCH$_3$)$_4$ として存在し,その構造は図 3.5 に示してある.各 CH$_3$ 基の炭素は 1 個の sp^3 混成軌道を使って三つの Li 原子(sp^3 混成)と四中心二電子結合をしているので C 原子周りは 8 電子である.各 Li 原子はそのような三つの四中心二電子結合に関与しているので,各 Li 周りは形式的に 6 電子である.各 Li 原子は 1 個の空軌道をもち,エーテルなどの配位性溶媒中ではこれに溶媒が配位してオクテット則が満たされる.一般に 1,2 族や 13 族元素の共有結合性化合物は電子不足を補うために,このような特異な構造や結合(多中心結合)をもつことが多い(4.7 節).これらの有機リチウム化合物はグリニャール試薬と呼ばれる有機マグネシウム化合物 RMgX や R$_2$Mg(R はアルキルまたはアリール.4.7 節)と多くの類似性をもっている代表的なアルキル化剤である(Li と Mg は対角関係).

図 3.5 メチルリチウムの四量体(LiCH$_3$)$_4$ の構造.

[Li(NH$_3$)$_4$]$^+$I$^-$ は Li$^+$ イオンの簡単な錯体である.テトラメチルエチレンジアミン(CH$_3$)$_2$NCH$_2$CH$_2$N(CH$_3$)$_2$(TMEDA)は 2 個の N 原子で Li$^+$ イオンにキレート配位する.

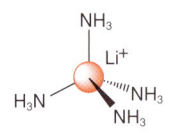

3.9 アルカリ金属の錯体

アルカリ金属イオンは電荷密度(charge density)が比較的低いので中性の配位

3.9 アルカリ金属の錯体　45

子との錯体の例は少ない．ただし，Li$^+$イオンは1族金属のなかでは最大の電荷密度をもつので多くの安定な錯体が知られている．Li塩が，対応するNa塩に比べアルコールやエーテルなどの有機溶媒によく溶けるのは，これらの溶媒の酸素原子がLi$^+$イオンに強く配位するからである（Be^{2+}も同様．4.3節参照）．Li$^+$イオンの配位数は普通4であるが，Na$^+$やK$^+$イオンの配位数は6である．

多座配位子(multidentate ligand)は金属（イオン）と配位原子間に多くの結合を生成してその金属イオンを取り囲むことができるので，安定な錯体を生成する（キレート効果という）．例にはクラウンエーテル(crown ether)とクリプタンド(cryptand)があり，それぞれの典型例が図3.6に示してある．これらにおいて，—OCH$_2$CH$_2$— 基の数を変えて配位子の空孔(cavity)のサイズを変化させると，いろいろな半径をもったアルカリ金属イオンに対する配位子の選択性を調節することができる[†1]．金属と配位原子間の結合はおもに静電気力による．

†1 訳者注　1族元素のEAは予想以上に負に大きい（理由は1.2節参照）．実際，Liを除くアルカリ金属Mと適当なクリプタンドとを反応させると，M$^-$陰イオンが対イオンとなった，クリプタンドとM$^+$との錯体が生成する〔章末問題3.1(d)〕．ただし，Liでは他よりMとMの間の結合が強いので，この反応は起こらない．Au$^-$イオンについては11.3節参照．

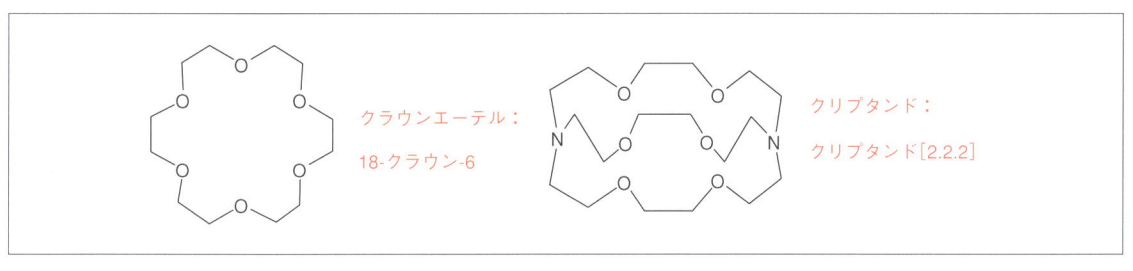

クラウンエーテル：
18-クラウン-6

クリプタンド：
クリプタンド[2.2.2]

図3.6　アルカリ金属イオンと安定な錯体を生成する多座配位子の例．

例題3.5

Q　図3.7にはM$^+$ + cryptand $\rightleftarrows$ [M(cryptand)]$^+$ の平衡定数（安定度定数）の対数が示してある．ここでcryptandはクリプタンド[2.2.2]である．このグラフの形について考察せよ．

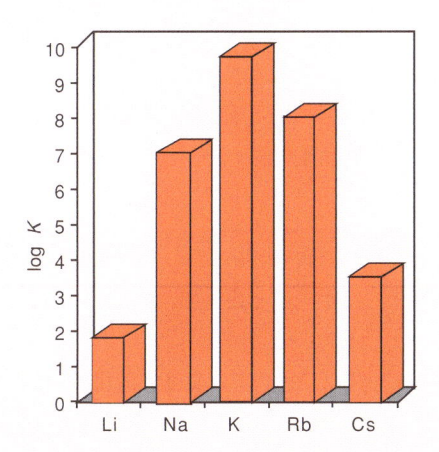

18-クラウン-6という名称は，環が18員環で，そのうち6個が酸素原子だからである．クリプタンド[2.2.2]というのは，2個のN原子を結んでいる3個の枝のそれぞれに，2個の酸素原子があるからである．

図3.7　クリプタンド[2.2.2]とアルカリ金属イオンとの錯体の log K プロット（Kは安定度定数）．

> **A** K^+ イオンはクリプタンド [2.2.2] の空孔のサイズにうまく合うので，錯体は安定で安定度定数 K は大きい．Li^+ や Na^+ イオンは小さすぎて配位原子と好都合な結合をするような接触ができない．いわばこれらの小さい陽イオンは空孔のなかで，がたがた動いている．だからこれらの錯体は K^+ の錯体ほど安定ではない．K^+ より大きい Rb^+ と Cs^+ イオンでは，錯体を生成するためにはクリプタンドが変形する必要があり，やはりこれらの錯体は K^+ の錯体より不安定で，小さな $\log K$ の値をもつ（配位数 6 の Li^+, Na^+, K^+, Rb^+, Cs^+ に対するシャノンのイオン半径はそれぞれ 90，116，152，166，181 pm，4 配位の Li^+ と Na^+ では 73 と 113 pm）．

3.10 リチウムとマグネシウムの化学的類似性

典型元素のいくつかの性質は対角関係(diagonal relationship)によってある程度合理的に説明することができる．この対角関係は「元素は周期表において一つ右下にある元素と類似性をもつ」というものである．たとえばリチウム Li は同族の下の Na や K よりもむしろ右下のマグネシウム Mg と多くの類似性をもっている．Mg^{2+} は Li^+ より大きな電荷をもつが，サイズが大きいので相殺されて Mg^{2+} と Li^+ は同程度の電荷密度(charge density)，つまり同程度の分極能をもつことになるからである．Be と Al，B と Si も同様．

Li と Mg の類似点をいくつかあげると

- 両者は窒化物と炭化物を直接生成する（4.5 節と 4.7 節）．
- 空気中で燃焼して普通の酸化物 Li_2O と MgO を生成する（たとえば Na は，おもに過酸化物 Na_2O_2 を生成）．
- オキソ酸陰イオンの塩の安定性．たとえば Li_2CO_3 と $MgCO_3$ は加熱すると Li_2O と MgO を与える（これに対して Na_2CO_3 は多少の加熱に対しては安定）．
- Li^+ と Mg^{2+} は Na^+ や Ca^{2+} に比べてアンモニア（および，その他の供与性配位子一般）と錯体を生成する傾向が強い（4.8 節）．
- 両者は共有結合性の有機金属錯体を生成する（LiR や MgRX, MgR_2. 4.7 節）．

> **この章のまとめ**
>
> 1. この族のうちでは，ほかの族と比べて，単体とその化合物の性質の変化は最も少ない．
> 2. アルカリ金属はすべて反応活性で，塩基性酸化物（$M_2O/M_2O_2/MO_2$）と水に可溶なハロゲン化物 MX を生成する．これらはいずれも M^+ イオンを含む．
> 3. この族では大半がイオン結合性の化合物であるが，サイズの小さい Li は

分極能が高いので部分的な共有結合性をもった多くの化合物を生成し，その点で Mg といくぶん類似性がある．

章末問題

3.1 次の物質中のアルカリ金属の酸化数を求めよ．
(a) Na 金属，(b) NaPF$_6$，(c) RbO$_2$，(d) Na$_2$(18-クラウン-6)

3.2 以下の X が何であるかを特定せよ．
(a) 金属 X と水との反応はきわめて遅い．
(b) X は反応活性な金属で，X$_2$O, XO$_2$, X$_2$O$_2$ の組成をもつ三種のイオン結合性の酸化物を生成する．また，過塩素酸塩 XClO$_4$ は水に難溶である．
(c) X は 1 族では最も豊富に存在する元素である．
(d) X の化学的性質は Mg のそれに似ている．

3.3 Li から Cs になると，(a) 第一イオン化エネルギー(2 ページ欄外の二つ目の表を参照)が減少するのはなぜか，(b) M$^+$ イオンの水和エネルギーが減少するのはなぜか（Li$^+$, Na$^+$, K$^+$, Rb$^+$, Cs$^+$ ではそれぞれ -552, -443, -358, -333, -301 kJ mol^{-1}）を説明せよ．

3.4 Li 金属から出発して，以下の化合物はどのようにして合成すればよいか．
(a) Li$_2$CO$_3$，(b) PhLi，(c) LiNH$_2$

3.5 次の記述のうち誤りを含むものはどれか．
(a) 1 族金属のハロゲン化物は，すべておもにイオン結合性である．
(b) RbO$_2$ では大きな Rb$^+$ イオンが陰イオンを安定化するので安定である．
(c) 1 族金属の酸化物はすべて塩基性である．
(d) K$_2$O$_2$ 中の K の酸化数は +2 である．

3.6 アルカリ金属の臭化物の融点が，次の順に減少する原因を述べよ．
　　NaBr(747℃) > KBr(734℃) > RbBr(680℃) > CsBr(636℃)

3.7 オキソ酸陰イオンの Li 塩は対応する Na や K 塩より熱的に不安定である傾向を示す．容易に分解する Li 塩の例を三つあげよ．

3.8 イオン半径を pm 単位で Li$^+$ = 74, Na$^+$ = 102, Rb$^+$ = 149, I$^-$ = 220, BF$_4^-$ = 218 と仮定し，半径比則(Box 3.2)を使って (a) RbI, (b) NaI, (c) LiBF$_4$ のそれぞれがとる構造を推定せよ．

参 考 文 献

1) K. Moock, K. Seppelt, *Angew. Chem., Int. Ed. Engl.*, **28**, 1676(1989).

さらなる学習のために

D. Parker, *Adv. Inorg. Chem. Radiochem.*, **27**, 1(1983).
J. L. Dye, *Prog. Inorg. Chem.*, **32**, 327(1984).

4章 2族元素
―ベリリウム，マグネシウム，カルシウム，ストロンチウム，バリウムとラジウム―

この章の目的

この章では，以下の三つの項目について理解する．

- ベリリウムとそれ以外の2族元素との相違と，1族元素と2族元素との相違
- この族では+2の酸化数が優勢であること
- 2族金属イオンの錯体生成

4.1 序論と酸化数の概観

2族金属（電子配置は ns^2）は多くの点で化学的に1族金属と似ている．2族元素はすべて真の金属であるが，1族金属と2族金属間にも，また2族金属間にもいくつか重要な相違がある．2族金属はすべて M^{2+} イオンになるが（たとえ M^+ が生成しても，M^{2+} のほうが格子エネルギーや水和によって安定化をかせげるので $2M^+ \longrightarrow M + M^{2+}$ の不均化が起こる），Be^{2+} は H^+ のように高い電荷密度をもつので単独のイオンとしては存在しないで，そのほとんどの化合物は共有結合性であるか，または $[Be(H_2O)_4]^{2+}$ のような水和イオンを含む（Alと対角関係）．だからBeは他の2族元素とは著しく異なった性質を示す（7ページ訳者注2参照）．2族の M^{2+} イオンのほうが1族の M^+ イオンより電荷密度が高く，サイズもかなり小さい．そのためこれらのイオンは1族金属イオンよりも強く水和しており，錯体を生成しやすい．さらに，イオン結合性固体は+2価イオンを含むのでその格子エネルギーは大きく（Box 3.1），多くの塩の溶解度は1族金属塩よりも低い．たとえば K_2SO_4 は水によく溶けるが，$CaSO_4$ や $SrSO_4$ は溶けにくい．

周期表での対角関係はこれらの典型元素についてもよく当てはまり，LiとMgの類似性は3.10節で触れた．BeとAlの類似性は4.9節で述べる．

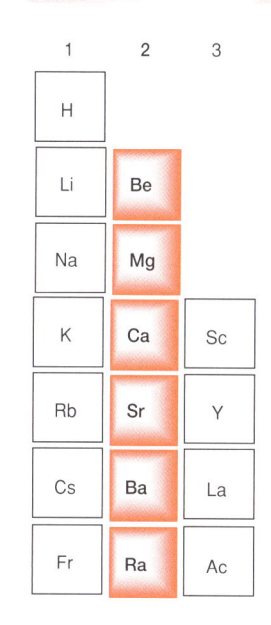

Ca, Sr, Baはしばしばアルカリ土類金属（alkaline earth metal）と呼ばれる．2族金属ではBeとMgは六方最密（12配位．最近接原子は同一平面に6個，上下に3個ずつの計12個），CaとSrは立方最密（12配位．六方最密と同じ），Baが体心立方（8あるいは14配位．図3.2）の各構造をもつ．構造が互いに異なるので1族金属（体心立方）とは違って，融点は規則的な変化を示さないが，1族金属の融点よりはかなり高い．

4.2　2族元素の単体

ベリリウム(beryllium) Be は比較的希少な元素(^{9}Be の核種のみ)であるが、$Be_3Al_2Si_6O_{18}$ の組成をもつ緑柱石(beryl)という鉱物(12.3.3項)としておもに産出される。$Na_2[SiF_6]$ とともに加熱すると $Na_2[BeF_4]$ になる。ついで NaOH を加えると $Be(OH)_2$ になる(式4.1)。これを $NH_4[HF_2]$ と反応させて得られる $(NH_4)_2[BeF_4]$ を加熱処理すると BeF_2(SiO_2 と同じ4:2配位構造)になる(式4.2)。これを Mg で還元すると Be 金属が得られる(式4.3)。

$$Na_2BeF_4 + 2\,NaOH \longrightarrow Be(OH)_2 + 4\,NaF \tag{4.1}$$

$$Be(OH)_2 + 2\,NH_4[HF_2] \longrightarrow (NH_4)_2[BeF_4] \xrightarrow{熱} BeF_2 \tag{4.2}$$

$$BeF_2 + Mg \longrightarrow MgF_2 + Be \tag{4.3}$$

Be 金属は空気や水に対して安定であるが、アルカリ水溶液($Be + 2\,MOH + 2\,H_2O \longrightarrow M_2[Be(OH)_4] + H_2$)や HCl のような酸水溶液($Be + 2\,HCl \longrightarrow BeCl_2 + H_2$)には H_2 を発生して溶ける(対角関係の Al と同様に両性である)。

マグネシウム(magnesium) Mg は地殻に多量に含まれるが、おもな商業的な供給源は海水と、菱苦土鉱(magnesite)$MgSO_4$ と苦灰石(dolomite)$(Ca,Mg)CO_3$ の二種の鉱物である。**カルシウム**(calcium) Ca は石灰石(limestone)$CaCO_3$ やセッコウ(gypsum)$CaSO_4\cdot 2H_2O$ として同様に広く存在している。**ストロンチウム**(strontium) Sr と**バリウム**(barium) Ba は天然には天青石(celestine)$SrSO_4$ や重晶石(baryte)$BaSO_4$、あるいは対応する炭酸塩などの鉱石として存在するが Ca に比べれば少ない。**ラジウム**(radium) Ra の同位体はすべて放射性で、天然ではウランの崩壊により生成する(^{226}Ra)。寿命は十分長く、純粋な物質として単離することができる。

Be より電気陽性な Mg 金属は HCl のような酸には H_2 の生成を伴って溶けるが、熱した水蒸気とも反応して MgO〔または $Mg(OH)_2$〕と H_2 になる。Ca, Sr, Ba はもっと反応活性で、アルカリ金属と同じように H_2O とは激しく反応して、水酸化物を生成し H_2 を発生する(例題2.1および式3.3)。

4.3　2族元素の簡単な化合物と簡単な塩類

Be の簡単な化合物は無水物であれば共有結合性であることが多いが(BeF_2 ですらかなりの共有結合性がある)、強酸性水溶液から結晶化すると水和した $[Be(H_2O)_4]^{2+}$ イオンを含む塩ができる($[Be(H_2O)_4]SO_4\cdot 4H_2O$ など)。$[Be(H_2O)_4]^{2+}$ イオンは $[Al(H_2O)_6]^{3+}$ と同様に酸性を示す。サイズの小さい Be^{2+}(Al^{3+})イオンの高い分極能のために、<u>加水分解</u>を起こすからである(式4.4)。そのほかの水和2族金属陽イオンは電荷密度が低いので酸性ではない[†1]。

$$[Be(H_2O)_4]^{2+} + H_2O \rightleftarrows [Be(OH)(H_2O)_3]^+ + H_3O^+ \tag{4.4}$$

エメラルドは緑柱石の緑色の宝石である。その色は Cr^{3+} イオンが原因であるとされている。

Be とその化合物は、プルトニウムとその化合物に次ぐ猛毒である。そのため化学者は、その実際的な化学より、理論的な研究をしたがるほどである。生体内の酵素中の Mg^{2+} が Be^{2+} で置き換わるためらしいが、吸引すると呼吸器疾患を起こす。Be 金属は X 線管の窓に使われる。

†1 訳者注　式(4.4)の平衡定数(酸解離定数)の対数値の符号を変えたものを pK_a で表すことになっていて、この値が負に大きいほど平衡は右に偏っている、つまり加水分解の程度が激しく、溶液の酸性が高くなる。pK_a 値は Be^{2+} = 5.7, Mg^{2+} = 12.8, Ca^{2+} = 12.7, Sr^{2+} = 13.2, Ba^{2+} = 13.2, Al^{3+} = 5.1, Fe^{3+} = 2.74 である。一般に金属イオンのサイズが小さく電荷が大きいほど(つまり電荷密度が高いほど)分極能が高く、pK_a は小さくなる。詳しくは章末問題5.8とその解答、および例題6.6を参照せよ。

Be と Zn は、共有結合を好む、両者の酸化物や硫化物は同じ構造をもつ、両性である、などの共通したいくつかの化学的性質をもつ(11.1節)。

だから$[Be(H_2O)_4]^{2+}$は強酸性条件下でのみ存在する．溶液のpHを上げると，$Be(OH)_2$が沈殿する前に，$[Be(OH)_3]_3^{3-}$のようなOH^-イオンで架橋した(Be—OH—Beグループをもつ)イオンが生成する．BeOや$Be(OH)_2$は水酸化物イオンOH^-を過剰に加えると$[Be(OH)_4]^{2-}$(beryllate)を生成して溶解するので，Beは両性元素であることがわかる(対角関係のAlと類似)．

塩化ベリリウム$BeCl_2$は，固体状態では$Be(\mu\text{-}Cl)_2Be$の架橋をもった共有結合性のポリマーである(図4.1)．気体にすると，ポリマー鎖が切れて単量体$BeCl_2$と二量体Be_2Cl_4の混合物になる．これらは互いに平衡関係にあり(図4.1)，両者ともClの占有p軌道からBeの空のp軌道へπ供与が起こっている(だから厳密には電子不足ではない)．ハロゲン化ベリリウムの無水物が多くの溶媒に可溶であるのは1族のLi^+と同様，電荷密度が高いBe^{2+}イオンと溶媒との間で錯体を生成するからである．

$[Be(OH)_3]_3^{3-}$

両性酸化物(amphoteric oxide)とは，酸とも塩基とも反応する酸化物であり，Al_2O_3はもう一つの両性酸化物の例である(8ページ欄外の記事参照)．

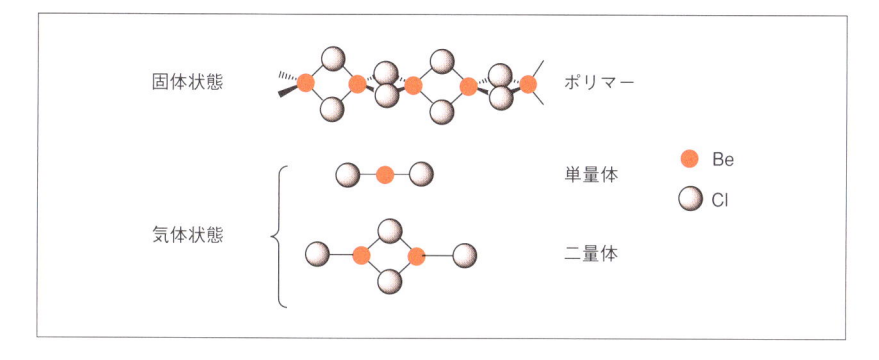

図4.1 固体，気体のそれぞれにおける$BeCl_2$の構造. 66ページの$AlCl_3$の構造**5.1**や図4.4と比較せよ．

Mg，Ca，Sr，Baのハロゲン化物では，塩化物，臭化物，ヨウ化物はすべて典型的なイオン結合性の塩で，水に溶ける．しかしフッ化物では，陽イオンが+2の電荷をもち，F^-のサイズが小さいので，その格子エネルギー(Box 3.1)が大きく，あまり溶けない．蛍石(fluorite)CaF_2の構造(図4.2)は多くのMX_2型のイオン結合性固体がとる構造(8：4配位)で，Ca^{2+}イオンがつくる面心立方格子(立方最密格子)のすべての四面体間隙(1個のCa^{2+}イオン当り2個ある)をF^-イオンが占めている．つまりCa^{2+}が立方体的に8個のF^-に，F^-が四面体的に4個のCa^{2+}に取り囲まれている(なお，CaとFとを入れ替えた構造はアルカ

図4.2 CaF_2の構造．F^-イオン周りの四面体4配位が破線で示してある(Ca^{2+}イオン周りは立方体8配位)．その他のMX_2型の結晶構造には，Xがつくる六方最密格子の八面体間隙の半分をMが占めるルチル型構造(図6.8．Mは八面体6配位，Xは三角平面3配位)やβ-SiO_2(ダイヤモンド型構造のSi—Si間にOが位置する4：2配位)，CdI_2型(陰イオンの六方最密格子の八面体間隙を1層おきに陽イオンが位置する6：3配位)，$CdCl_2$型(陰イオンの立方最密格子の八面体間隙を1層おきに陽イオンが位置する6：3配位)などがある．

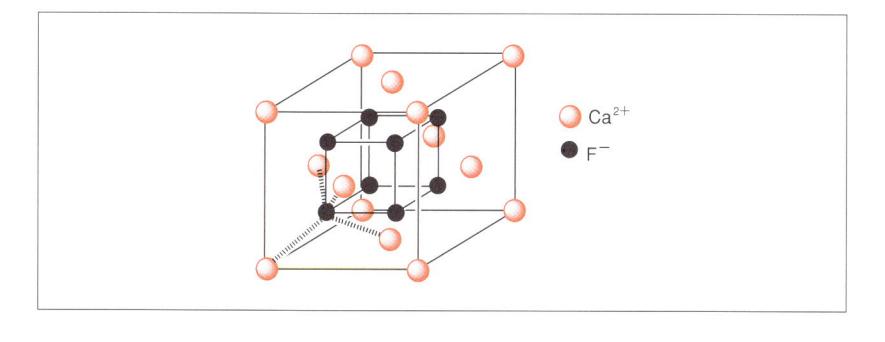

リ金属の酸化物 M_2O や硫化物 M_2S がとる逆蛍石型構造）．Sr と Ba のフッ化物と塩化物や，Cd と Hg のフッ化物も蛍石型構造をとるが，MgF_2 と ZnF_2 は 6：3 配位のルチル型構造（図 6.8）である（$CaCl_2$ と $CaBr_2$ はひずんだルチル型，$MgCl_2$ は $CdCl_2$ 型）．

例題 4.1

Q 以下の熱化学データを使って CaF_2 の格子エネルギー U を計算し，同じ蛍石型構造の SrF_2 のそれ（$-2496\ kJ\ mol^{-1}$）と比較せよ．

過程	$\Delta H°$ ($kJ\ mol^{-1}$)
$Ca_{(s)} \longrightarrow Ca_{(g)}$	$+178$〔融解熱＋蒸発熱〕
$Ca_{(g)} \longrightarrow Ca^{2+}_{(g)}$	$+1748$〔第一 IE ＋第二 IE〕
$F_{2(g)} \longrightarrow 2F_{(g)}$	$+158$〔結合エネルギー〕
$F_{(g)} \longrightarrow F^{-}_{(g)}$	-328〔電子親和力〕
$Ca_{(s)} + F_{2(g)} \longrightarrow CaF_{2(g)}$	-1220〔生成エンタルピー〕

A 熱力学サイクル（ボルン・ハーバーサイクル）をつくる．ここで CaF_2 の格子エネルギー U だけが未知量である．

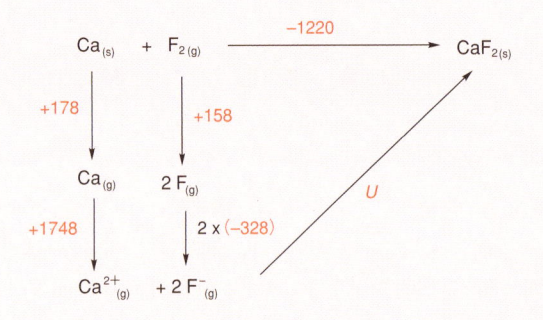

```
            −1220
Ca(s) + F2(g) ─────────────→ CaF2(s)
  │ +178      │ +158               ↗
  ↓           ↓                   U
 Ca(g)      2 F(g)
  │ +1748    │ 2×(−328)
  ↓           ↓
 Ca²⁺(g) + 2 F⁻(g)
```

こうして $-1220 = 178 + 1748 + 158 + 2 \times (-328) + U$ となる．したがって $U = -2648\ kJ\ mol^{-1}$ となり，SrF_2 の格子エネルギー（-2496）より大きい．Ca^{2+} イオン（126 pm）のほうが Sr^{2+} イオン（140 pm）よりサイズが小さいからである（Box 3.1）．

例題 3.2 と比較せよ．

†1 訳者注 この場合でも炭酸塩と同様に，M が周期表の下の元素の MSO_4 ほど，生成する MO の格子エネルギーが小さいので分解しにくい（分解温度が高い）．

硫酸塩（sulfate）MSO_4 はすべての 2 族金属イオンについて知られていて，溶解度は可溶な $BeSO_4$（$MgSO_4$）から不溶な $BaSO_4$ まで変化する．2 族金属の硫酸塩はすべて，強熱すると SO_3 を発生して酸化物に分解する（式 4.5）†1．

$BaSO_4$ は不溶なので SO_4^{2-} イオン（あるいは Ba^{2+} イオン）の定性分析に使われる（37 ページ訳者注 2 参照）．また X 線に対して不透明なので，胃腸器官の病状の診断に，毒性のない造影剤として使用できる．

$$MSO_4 \longrightarrow MO + SO_3 \tag{4.5}$$

> **例 題 4.2**
>
> **Q** $BeSO_4$ の分解温度（580℃）が $SrSO_4$ のそれ（1374℃）より低いのはなぜか．
> **A** Be^{2+} イオンは高い電荷密度をもち，分極能も高い．分解の結果生じる BeO は，サイズが小さくて電荷の大きなイオン（Be^{2+} と O^{2-}）をもつので大きな格子エネルギーをかせぐ（Box 3.1 および表 4.1）．これに対して Sr^{2+} はサイズが大きく，分極能は高くない．だから SrO は BeO に比べ小さい格子エネルギーをもつ．つまり $SrSO_4$ の分解温度は $BeSO_4$ より高い．$BaSO_4$ の分解温度はもっと高い（章末問題 4.3）．

ベリリウムのオキソ酸塩が他の 2 族の対応するオキソ酸塩に比べ分解しやすい傾向があることは，<u>炭酸塩</u>（carbonate）MCO_3 についてもみられ，これらの炭酸塩も M の周期を下がるにつれて安定になる．実際，$BeCO_3$ は CO_2 ガス雰囲気下で結晶化したときのみ存在できるが，Mg，Ca，Sr の炭酸塩（分解温度はそれぞれ 540，800，1190℃）は加熱しないと酸化物に分解しない（式 4.6）．$BaCO_3$ は熱に対してかなり安定である（分解温度 1360℃．章末問題 4.3 の解答参照）．

$$MgCO_3 \longrightarrow MgO + CO_2, \quad \Delta H° = +100.8 \text{ kJ}, \quad T\Delta S° = +52.6 \text{ kJ} \quad (4.6)$$

Mg から Ba までの $M(O_2CR)_2$ 型のカルボン酸塩（carboxylate）はすべて普通の塩（カルボン酸イオンの O 原子は恐らく M^{2+} に配位している）であるが，$Be(OH)_2$ とカルボン酸を反応させると<u>塩基性カルボン酸塩</u> $Be_4O(O_2CR)_6$ ができる．この構造（図 4.3）では中心の O 原子が 4 個の Be に四面体的に取り囲まれ，Be_4 の四面体の各頂点の隣どうしが 1 個のカルボン酸配位子（の 2 個の O 原子）で架橋されている（全部で 6 組）．12 族の Zn^{2+} も類似の挙動を示す（11.1 節）．

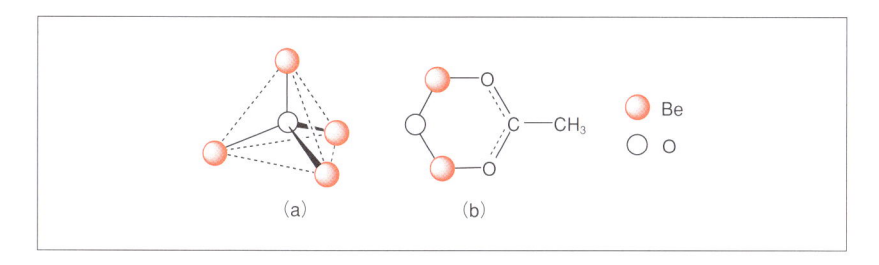

図 4.3 $[Be_4O(O_2CR)_6]$ の構造．(a) 中心の O 原子周りに四面体的に配置された四つの Be 原子，(b) CH_3CO_2 基で架橋された Be-O-Be 単位の 1 個．

4.4 2 族元素と酸素および硫黄との化合物

酸素中で 2 族金属を燃焼させると酸化物 MO が生じる．ただし，SrO と BaO は酸素圧をかけてやると酸素を吸収して過酸化物 MO_2 になる．しかし，2 族金属 M を単に燃焼させただけでは過酸化物（と超酸化物）は生じないし，不安定である．M^{2+} のサイズが小さく分極能が高いので，過酸化物や超酸化物は，大きな格子エネルギー（3.4 節）をもつ一酸化物 MO に分解してしまうからである（だからサイズの大きい Sr と Ba の過酸化物がかろうじて単離できる）．M^{2+} のサイズ

過酸化バリウム BaO_2 は過酸化水素製造の原料である（8.3.4 項および Box 8.1）．$BaO_2 + H_2SO_4 \longrightarrow BaSO_4 + H_2O_2$

†1 訳者注 表4.1のBeOは格子エネルギーが大きい割に融点が比較的低い．BeOが他のMOに比べ共有結合性を帯びていることと，BeOはウルツ鉱型構造(4:4)，(図11.2)，その他の酸化物はNaCl型構造(6:6)，(図3.4)であることがその原因であろう．

が小さいほど格子エネルギーが大きいことはMO化合物の融点によってはっきりみることができる．というのは格子エネルギーが大きくなると，一般に融点は高くなるからである(表4.1)[†1]．Mg，Ca，Sr，Baの過酸化物は金属の水酸化物と過酸化水素との反応で別途合成できる(式4.7)．

$$Ca(OH)_2 + H_2O_2 + 6H_2O \longrightarrow CaO_2 \cdot 8H_2O \tag{4.7}$$

表4.1 2族金属の酸化物の融点と格子エネルギー

酸化物	格子エネルギー(kJ mol^{-1})	融点(℃)	M^{2+}のイオン半径(pm)〔配位数〕
BeO	−4298	2570	41〔4〕
MgO	−3800	2800	86〔6〕
CaO	−3419	2572	114〔6〕
SrO	−3222	2430	132〔6〕
BaO	−3034	1923	149〔6〕

2族金属の酸化物MO(BeOだけは共有結合性が強く，両性で水と反応しない)は塩基性で(1族の酸化物については3.5節)，水と反応すれば水酸化物M(OH)$_2$を生じる(式4.8および式1.3)．この水酸化物はM^{2+}イオンの水溶液に水酸化物イオンOH$^-$を加えてつくることもできる(式4.9)．

Ca(OH)$_2$の飽和水溶液〔石灰水(lime water)と呼ばれ，約2×10^{-2} mol l^{-1}の濃度である〕は，二酸化炭素と反応して炭酸カルシウムの白色沈殿を生じるので，二酸化炭素の検出によく利用されている．Ca(OH)$_2$ + CO$_2$ ⟶ CaCO$_3$ + H$_2$O．ただしCO$_2$を過剰に反応させるとCaCO$_3$ + CO$_2$ + H$_2$O ⟶ Ca(HCO$_3$)$_2$となって再溶解する(6.7.1項)．37ページ訳者注2に従えば，OH$^-$は水和が強いので(H$_2$Oは弱酸)，水和が強い(サイズが小さい)2族金属イオンの水酸化物は溶解度が低く，水和の弱い(サイズの大きい)Ba^{2+}の水酸化物は溶解度が高いことになる．

$$CaO + H_2O \longrightarrow Ca(OH)_2 \tag{4.8}$$

$$Mg^{2+} + 2OH^- \longrightarrow Mg(OH)_2 \tag{4.9}$$

Ba(OH)$_2$は最も安定で，最もよく水に溶ける2族元素の水酸化物である．軽いほうの2族金属の水酸化物は溶解度が低い．

2族金属の硫化物(sulfide)としてはMS型の化合物がある．サイズの小さいBeでは共有結合性が強くせん亜鉛鉱型(4:4)の構造を，そのほかの2族硫化物〔およびセレン化物(selenide)〕は酸化物と同様にNaCl型(6:6)の構造をとる(8.3.2項参照)．周期の上のものは分極能が高いので結合は共有結合性を帯びている(ファヤンス則)．周期を下がるとイオン結合性を帯びはじめ，水に溶け，加水分解して塩基性を示すようになる．2族金属のケイ化物M$_2$Siやリン化物M$_3$P$_2$も同じ傾向を示す．

例題 4.3

Q (a) Mg(CH$_3$CO$_2$)$_2$と(b) SrSO$_4$はどのようにして合成されるか．

A (a) 塩基性のMg塩〔たとえばMgCO$_3$やMg(OH)$_2$〕と酢酸CH$_3$CO$_2$Hとを反応させる．

$$Mg(OH)_2 + 2CH_3CO_2H \longrightarrow Mg(CH_3CO_2)_2 + 2H_2O$$

(b) 水に可溶な適当な硫酸塩(たとえばNa$_2$SO$_4$)の水溶液に，やはり水に可溶な適当なSr^{2+}の塩〔たとえばSr(NO$_3$)$_2$〕を加える(その逆でもかまわない)．SrSO$_4$の溶解度は低いので，沈殿として取り出すことができる．

$$Sr^{2+}_{(aq)} + SO_4^{2-}_{(aq)} \longrightarrow SrSO_{4(s)}$$

4.5 2族元素と窒素との化合物

2族の金属はどれも窒素気流下で加熱すると窒化物(nitride)M_3N_2になる(たとえば式4.10)．M^{2+}では十分，格子エネルギーがかせげるからである．生じた窒化物は水と反応してアンモニアを生成する(たとえば式4.11)．

$$3\,Mg + N_2 \longrightarrow Mg_3N_2 \tag{4.10}$$

$$Mg_3N_2 + 6\,H_2O \longrightarrow 3\,Mg(OH)_2 + 2\,NH_3 \tag{4.11}$$

Beを除く2族金属は液体アンモニア(liquid ammonia)に溶解し，溶媒和電子を含む青色の溶液になる(3.6節で述べたアルカリ金属の類似の挙動と比較すること)．しかし，これらの金属の液体アンモニアへの溶解度は，アルカリ金属に比べかなり低い．

> 1族金属ではLiだけが窒素と反応して窒化物Li_3Nを生成すること(3.6節)を思い出すこと(式3.7および3.8)．

4.6 2族元素の水素化物

Beを除く2族の金属は水素気流下で加熱するとイオン結合性の水素化物MH_2を生成する．BeH_2(構造は図4.4に示す)は共有結合性で安定であるが，$BeCl_2$とグリニャール試薬Bu^tMgCl(4.7節参照)とからつくったビス(tert-ブチル)ベリリウムBu^t_2Beの熱分解によって，間接的に合成しなければならない(式4.12)．

```
        CH3       CH3
         |         |
   H3C—C—Be—C—CH3
         |         |
        CH3       CH3
      ビス(tert-ブチル)ベリリウム
```

$$BeCl_2 + 2\,Bu^tMgCl \longrightarrow Bu^t_2Be\,(+\,2\,MgCl_2) \longrightarrow BeH_2 + 2\,(CH_3)_2C{=}CH_2 \tag{4.12}$$

BeH_2はBe(1.6)とH(2.1)の電気陰性度差が小さいので，共有結合性でBe—H—Be架橋をもつポリマー状の固体であり(図4.4)，Be—H—Be架橋はジボランB_2H_6やその他のボラン類(5.6節)の結合とよく似た三中心二電子結合で結ばれている〔H—Be—Hの直線構造ではBe周りは電子不足(4電子)になる．だからこのような構造をとって電子不足を部分的に解消している〕．MgH_2(6配位ルチル型構造．図6.8)とCaH_2，SrH_2，BaH_2(斜方$PbCl_2$型で，Mは9配位)は構成元素間の電気陰性度差が大きいのでイオン結合性の固体$M^{2+}(H^-)_2$であり，アルカリ金属の水素化物MHと同じように(式3.12)，水とは式(2.4)のように反応してH_2を発生する．

> この反応では，Be上のHはtert-ブチル基のCH_3基の一つ(β-H)に由来し，tert-ブチル基は2-メチルプロペン$H_2C{=}C(CH_3)_2$になる．
>
> ```
>      H2C—H
>       |   ↘
> H3C—C—Be
>       |
>      CH3
>        ↓
>      CH2      H
>       ‖       |
> H3C—C    +   Be
>       |
>      CH3
> ```

図 4.4 固体の BeH_2 の構造. 三中心二電子結合の Be—H—Be 架橋を示している (図 4.1 に示した固体の $BeCl_2$ の構造と比較せよ). 図 5.6 も参照せよ.

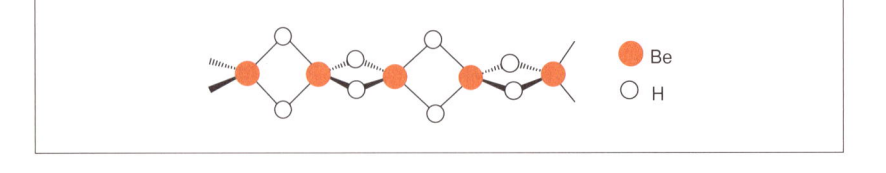

炭化物は, それを加水分解したときに生成する炭化水素の種類によって分類される (6.6 節).

4.7　2 族元素と炭素との化合物

2 族金属はさまざまなタイプの炭化物 (carbide) を生成する. Mg, Ca, Sr, Ba は MC_2 型の金属エチニド (金属アセチリド) を生成する. 典型例はカルシウムのアセチリド (カルシウムカーバイド CaC_2) で, その構造は図 6.6 に示してある. これらのアセチリドは C_2^{2-} イオンを含んでいる (アルカリ金属のアセチリドは 3.8 節で述べた). Be と Mg はこれ以外に二種の異なったタイプの炭化物を生成する. すなわち Be と C とを直接反応させると Be_2C が生成する (逆蛍石型構造). これを加水分解したときの主生成物は CH_4 なので, Be_2C は裸の C 原子を含むものと思われる [章末問題 6.6(b)]. もう一つは Mg_2C_3 型であり, これは Li_4C_3 と同様 C_3^{4-} イオンを含む (例題 4.4).

例題 4.4

Q Mg の炭化物を水と反応させるとプロピン $CH_3C{\equiv}CH$ が生成した. この炭化物の組成式を推定し, その炭化物イオンと等電子の簡単な気体分子の例をあげよ.

A この炭化物は水素原子をもたないであろうから, プロピンから水素を (H^+ として) 全部取り除くと C_3^{4-} イオンになる. だからその炭化物は Mg_2C_3 の組成をもつと考えられる. 等電子という点では C^{2-} イオンは O 原子と等電子である (O は 16 族であり, C は 14 族だから). だから C_3^{4-} は $(C^{2-}) + (C) + (C^{2-})$ と考えれば, 二酸化炭素 CO_2 (O—C—O) と等電子になる.

2 族金属の有機金属化合物で最も重要なものはグリニャール試薬 (Grignard reagent) RMgX であり, X はハロゲンである[1]. これらは 3.8 節で登場した有機リチウム化合物によく似ていて (Li と Mg の対角関係), ジエチルエーテルのような溶媒中で有機ハロゲン化物とマグネシウム金属から合成される (式 4.13).

$$R\text{—}Cl + Mg \longrightarrow RMgCl \tag{4.13}$$

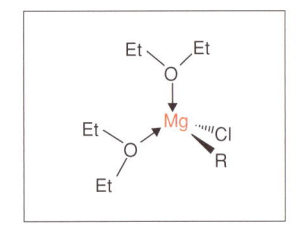

グリニャール試薬はエーテル中では溶媒和して, Mg 周りが 4 配位の構造になってオクテット則を満たす (図 4.5)[1]. グリニャール試薬は, たとえば式 (4.14) の例のように, カルボニル基に付加することによって新しい C—C 結合を生成したり, 式 (4.15) のようにハロゲンを置換して他のヘテロ原子 (炭素以外の原子)

図 4.5 ジエチルエーテルが溶媒和したグリニャール試薬 RMgCl. Mg 周りはオクテットを満たしている.

にアルキル基を導入したりすることに広く利用されている試薬である(この反応の推進力は生成する MgBrCl の格子エネルギーに負うところが大きい).

$$R^3MgCl + \begin{matrix} R^1 \\ R^2 \end{matrix}C=O \longrightarrow \left[\begin{matrix} R^3 \\ R^1-C-OMgCl \\ R^2 \end{matrix} \right] \xrightarrow{H^+} \begin{matrix} R^3 \\ R^1-C-OH \\ R^2 \end{matrix} \tag{4.14}$$

$$PCl_3 + 3\,EtMgBr \longrightarrow PEt_3 + 3\,MgBrCl \tag{4.15}$$

有機マグネシウム化合物 R_2Mg も知られているが,グリニャール試薬ほどは研究されていない.ジメチルベリリウム $BeMe_2$(およびジメチルマグネシウム $MgMe_2$)は図 4.6 に示したポリマー構造をもつ.これは固体の BeH_2(図 4.4)や $BeCl_2$(図 4.1)の構造に類似している.つまりメチル基の sp^3 混成軌道が,sp^3 混成した 2 個の金属原子の軌道との間で,電子不足の三中心二電子結合をすることによってこれらの金属を架橋している(図 4.7).12 族金属(Zn, Cd, Hg)も類似の R_2M 型や RMX 型の有機金属化合物を生成する(11.7 節).

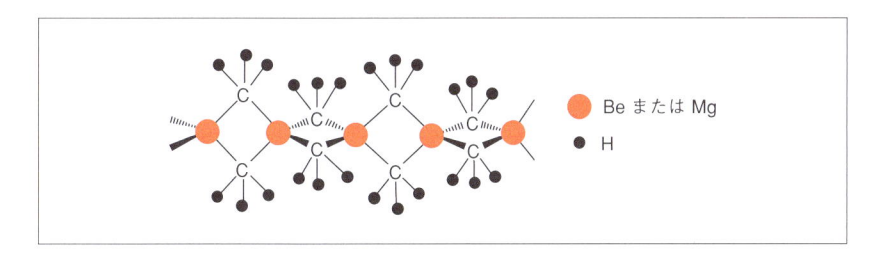

図 4.6　$Mg(CH_3)_2$ 〔と $Be(CH_3)_2$〕の固体での構造.

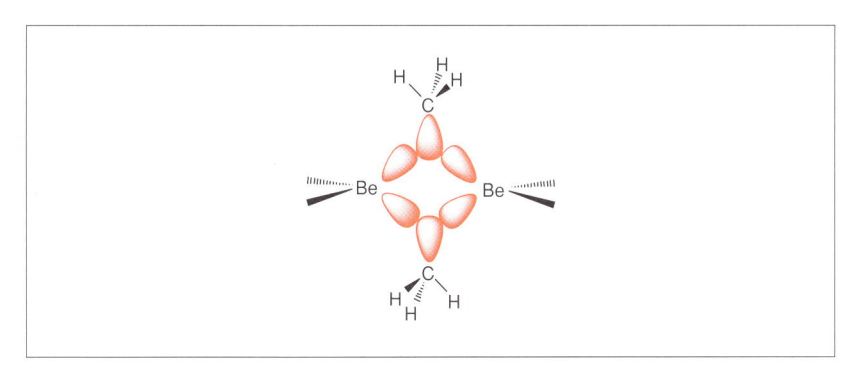

図 4.7　固体の $Be(CH_3)_2$ 中での三中心二電子結合.

例題 4.5

Q グリニャール試薬を用いて(a)ブロモベンゼンを安息香酸に,(b)ブロモベンゼンをトリフェニルホスフィン PPh_3 に,(c)ブロモエタンをエタンに,それぞれ変換するにはどうすればよいか.

水は非常に弱い酸ではあるが，エタンよりは相当強い酸である．pK_aはそれぞれ 15.7 と約 46．章末問題 3.4(c)の解答も参照せよ．

> **A** (a) ここでは C—C 結合生成が必要で，これはグリニャール試薬とカルボニル(C=O)化合物(この場合は CO_2)との反応で達成される．
>
> $$\text{PhBr} + \text{Mg} \longrightarrow \text{PhMgBr} \xrightarrow[\text{2. HX}]{\text{1. } CO_2} \text{PhCO}_2\text{H} + \text{MgXBr}$$
>
> (b) (a)の場合と同様にして PhBr を PhMgBr に変換し，ついで PCl_3 と反応させる．
>
> $$PCl_3 + 3\,\text{PhMgBr} \longrightarrow PPh_3 + 3\,\text{MgBrCl}$$
>
> (c) Mg との反応で EtBr をグリニャール試薬 EtMgBr に変換し，ついでこれを水と反応させる．
>
> $$\text{EtMgBr} + H_2O \longrightarrow \underset{\text{エタン}}{\text{EtH}} + \text{MgBr(OH)}$$

4.8 2族金属の錯体

2族金属の M^{2+} イオンはアルカリ金属イオン M^+ より高い電荷密度をもつので1族金属イオンより錯体をつくりやすい．ただし，周期を下がるにつれてイオンサイズが増大し，イオン-双極子(静電)相互作用が弱くなるので，錯体を生成する傾向は徐々に減る．すべての2族の M^{2+} イオン(硬い酸)は，O や N をドナー原子とする配位子(硬い塩基)や軽いハロゲン化物イオン(17族の上部に位置する F^- や Cl^- イオンのような硬い塩基)とは選択的に錯体を生成する．これは**硬い酸**(hard acid)と**硬い塩基**(hard base)の組合せだからであると説明される．

つまり，電荷が大きくサイズが小さいルイス酸(Li^+，Be^{2+}，Mg^{2+}，Ca^{2+}，BX_3，M^{3+} など)は硬い酸と呼ばれ，電気陰性でサイズが小さく，酸化されにくい(分極されにくい)ルイス塩基(F^-，Cl^-，NH_3，H_2O，OH^- など)は硬い塩基と呼ばれる．両者どうしは，おもに静電的な結合によって安定な化合物を生成する傾向がある(たとえば $[BeF_4]^{2-}$ や $[Be(OH)_4]^{2-}$ や $[AlF_4]^-$ などの錯体)．逆に，電荷が小さく還元されやすいルイス酸(Cu^+，Ag^+，Hg^+，Hg^{2+} など)は**軟らかい酸**(soft acid)，サイズが大きく酸化されやすい(分極されやすい)ルイス塩基(R^-，PR_3，RS^-，S^{2-}，I^- など)は**軟らかい塩基**(soft base)と呼ばれ，両者どうしは共有結合によって安定な化合物を生成する傾向がある(たとえば Ag_2S や $[HgI_4]^{2-}$)．これを **HSAB**(Hard and Soft Acid and Base)**の原理**という．一方，硬い/軟らかい酸・塩基の組合せでは両者の要請が一致せず，強い結合は形成されない(124ページ訳者注1参照)．また +2 価遷移金属イオンや Br^-，NO_2^- のような中間的な酸と塩基も当然ある(ルイス酸・塩基については 5.5.1 項参照)．

Be^{2+} はサイズが小さいので最大の**配位数**(coordination number)は4に限られるが，Mg^{2+} と Ca^{2+} の配位数は普通6であり(6を超えることもある)，Sr^{2+} と Ba^{2+} はもっと大きい配位数をとることができる．たとえば edta(エチレンジアミ

ン四酢酸イオン)との7配位錯体[Mg(H$_2$O)(edta)]$^{2+}$や8配位の[Ca(H$_2$O)$_2$(edta)]$^{2+}$がある.

4.9 ベリリウムとアルミニウムの化学的類似性

対角関係(3.10節)はベリリウムBeとアルミニウムAlの間でもみられ,両者は多くの化学的な共通点をもつ.電荷の大きいAl^{3+}のほうがサイズが大きいので,両者は同じ程度の電荷密度(つまり分極能)をもち,裸の陽イオンは単独では存在しない.その代わりBeとAlは共有結合性の化合物を生成したり(ファヤンス則),強く溶媒和したイオンになったりする.これらの水和イオンは容易に加水分解して酸性を示す(pK_aはそれぞれ5.7と5.1).また,強塩基性にすると[Be(OH)$_4$]$^{2-}$と[Al(OH)$_4$]$^-$を生成する.酸化物BeOとAl$_2$O$_3$はともに両性酸化物であり,両金属はHClのような酸化力のない酸や強塩基に溶けて,水素を発生する.また両者は共有結合性でポリマー状の水素化物,塩化物,アルキル化物〔(BeMe$_2$)$_n$やAl$_2$Me$_6$〕を生成する.

例題 4.6

Q BeとAlは水和した陽イオンを生成する.これらの水和陽イオン間のおもな相違は何か.

A BeとAlのおもな相違は,そのサイズの相違によって生じる.Al^{3+}はサイズが大きい(67.5 pm)ので6配位の[Al(H$_2$O)$_6$]$^{3+}$を生成するが,Be^{2+}(41 pm)は4配位の[Be(H$_2$O)$_4$]$^{2+}$を生成する.両者は容易に加水分解するので,強酸性溶液においてのみ,この組成で存在する.

この章のまとめ

1. 2族金属の化学では+2価陽イオンの生成が優勢である.これらの金属はすべて小さい第一および第二イオン化エネルギーをもち,電気陰性度も小さい.
2. Be^{2+}はサイズが小さい(Mg^{2+}もある程度小さい)ので,その化合物はかなり共有結合性が強いか,または強く溶媒和したイオンを含む.2族金属イオンは1族金属イオンより安定な錯体を生成する.
3. 2族金属の酸化物はすべて塩基性であるが,Beはとくにサイズが小さいので特異な性質(共有結合性が強い)をもち,BeOはAl$_2$O$_3$と同様に両性酸化物である.

章末問題

4.1 次の物質中の2族元素の酸化数はいくらか.
(a) Mg 金属, (b) CaC_2, (c) $[Be(H_2O)_4]^{2+}$

4.2 以下の X が何であるかを特定せよ.
(a) 硫酸塩 XSO_4 は水に非常に溶けにくく,水酸化物 $X(OH)_2$ は最も溶解度が高い.
(b) X の化学的性質は,同じ族の他の元素の化学的性質とは相当異なる.
(c) X は広く利用される有機金属化合物 RXBr を生成する.

4.3 $BeCO_3$ と $BeSO_4$ は熱に対して不安定であるが,$BaSO_4$ と $BaCO_3$ は比較的安定である.その理由を説明せよ.

4.4 2族金属はすべて窒化物 M_3N_2 を生成するが,1族金属のうちでは Li だけが窒化物 Li_3N を生成する.この理由を説明せよ.

4.5 次の反応の結果を予想し,反応式を完成せよ.
(a) $BaO_{(s)} + H_2SO_{4(aq)} \longrightarrow$
(b) $Ba(NO_3)_{2(aq)} + Na_2SO_{4(aq)} \longrightarrow$
(c) $Ca_{(s)} + H_{2(g)} + 熱 \longrightarrow$

4.6 適当なグリニャール試薬を使って,次の化合物を合成せよ.
(a) $CH_3C(Et)(OH)Ph$, (b) $AsPh_3$

参考文献

1) F. Bickelhaupt, *J. Organomet. Chem.*, **475**, 1 (1994).

さらなる学習のために

J. W. Nicholson, L. R. Pierce, *Educ. Chem.*, **1995**, 74.
D. N. Skilleter, *Chem. Br.*, **1990**, 26.
C. Y. Yong, J. D. Woollins, *Coord. Chem. Rev.*, **130**, 243 (1994).

5章 13族元素
— ホウ素，アルミニウム，ガリウム，インジウムとタリウム —

この章の目的

この章では，以下の四つの項目について理解する．
- この族では化学的・物理的性質が幅広く変化すること
- 軽いほうの元素は電子不足な化合物を生成する傾向があり，ホウ素は多面体クラスターを生成する傾向があること
- ウェード則（Wade's rule）によって典型元素のクラスター化合物の構造を解釈すること
- 不活性電子対効果

5.1 序論と酸化数の概観

13族元素（電子配置は $ns^2\,np^1$）のうちで，B（電気陰性度 2.0）は若干の金属的性質をもつが，一般には非金属元素とみなす（亜金属的）．これに対してそのほかの13族元素は比較的電気陽性なので，単体はすべて金属である．このことはBが他の13族元素に比べ第一，第二，第三イオン化エネルギーがかなり大きい（図5.1）ことからわかる．Bと他の13族元素との間には多くの化学的類似性もあるが，同時に多くの相違もある[†1]．AlとBeが多くの似た性質をもつこと（対角関係）はすでに触れた（4.9節）．

13族元素では +3 が安定な酸化数である．しかし，この族の最も重い Tl では +1 の酸化数のほうが安定であり，実際，+3 の酸化数をもつ Tl の化合物は酸化力をもつ．この傾向〔<u>不活性電子対効果</u>（inert pair effect）〕は 14, 15, 16族に進むにつれて顕著になる（周期を下がるとそれぞれ +4, +5, +6 の酸化数が不安定になって，それぞれ +2, +3, +4 (+2) の酸化数をとるようになる）．

[†1] 訳者注　ここでも各族の最初の（第2周期）元素は，それ以降の元素とは性質が異なるという一般的傾向がみられる（7ページ訳者注2参照）．第2周期元素はそれ以降の元素より電気陰性なので高い酸化数をとりにくく，その族にしては共有結合性を帯びた化合物を生成する．またサイズが小さいので，相手との結合数（配位数）が 4 を超えることはあまりない．

図5.1 13族元素の第一イオン化エネルギー.

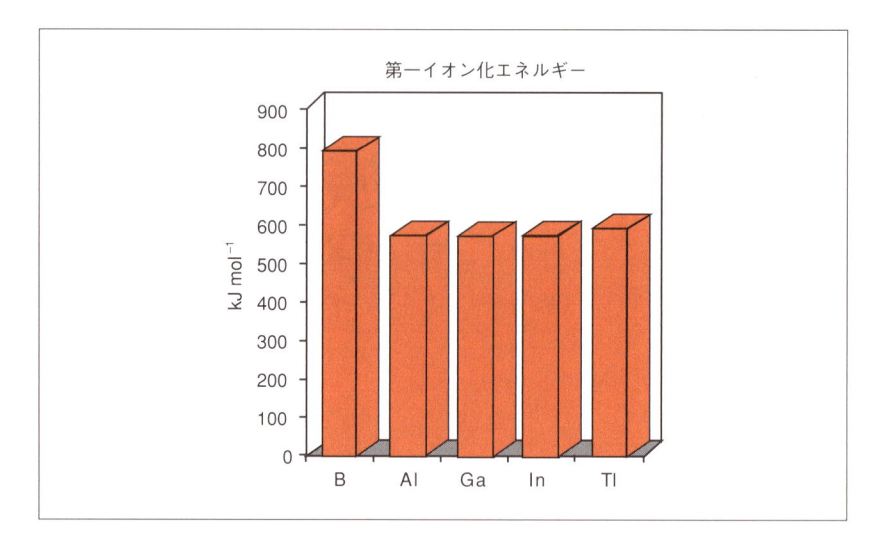

周期の下にあるpブロック元素では1組の価電子対が，**貫入効果**のためにエネルギーが低いs軌道に収容されているので，結合するときにも使われにくい．その結果，族の番号から予想される酸化数より2だけ少ない酸化数をとる傾向がある．これが**不活性電子対効果**である〔章末問題5.3(a)の解答と6.1節参照〕．酸化数が低くなる（電気陰性度が小さくなる）ので，相手が電気陰性である場合には，その族にしては，結合はイオン結合性を帯び（**ファヤンス則**），酸化物は塩基性的になる．この不活性電子対効果は13～16族の重原子 (In, Tl, Sn, Pb, Sb, Bi, Te) で顕著にみられる．

†1 訳者注　ホウ砂は正しくは $Na_2[B_4O_5(OH)_4]\cdot 8H_2O$ と記述すべきである．その陰イオン部分の構造は図5.12の右下に示してある．

5.2　13族元素の単体

ホウ素 (boron) B は天然にはホウ砂 (borax) $Na_2B_4O_7\cdot 4H_2O$ と $Na_2B_4O_7\cdot 10H_2O$ [†1] として存在する．これを酸で処理すると**ホウ酸** (boric acid) $B(OH)_3$ になる（H_3BO_3 とも表すが H_3PO_4 とは違って三塩基酸ではない．図5.11, 式5.18）．これを加熱脱水すると酸化ホウ素 B_2O_3 になる (5.7.1項)．ついでこれを Na あるいは Mg を用いて還元すると無定形（非晶質）のホウ素が得られる（B の同位体には19.9%の ^{10}B と80.1%の ^{11}B がある）．結晶性のホウ素を得るには，三ハロゲン化ホウ素（たとえば BCl_3）と H_2 の混合気体を加熱した Ta のワイヤー上で反応（還元）させる（式5.1）．ホウ素の単体には多くの結晶形があるが，すべて二十面体の B_{12} 単位（各 B は隣の5個の B と結合）を含んでいる（図5.2）．B がこのような多面体クラスターを形成する傾向は，とくに水素化物 (5.6節) と若干のハロゲン化物 (5.5.2項) のような低酸化数の化合物の研究で盛んに取り上げられている．

$$2\,BCl_{3(g)} + 3\,H_{2(g)} \longrightarrow 2\,B_{(s)} + 6\,HCl_{(g)}, \quad \Delta H^\circ = +254\,kJ \quad (5.1)$$

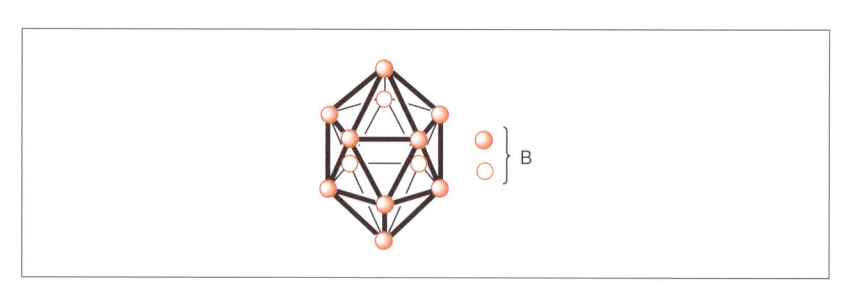

図5.2　結晶性のホウ素（といくつかの金属ホウ化物 MB_{12}）中にみられる二十面体の B_{12} 単位．これには α-および β-菱面体晶系や正方晶系の同素体がある．

アルミニウム (aluminium) Al は O と Si についで豊富に地殻に含まれていて (8.1%)，ケイ酸塩中の Si と置き換わって**アルミノケイ酸塩** (aluminosilicate) として地殻に多量に存在している (12.3節)．Al の主要な鉱石はボーキサイト

(bauxite)$Al_2O_3 \cdot H_2O$ であり，これを精製するにはいったん濃い NaOH 水溶液に溶解し，不溶な鉄の不純物を除いたあと，(その後の電気分解で発生する CO_2 を吹き込んで) 水和アルミナ $Al_2O_3 \cdot 3H_2O$ として再沈殿させる．これを脱水乾燥して得たアルミナ Al_2O_3 を，融解した氷晶石 $Na_3[AlF_6]$ 中で電気分解すると，Al 金属が得られる (電気分解の電極に使う炭素が酸化されて CO_2 が発生する)．

アルミニウム (立方最密構造) 以外の三つの元素ガリウム (gallium) Ga，インジウム (indium) In，タリウム (thallium) Tl はせん亜鉛鉱 (sphalerite) (11.5 節) などの数種の鉱物に，副成分として微量存在しているに過ぎない．Al (電気陰性度 1.6) 以降の 13 族元素は電気陽性であり，その単体は金属である (2 族元素は 13 族元素よりも電気陽性なので最初の Be も含め単体はすべて金属である)．

5.3　13 族元素の単体の化学的性質

単体のホウ素 B は酸素，ハロゲン，硫黄，窒素や多くの金属と結合して，共有結合性の化合物を生成する (B^{3+} であるとすれば分極能がきわめて高い．8 ページ訳者注 1)．B は酸に対して耐性があるだけでなく，溶融した NaOH とは 500 ℃ 以上にしないと反応しない ($2B + 6NaOH \longrightarrow 2Na_3BO_3 + 3H_2$)．

アルミニウム Al は非常に反応活性な金属であるが，酸化アルミニウムの薄い膜で覆われているので通常は不活性 (不動態) になっている (Be, Mg, Zn, Pb や多くの遷移金属も酸化物の膜で覆われている)．Al は塩酸 HCl に溶けて H_2 を発生し $[Al(H_2O)_6]^{3+}$ になるだけでなく，強塩基性の水酸化物水溶液にも溶けて H_2 を発生しアルミン酸イオン $[Al(OH)_4]^-$ になる (式 5.2)．このように酸にもアルカリにも溶ける金属は両性 (amphoteric) であるという (ほかに Be, Ga, Zn や Sn がある)．

$$2Al + 2NaOH + 6H_2O \longrightarrow 2Na[Al(OH)_4] + 3H_2 \tag{5.2}$$

Ga, In, Tl は適度に反応活性な金属であり，酸には容易に溶けて，Ga と In では 3 価の陽イオンを与え，最後の Tl では Tl^+ イオンを与える (式 5.3 と 5.4)．Tl では +3 の酸化数より +1 の酸化数のほうが安定だからである (不活性電子対効果による)．Tl の単体と化合物は有毒であり，その取扱いには注意を要する．

$$2In_{(s)} + 6HCl_{(aq)} \longrightarrow 2InCl_{3(aq)} + 3H_{2(g)} \tag{5.3}$$
$$2Tl_{(s)} + 2HNO_{3(aq)} \longrightarrow 2TlNO_{3(aq)} + H_{2(g)} \tag{5.4}$$

5.4　ホウ化物

ホウ素 B はたいていの金属と一緒に加熱すると金属ホウ化物 (metal boride) が生成する．この点では B は 14 族の C や Si (B と対角関係) に似ている．C や Si も金属との間でそれぞれ炭化物 (carbide) とケイ化物 (silicide) を生成するからで

ある(6.6節).金属ホウ化物の構造は金属とホウ素の組成比に依存していて,B原子が単原子で存在したり,対になったり,鎖状あるいは二重鎖状になったり,層やクラスターになったものがある.つまり,M_2B の組成をもつ化合物(たとえば Fe_2B)は単原子の B をもつが,1:1 の比をもつ化合物(たとえば FeB)では B の一重鎖が金属格子を貫いている(図 5.3).MB_2 の組成の化合物(たとえば MgB_2 や TiB_2)では B が層状に並んでいるが(図 5.3),MB_6 の組成の化合物(たとえば MgB_6)では金属の立方格子の中心に 6 個の B からなる八面体型のクラスターが位置して(図 5.3),全体として CsCl 型の構造(図 3.3)になっている.最後に,MB_{12}(たとえば AlB_{12})の組成をもつ化合物は,結晶性のホウ素単体にみられるように,二十面体の B_{12} クラスター(図 5.2)が網目状につながった構造をもっている.M_2B,M_3B,M_3B_2,M_3B_4 のように金属成分が多い組成の金属ホウ化物も知られていて,M がつくる三角柱の中心に B が位置していることが多い.

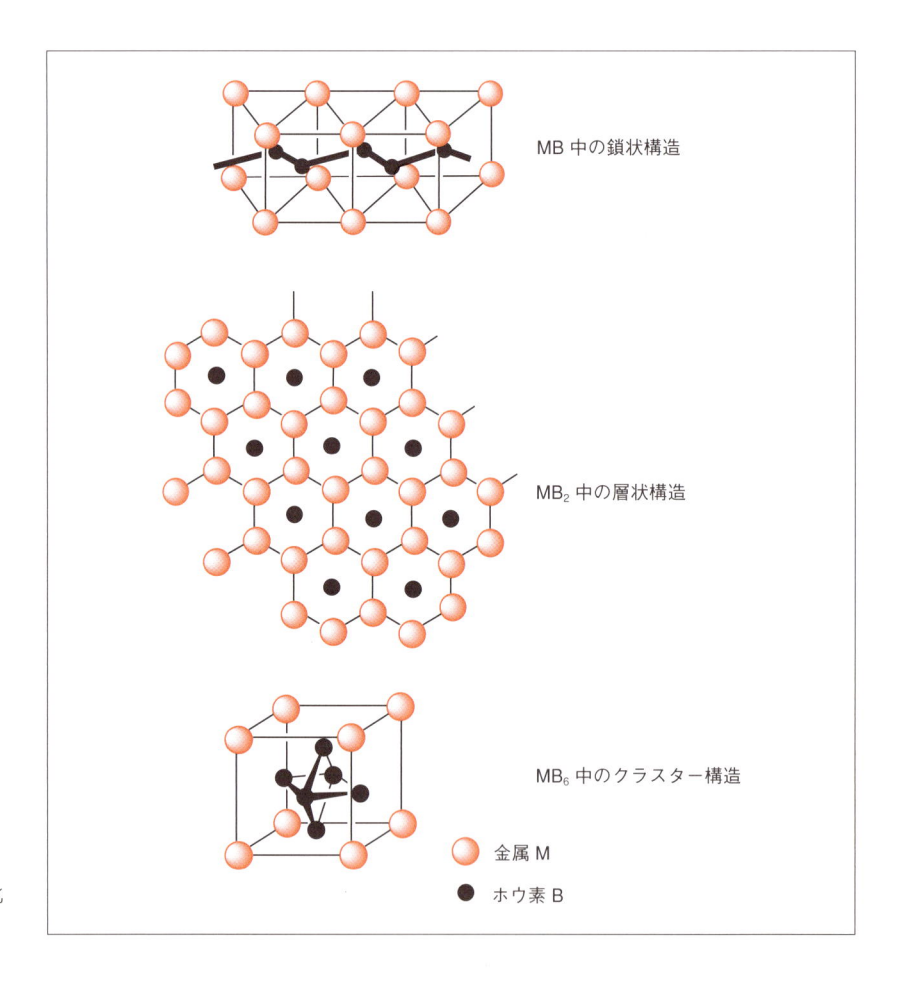

図 5.3 数種の金属ホウ化物がとる構造.

5.5 13族元素のハロゲン化物

5.5.1 3価のハロゲン化物 MX_3

TlI_3 を除けば，3価のハロゲン化物 MX_3 は13族元素とハロゲンのすべての組合せについて存在する（TlI_3 は還元的脱離によって TlI と I_2 に分解する）．

三ハロゲン化ホウ素 BX_3 は平面三角形構造の共有結合性分子で（CO_3^{2-} と等電子），B は分子面に垂直な空の p_z 軌道を1個もっている（B 周りは6電子）．BF_3 においてはハロゲン F の満たされた p_z 軌道から B の空の p_z 軌道へπ供与が起こる（図5.4）．BCl_3 でも同様であるが，その程度は少ない．このπ供与が F において効果的に起こるのは F の p 軌道が集中しており，B の p 軌道との重なりが大きいからである．だから B—F 結合は実質上ある程度の二重結合性を帯びている（こうして電子不足をある程度解消している）．BCl_3 では Cl の p_z 軌道が広がり B の p_z 軌道との重なりは悪く（図5.4），Cl から B に十分な電子供与ができない．だから BCl_3 のほうが電子不足の程度が大きく，BF_3 より強いルイス酸として働く†1．BX_3 は H_2O と反応し HX と $B(OH)_3$ になるが〔章末問題 5.4(a)〕，BF_3 だけは $H_3O^+[BF_3(OH)]^-$ を与える（B—O 結合より B—F 結合が強いから）．

> **ルイス酸**とは電子対の受容体，**ルイス塩基**とは電子対の供与体である．前者はルイス塩基からの電子対を受け取るための空の軌道をもち，後者はルイス酸に供与できる電子対（一般には孤立電子対）をもつ．なお CO や PF_3 のように，ルイス塩基とルイス酸の両方の機能をもつものもある（115ページ欄外の記事参照）．CO と等電子の NO^+，CN^- やオレフィンもそうである（空の π^* 軌道をもつ）．なお**ブレンステッド・ローリーの酸・塩基**の定義では，H^+ を供給するものを酸，OH^- に限らず H^+ に電子対を供与するものを塩基とする（アレニウスの酸・塩基については 8.3.1 項参照）．

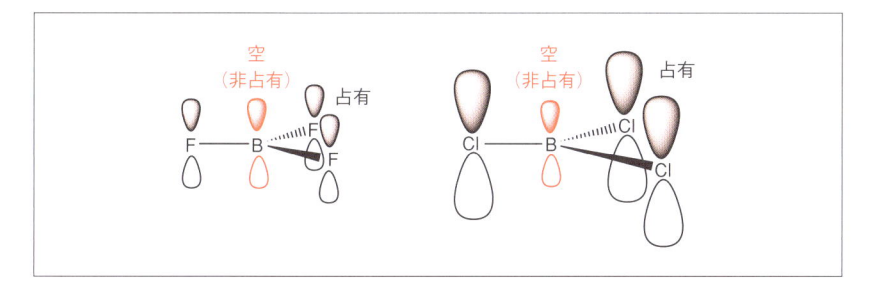

図 5.4 BX_3 における，ハロゲン X の占有された p_z 軌道から，ホウ素 B の空の p_z 軌道へのπ供与．

例題 5.1

Q 次の化合物をルイス酸，ルイス塩基のいずれかに分類せよ．(a) H^+，(b) ジエチルエーテル，(c) Ph_3Si^+．

A (a) H^+ は裸のプロトンで，電子をもたない（空の 1s 軌道をもつ）．だから，これはルイス酸としてのみ働く．
(b) ジエチルエーテル Et_2O は O 上に2組の孤立電子対をもつのでルイス塩基である（C—O—C 結合の σ^* 軌道はエネルギーが高いのでπアクセプターではない）．
(c) Ph_3Si^+ 陽イオン（Si 周りは6電子平面3配位構造）は電子不足である（空の p 軌道を1個もつ）．だからルイス酸として働き，ルイス塩基を取り込んで四面体構造になる．さらに Si の p 軌道を成分とする二つの σ^* 反結合性軌道にも電子対を受け取ることができる．

†1 訳者注 平面構造の BX_3 では X=F のとき，最も強いπ供与〔$p_z(X) \rightarrow p_z(B)$〕が起こるので〔平均の結合エネルギーは B—F（644 kJ mol^{-1}）> B—Cl（440）> B—Br（370）〕，B の（空の）p_z 軌道が強く反結合性を帯び（エネルギーが高くなる），ルイス酸としての能力が減じられるのであるともいえる．なお**原子価結合法**では，1個の X からπ供与が起こった構造（等価な3個の極限構造）の共鳴混成体と考える．

5.1

付加物 BF$_3$·OEt$_2$
5.2

ハロゲン錯体の例には [AlF$_6$]$^{3-}$ (八面体), [InCl$_5$]$^{2-}$ (三角両錐と正方錐構造の両方がある) や [GaBr$_4$]$^-$ (四面体) などがある. [InCl$_5$]$^{2-}$ の In 周りには 5 組の電子対があるので VSEPR 則 (1.4 節) では三角両錐構造を予想する. 実際, これと等電子の [SnCl$_5$]$^-$ や [SbCl$_5$] は三角両錐構造である (ただし BiPh$_5$ と SbPh$_5$ は正方錐構造). しかし 5 組の電子対があるときは, これらの二つの 5 配位構造の安定性には大きな差はないので, (擬回転によって) 容易に相互変換できる (表 1.1). これらのうちで中心原子周りがオクテットを超える化合物は超原子価化合物と呼ばれる.

BX$_3$ はすべて単量体であるが, その下の AlX$_3$ 化合物の構造はハロゲン化物イオン X の種類に依存する. すなわち, AlF$_3$ は F で架橋された AlF$_6$ の八面体からなる融点の高い (1290℃), イオン結合性を帯びたポリマー固体である. 固体状態での AlCl$_3$ も同じように Cl で架橋された 6 配位八面体の Al 中心をもつが, 液体および気体状態では二量体 Al$_2$Cl$_6$ (**5.1**) になる (BX$_3$ では π 結合に好都合な平面三角形構造の単量体のほうが安定性をかせげる. またサイズの小さい B の周りが 4 配位になるのは立体的にも不利である). だから融点は低い (192℃). この構造 (Al 周りは四面体構造) で, 架橋 Cl の一方が右の Al とは普通の共有結合をし, 左の Al とは σ 供与結合し, もう一方の架橋 Cl が右の Al には σ 供与結合し, 左の Al には共有結合している (左右を逆にしてもよい) と考えれば, 各 Al はオクテット則を満たすことになる (図 4.1 の BeCl$_2$ と比較せよ). AlBr$_3$ と AlI$_3$ はもっと共有結合的であり, どの状態でも二量体構造である (章末問題 5.5). Ga のハロゲン化物も同様の傾向をもつ.

すべての三ハロゲン化物 MX$_3$ (M は sp^2 混成) は電子不足なので強力なルイス酸であり, ルイス塩基 L とは L→MX$_3$ 型の付加物 (adduct) を生成する (M は, このとき sp^3 混成となる). 実際には BF$_3$ は気体なので, ジエチルエーテルとの付加物 **5.2** のかたちで使うことが多い. MX$_3$ にハロゲン化物イオン X$^-$ を加えて MX$_4^-$ 型の陰イオンを生成する反応, たとえば BF$_3$ から BF$_4^-$ を生成する反応は, ルイス酸-ルイス塩基の錯生成反応とみなすことができる. Al とこれ以降の 13 族では, 2 個以上 (最大の配位数 6 まで) の配位子が結合することができる. AlCl$_3$ はフリーデル・クラフツ反応のルイス酸触媒として用いられる.

例題 5.2

Q BCl$_3$ は揮発性の液体である (沸点 12.5℃). これをもっと使いやすくするにはどうしたらよいか.

A BCl$_3$ を付加物にすると BCl$_3$ 自身よりはるかに揮発性が低くなる. たとえばジメチルスルフィドとの付加物 (CH$_3$)$_2$S→BCl$_3$ は結晶性の固体であるから取り扱いやすいし, 加水分解に対しても BCl$_3$ ほど敏感ではない.

例題 5.3

Q 次の反応の結果を予想せよ.
(a) BF$_3$·N(CH$_3$)$_3$ + BCl$_3$ ⟶
(b) BCl$_3$·N(CH$_3$)$_3$ + BF$_3$ ⟶

A BCl$_3$ は BF$_3$ より強いルイス塩基なので, 反応 (a) では BCl$_3$ が BF$_3$ を追い出して BCl$_3$·N(CH$_3$)$_3$ を生成する. (b) では反応は起こらないであろう.

5.5.2 低酸化数のハロゲン化物

13族元素はすべて2原子からなる一ハロゲン化物 MX を生成するが，Tl 以外の MX は**不均化**(disproportionation)して(式5.5)，M と3価のハロゲン化物 MX_3 になってしまう(気体状態では TlCl ですら不均化に対して不安定である)[†1]．たとえば，AlCl と GaCl は Al や Ga を高温・低圧で HCl ガスと反応させると赤色の生成物として得られ，低温(77 K)で凝縮できる．しかし温めると不均化する(式5.5)．

$$3\,MCl \longrightarrow MCl_3 + 2\,M \tag{5.5}$$

B の低酸化数のハロゲン化物が B—B 結合をもつことは注目すべきことである．たとえば B_2Cl_4 (**5.3**) は BCl_3 の蒸気中で水銀電極間で電気放電するか(式5.6)，Cu の蒸気と BCl_3 とを反応させる(式5.7)ことによってつくられる．B_2F_4，B_2Br_4，B_2I_4 も知られている．これらの B の酸化数は形式的に +2 である．

$$2\,BCl_3 + 2\,Hg \longrightarrow B_2Cl_4 + Hg_2Cl_2 \tag{5.6}$$

$$2\,BCl_3 + 2\,Cu(原子) \longrightarrow B_2Cl_4 + 2\,CuCl \tag{5.7}$$

ホウ素は B 原子の**クラスター**を含む多くのハロゲン化物を生成し，これらの化合物では各 B 原子はハロゲン原子との結合を一つもっている(平均の B—B 結合エネルギーは 293 kJ mol^{-1})．B_4Cl_4 は式(5.6)の反応で得られる副生成物であり，B_8Cl_8 と B_9Cl_9 (およびもっと大きいクラスター $B_{10}Cl_{10}$，$B_{11}Cl_{11}$，$B_{12}Cl_{12}$ など) は室温で B_2Cl_4 を分解することで順次つくられる．B_4Cl_4 と B_9Cl_9 の構造を図 5.5 に示す．

不均化とは，ある化合物中の同じ元素が一つの反応で，一方が酸化され，他方が還元されることである．$2H_2O_2 \longrightarrow 2H_2O + O_2$ の反応(式8.12)でも，H_2O_2 中の2個の O^- の一方が O^{2-} に還元され，もう一方が O^0 に酸化されている．式(9.14)も典型的な不均化反応である．

5.3

固体の B_2Cl_4 の構造．液体では BCl_2 単位がつくる平面が互いに直交したねじれ形の構造をとる．

[†1] **訳者注** Tl^+ の水酸化物 TlOH は強塩基であり，TlX の水に対する溶解性は AgX に類似する．なお TlI_3，Tl_2Br_3，InX_2，$GaCl_2$ などの組成をもつ13族元素のハロゲン化物は，実はそれぞれ $Tl^+[I_3]^-$，$(Tl^+)_3[TlBr_6]^{3-}$，$In^+[InX_4]^-$，$Ga^+[GaCl_4]^-$ である．

図5.5 二つの塩化ホウ素クラスターの構造．

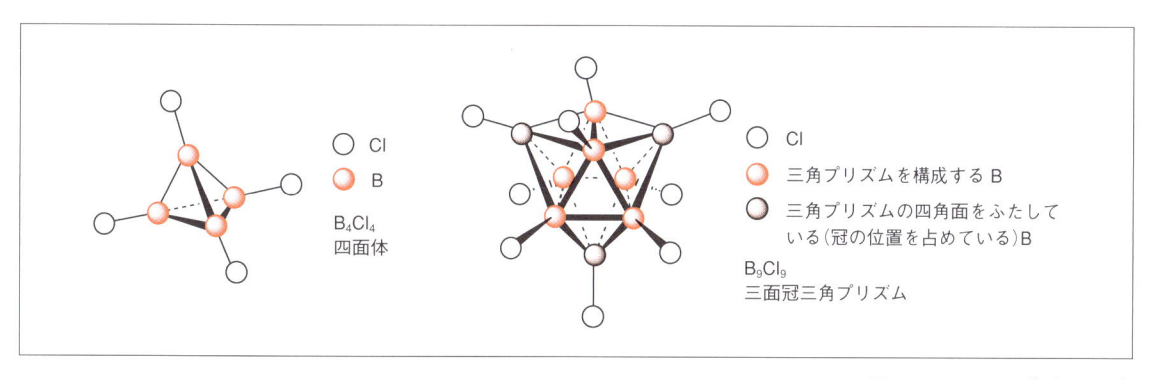

ガリウム(II)のハロゲン化物は $[X_3Ga—GaX_3]^{2-}$ (X = Cl，Br または I)のかたちで存在し，これらは強酸中で Ga 金属を電解して得られる．これらは一つの Ga—Ga 結合をもつので形式的に +2 の酸化数をもつことになるが，ハロゲン X_2 によって容易に酸化され GaX_4^- になる．電気陽性な Al は B や Ga とは違って(72ページ訳者注1参照)，Al—Al 結合をもつ化合物を生成する傾向はほとんどない．酸化数の低い InX，TlX はイオン結合性の結晶である．

5.6 13族元素の水素化物と有機金属化合物

5.6.1 水素化ホウ素

ホウ素は，ほかのどの13族元素よりも多くの共有結合性の水素化物〔水素化ホウ素(boron hydride)〕を生成する．つまり，Bには電子不足の水素化物が多数あり，これらの化合物中では，PH_3 や H_2S のような水素化物中で形成される通常の二中心二電子結合に加えて，三中心二電子結合が補助的な役割を果たしている．よく知られた水素化物〔ボラン類(boranes)〕のいくつかを表5.1に示す．これらの大部分は B_nH_{n+4} と B_nH_{n+6} の組成をもつ二つのタイプのクラスターに分類される（Box 5.1）．

最も単純なボランは BH_3 であるが，まだ単離されていない．その代わり最小のボラン類は二量体のジボラン(diborane) B_2H_6〔$H_2B(\mu\text{-}H)_2BH_2$〕であり，三ハロゲン化ホウ素を $Li[AlH_4]$（あるいは $NaBH_4$）で還元すると得られる（式5.8）．

$$4\,BF_3 + 3\,Li[AlH_4] \longrightarrow 2\,B_2H_6 + 3\,Li[AlF_4] \qquad (5.8)$$

ジボラン B_2H_6 の構造は図5.6に示してあり，四つの末端のB—H結合（これらは通常の二中心二電子結合）と2組の三中心二電子のB⋯H⋯B結合をもっている．各B原子は sp^3 混成であり，そのうちの2個は末端の水素との結合に使われ，残りの2個が図5.7に示すように，水素の1s軌道と三中心二電子結合を形成する（そのような結合が2組できて，電子不足を補う）．

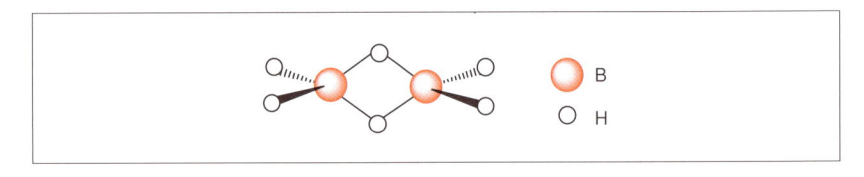

表5.1 数種の水素化ホウ素類

B_nH_{n+4}	B_nH_{n+6}
B_2H_6	B_4H_{10}
B_5H_9	B_5H_{11}
B_6H_{10}	B_6H_{12}
B_8H_{12}	B_8H_{14}
$B_{10}H_{14}$	
（ニド）	（アラクノ）

B_2H_6 における電子不足結合は，固体状態でのポリマー状の BeH_2 や $BeMe_2$（図4.4，図4.6，図4.7），$AlMe_3$ の二量体（Al_2Me_6）や $(AlH_3)_x$（5.6.2項）の結合と似ている（三中心二電子結合）．

図5.6 ジボラン B_2H_6 の構造．

図5.7 B_2H_6 における三中心二電子結合．

ボラン類の命名法について説明を加えておく．たとえば5ボラン-9は五つのB原子と九つのHをもつ B_5H_9 をさす．

高級水素化ホウ素(高級ボラン)類は上で述べた B_2H_6 と同じような構造的特徴をもつが，B—B結合を何本かもつという特徴がある（だからBの形式酸化数は低い）．また，これらには頂点が欠けた多面体クラスター構造をもつものがある．たとえば4ボラン-10(B_4H_{10})と5ボラン-9(B_5H_9)の構造が図5.8に示してある

(これらは八面体骨格からそれぞれ 2 頂点と 1 頂点が欠けた構造とみなす．Box 5.1)．これらの高級ボランは B_2H_6 を加熱すると生成する．たとえば式(5.9)や(5.10)のように，反応条件を変えると別のボランが生成する．

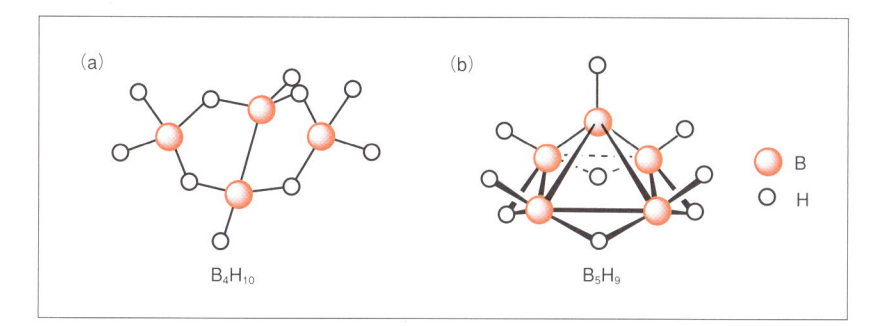

$$2\,B_2H_6 \xrightarrow{100\sim120℃} B_4H_{10} + H_2 \qquad (5.9)$$

$$5\,B_2H_6 \xrightarrow{180\sim220℃} 2\,B_5H_9 + 6\,H_2 \qquad (5.10)$$

図 5.8　(a) B_4H_{10} と(b) B_5H_9 の構造．

例題 5.4

Q あるボランは元素分析によって 84.2% の B と 15.7% の H を含むことがわかっている．また，分子量は 76.7 である．この分子の分子式を決めよ．

A 重量%を原子量で割り算すると原子数の比が求まる．B については $84.2/10.811 = 7.788$，H については $15.7/1.0079 = 15.58$．だから H/B = 2.001 となる．$(H_2B) \times n = (1.0079 \times 2 + 10.811) \times n = 76.7$ より，$n = 5.98$ (n は整数だから 6)．よって分子式は B_6H_{12} であり，これはよく知られたボラン(アラクノ．後述)である．

例題 5.5

Q 13 族元素の水素化物は燃焼すると莫大なエネルギーを発するのでロケットの燃料として使える可能性がある．1 mol の B_6H_{10} を完全燃焼させたときにどれだけのエネルギーが取り出せるか．ただし，生成エンタルピー $\Delta_fH°$ は $B_6H_{10} = +56\,\text{kJ mol}^{-1}$，$B_2O_3 = -1273\,\text{kJ mol}^{-1}$，$H_2O_{(l)} = -286\,\text{kJ mol}^{-1}$ である．

A 標準状態での単体の生成エンタルピー $\Delta_fH°$ はゼロであることを思い出すと，反応の ΔH は生成物の $\Delta_fH°$ の和から反応物の $\Delta_fH°$ の和を差し引いたものに等しい．まず，完全燃焼の反応式を書く．

$$B_6H_{10} + 7\,O_2 \longrightarrow 3\,B_2O_3 + 5\,H_2O_{(l)}$$

そうするとこの反応の ΔH は

$$\Delta H = 3\Delta_f H°(B_2O_3) + 5\Delta_f H°(H_2O) - \Delta_f H°(B_6H_{10}) - 7\Delta_f H°(O_2)$$
$$= 3(-1273) + 5(-286) - (+56) - 7(0)$$
$$= -5305 \text{ kJ mol}^{-1}$$

実際には,このように完全燃焼しないで BO などが残る.

電気的に中性なボラン類だけでなく,頂点が欠けていない多面体骨格をもつ陰イオン性のボラン類も多くある.たとえば $[B_6H_6]^{2-}$ と $[B_{12}H_{12}]^{2-}$ は図 5.9 に示すように,八面体の B_6 単位のかごと二十面体の B_{12} の単位のかごをそれぞれもち,末端の B—H 結合をもっている.さらに,一つあるいはそれ以上の BH 単位 (4 電子)を,これと等電子の C 原子(あるいは CH^+)で置き換えた化合物はカルボラン[carborane.またはカルバボラン(carbaborane)]と呼ばれる.

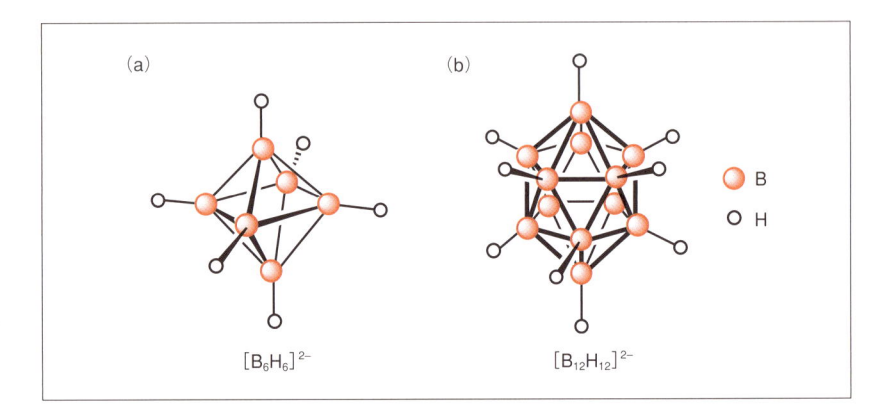

図 5.9 クロソの水素化ホウ素陰イオンの構造.(a) $[B_6H_6]^{2-}$,(b) $[B_{12}H_{12}]^{2-}$.

ウェード則は,典型元素や遷移金属などの多くの他のクラスターにも適用できる.ただし遷移金属のクラスターではボラン類とは違って,各末端結合には 12 電子が使われると考える(5 個の d 軌道も結合に関与するから).

さまざまなボランクラスターの形はウェード則(Wade's rule)を使うと合理的に説明できる.ウェード則ではクラスターの骨格結合に使える電子対数(SEP 数)を考える.

Box5.1 ウェード則

まず,ボランクラスターは二中心二電子結合の B—H 単位(末端の,架橋していない H をもつ BH)をもつとみなし,クラスター中のそのほかの H は別の様式(多中心結合)で骨格結合に関与していると考える.骨格結合に使われる電子対(skeletal electron pairs. SEP)の数は以下のようにして計算される.

1. 総価電子数を求め(B 原子 1 個当り 3 個,H 原子 1 個当り),全体に電荷があればそれに応じて電子を加えるか,または差し引く(カルボランの C 原子は 4 電子を寄与する).
2. 各 BH(あるいは CH)単位につき 2 電子(この末端の二中心二電子結合が

Bの数だけあると考え，この結合1本当りに使われる2電子）を差し引く．

3. こうして得られた電子数が骨格結合に使われ，これを2で割ったものがSEP数である．これによってクラスターのタイプが決まる．

4. n個のB原子がn個の頂点を占めるクラスターは骨格結合に$(n+1)$個のSEPが必要である（このうち1組は各頂点の原子から中心に向かった軌道からなる分子軌道に収容）．このクラスターはクロソ（closo．かご様の）と呼ばれる．例には図5.9に示した八面体と二十面体があり，SEP数はそれぞれ7と13である．そのほかSEP数が$(n+1)$のクロソ構造は，$n=5$が三角両錐（$n=6$が八面体），$n=7$が五角両錐，$n=8$が十二面体，$n=9$が三面冠三角柱，$n=10$が二面冠正方逆プリズム，$n=11$が十八面体（$n=12$が二十面体）である（$n=4$の四面体はクロソではなく，$n=5$の三角両錐から1頂点が欠けたニドである）．

5. SEP数が$(n+1)$で，$(n-1)$個のB原子があれば，このクラスターはn個の頂点をもつクロソクラスターから一つの頂点が欠けたものになる．このクラスターはニド（nido．巣状の）クラスターと呼ばれる．

6. SEP数が$(n+1)$で，$(n-2)$個のB原子があれば，このクラスターはn個の頂点をもつクロソから2頂点が欠けた構造をもち，アラクノ（arachno．クモの巣状の）クラスターと呼ばれる．この単純な理論では，どの2頂点が欠けるのかを明言することはできない．なお，クロソから3個の頂点が欠けた構造はヒホ（hypho．網状の）と呼ぶ．

7. SEP数が$(n+1)$で，B原子の数がnを超える場合には，余分なB原子がクロソ多面体の三角面上の冠の位置を占める（三角面をふたする）．

例題 5.6

Q 5ボラン-9（B_5H_9）の構造が，69ページの図5.8に示した通りであることを確認せよ．

A Box 5.1の手続きに従うと，総価電子数は5Bが5×3，9Hが9×1電子を供給するので全部で24電子となり，5組のBH単位があるので（実際に5個の末端B—H結合があるかどうかは気にしない．n個のBがあればn個の末端B—H結合があると考える），5×2電子を差し引くと14電子，つまりSEP数は7である．八面体（6個の頂点）は$(6+1)$，つまりSEP数 = 7を必要とし，Bは5個$(6-1)$なので，これはクロソ（八面体）から1頂点欠けた正方錐構造のニドクラスターである．実際，図5.8のB_5H_9（の骨格の形）は正方錐構造である．B_4H_{10}はアラクノ（SEP数 = 7）になる．

> **例題 5.7**
>
> **Q** ウェード則を使ってB_5H_{11}の構造を推定せよ.
>
> **A** 総価電子数 $= (5 \times 3) + (11 \times 1) = 26$. 5(B—H)の(5×2)分を差し引くと 16 電子,つまり SEP 数は 8. だから構造は七つの頂点をもつ五角両錐に基づく. B は 5 個($7 - 2$)なので,B_5H_{11}はクロソの五角両錐から 2 頂点欠けたアラクノ型クラスターである. ウェード則では,どの 2 頂点が欠けるのかはわからない. 実際の構造は図 5.10 に示した通りである. ついでに表 5.1 の B_nH_{n+4} と B_nH_{n+6} が,それぞれニドとアラクノに,$[B_nH_n]^{2-}$ はクロソに,B_nH_{n+8} はヒホに分類されることを確かめよ.
>
> **図 5.10** (a)B_5H_{11}において,どの頂点(×)が欠けているかを示した五角両錐構造,(b)B_5H_{11}の構造.

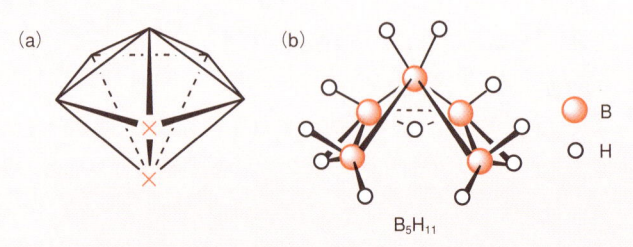

5.6.2 そのほかの 13 族元素の水素化物とアルキル化合物

B とは対照的に,B 以外の 13 族元素の水素化物は多くない. Al では安定な水素化物はポリマー状のアラン (alane) $(AlH_3)_x$ だけであり(各 Al は 6 個の架橋 H で取り囲まれている),Ga では二量体の $H_2Ga(\mu\text{-}Cl)_2GaH_2$ を $Li[GaH_4]$ と反応させるとガラン (gallane) $[GaH_3]_x$ ができるが,これは気体状態ではおもにジボラン類似の,熱的に不安定な二量体 Ga_2H_6 として存在する[1]. ガランの化学的性質はアランよりはむしろボランに似ている点が多い. これは Ga(1.8)の電気陰性度が Al(1.6)より大きく,B(2.0)に近いからである[†1]. 平均の結合エネルギーは B—H(373 kJ mol^{-1}) > Al—H(287) > Ga—H(260)である(周期を下がると一般に結合は弱くなる).

最も簡単なアルキル化合物 $B(CH_3)_3$ は単量体で(超共役),BX_3 と同じ平面三角形構造をもつが,$Al(CH_3)_3$ は Al_2Cl_6 のような二量体構造(66 ページの構造 **5.1**)である. ここで B_2H_6 の場合(図 5.6 と 5.7)に類似して,架橋の CH_3 基がそれぞれ 2 個の Al との間で三中心二電子結合している(末端の CH_3 基は通常の二中心二電子結合). 図 4.7 も参照せよ. AlR_3 は BR_3 より強いルイス酸である. Ga, In, Tl の対応するアルキル化合物は単量体であるが,次第に不安定になる.

5.6.3 13 族元素の水素化物の付加物

13 族元素の水素化物は電子不足なのでルイス酸として働き,電子供与体(ドナ

---

†1 訳者注 電気陰性度は同族では周期表の下の元素ほど小さくなるが,Ga は例外的に Al より電気陰性度が大きい. これは 4p 軌道の前に占有される 3d 軌道(3d 電子)の遮蔽能力が低いために有効核電荷が大きいからである(100 ページ訳者注 2 参照). そのため原子サイズも Al より小さくなる. 同じ第 4 周期の Ge や As でも同様の電気陰性度の逆転傾向がみられる(Ge>Si,As>P). また第 6 周期元素は占有された 4f 軌道のために,予想以上に電気陰性である(章末問題 1.1 の解答参照).

ー)によって安定化された単量体 MH₃·D(D はドナー)を生成する(結果的にオクテット則を満たす). この付加物は H₃M←:D のようにも表し,例には BH₃ の付加物がある(式 5.11).

$$B_2H_6 + 2D \longrightarrow 2BH_3 \cdot D \tag{5.11}$$

ドナー D のありふれた例としては Me₃N·GaH₃ にみられるようにアミン(たとえば Me₃N)がある.

四面体構造の MH₄⁻ イオンを含む塩はいろいろな方法で合成されるが,式(5.11)でヒドリドイオン H⁻ をドナー(ルイス塩基)としてもよい(たとえば式 5.12). テトラヒドロホウ酸(III)ナトリウム〔sodium tetrahydroborate(III)〕Na[BH₄]〔普通,**水素化ホウ素ナトリウム**(sodium borohydride)と呼ぶ〕は,ホウ酸トリメチル(5.7.1 項)と水素化ナトリウムから合成され(式 5.12),これはたとえば式(5.13)のように,カルボニル化合物の還元剤として広く用いられている.

$$B(OMe)_3 + 4NaH \longrightarrow Na[BH_4] + 3NaOMe \tag{5.12}$$
$$Me_2CO + Na[BH_4] \longrightarrow Me_2CHOH \tag{5.13}$$

水素化ホウ素ナトリウムは水に可溶であり,水中でも比較的安定なので,穏やかな還元剤としてとくに有用である. これに対して Na[AlH₄] と Li[AlH₄]〔テトラヒドロアルミン酸(III)ナトリウム/リチウム(sodium/lithium tetrahydroaluminate(III)),または**水素化アルミニウムナトリウム/リチウム**(sodium/lithium aluminium hydride)〕は水とは激しく反応する(式 5.14).

$$Na[AlH_4] + 4H_2O \longrightarrow NaOH + Al(OH)_3 + 4H_2 \tag{5.14}$$

Li[AlH₄]は,無水の AlCl₃ と水素化リチウム LiH との反応(式 5.15)によって,あるいは最近では Li 金属と Al 金属と水素とを高温で直接反応させる(式 5.16)ことによって得られている.

$$4LiH + AlCl_3 \longrightarrow Li[AlH_4] + 3LiCl \tag{5.15}$$
$$Li + Al + 2H_2 \longrightarrow Li[AlH_4] \tag{5.16}$$
$$2PhPCl_2 + Li[AlH_4] \longrightarrow 2PhPH_2 + Li[AlCl_4] \tag{5.17}$$

Li[AlH₄]は強力な還元剤で,たとえばクロロホスフィンを 1 級あるいは 2 級ホスフィンに変換する(つまり P—Cl 結合を P—H 結合に変換する)のに実験室でよく使われる(式 5.17).

例題 5.8

Q 次の反応の生成物を予想せよ.

(a) PhSiCl₃ + Li[AlH₄] ⟶

(b) Ph₂C=O + Na[BH₄] ⟶

(c) Se + Na[BH₄] ⟶

A (a) PhSiCl₃ + Li[AlH₄] ⟶ PhSiH₃(フェニルシラン)

(b) Ph₂C=O + Na[BH₄] ⟶ Ph₂CHOH(ジフェニルメタノール)

(c) Se + Na[BH₄] ⟶ NaHSe(セレン化水素化ナトリウム)と H₂Se

5.7 13族元素の酸化物,水酸化物とオキソ酸陰イオン

13族の酸化物 M_2O_3 はいずれも単体を酸素中で加熱すると得られ,これらは表5.2に示してある.13族金属の三ハロゲン化物を水溶液中で OH^- イオンと反応させると酸化物の水和物 $M_2O_3 \cdot nH_2O$ (M≠B) が生成する(6.5.1項).周期を下がると13族の酸化物は酸性酸化物から両性酸化物,さらに塩基性酸化物へと変化する.周期を下がると,その単体の金属性が増大する(電気陽性になる)からである.

同じような酸性/塩基性の傾向は14〜16族元素の酸化物にもみられる.17族は電気陰性なので,その酸化物(9.5節)はたいてい酸性酸化物である.

表5.2 13族元素の酸化物

酸化物	性質	生成エンタルピー(kJ mol^{-1})
B_2O_3	弱酸性	−1273
Al_2O_3	両性	−1675
Ga_2O_3	両性	−1089
In_2O_3	弱塩基性	−926
Tl_2O_3	塩基性,酸化性	—

酸化物の酸性/塩基性は MOH の単位を考えると理解しやすい.Mが周期の上にある電気陰性な元素であれば O との共有結合性が強く,結果的に MO—H 結合が切れて酸性を示す.逆に M が周期の下にあれば電気陽性なので O との結合はイオン結合的になり,M—OH 結合が切れて塩基性を示すと考えればよい.中間の電気陰性度の M の酸化物は両性(中間的)になる.周期表を右に進むと電気陰性になるので,両性の酸化物は下の周期で現れるようになる(対角関係).電気陰性な17族の酸化物は酸化数にもよるが,ほとんどが酸性酸化物である.逆に1族と(Beを除く)2族金属は電気陽性なので,その酸化物は塩基性である.なお,不活性電子対効果のために酸化数が2だけ低い酸化物は(電気陰性度が小さいのでOとの電気陰性度差が大きくなり)イオン結合性が増して,その元素の周期表の位置にしては塩基性的になる.たとえば Tl_2O は強塩基性である.

5.7.1 ホウ素の酸化物,水酸化物とオキソ酸陰イオン

B_2O_3 のような酸性酸化物は水に溶けて H^+ を放出する.酸性酸化物の例には CO_2, NO_2, P_4O_{10}, SO_3, Cl_2O_7 があり,水に溶けると,少なくとも一部はそれぞれ H_2CO_3, HNO_3, H_3PO_4, H_2SO_4, $HClO_4$ となって酸性を示す(6.7.1項).

酸化ホウ素 B_2O_3 は共有結合性を帯びた酸性酸化物であり,容易に加水分解してホウ酸 $B(OH)_3$ になる.これは固体状態では水素結合した層状の構造をもつ

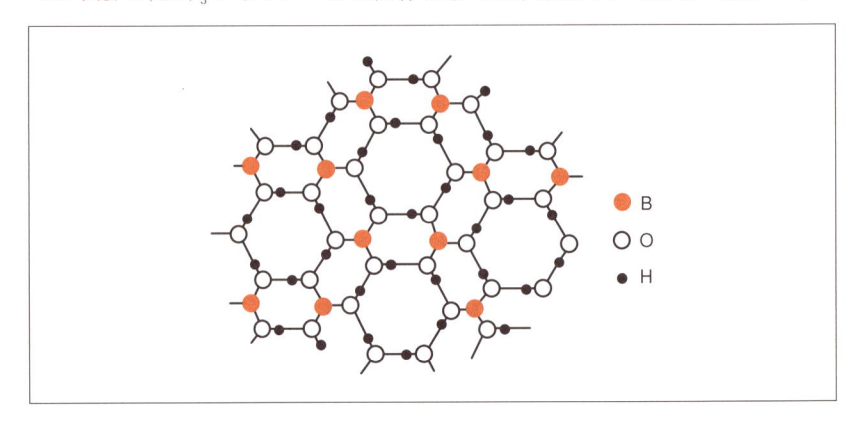

図5.11 ホウ酸 $B(OH)_3$ の水素結合を介した層状構造.

(図 5.11). ホウ酸が酸性($pK_a = 9.24$)を示すのは，式(5.18)に示すルイス酸・塩基の反応が起こるからである（$H_3BO_3 \rightleftharpoons H^+ + H_2BO_3^-$ の平衡があるのではない）．

$$B(OH)_3 + 2H_2O \rightleftharpoons [B(OH)_4]^- + H_3O^+ \tag{5.18}$$

ホウ酸はアルコールと反応して(エステル化)，たとえばホウ酸トリメチル(式5.19)を生成する．

$$B(OH)_3 + 3MeOH \longrightarrow B(OMe)_3 + 3H_2O \tag{5.19}$$

この反応はアルコールが(エタン-1,2-ジオール $HOCH_2CH_2OH$ のような)1,2-ジオールの場合には安定な五員環(**5.4**)が生成するので，とくに容易に起こる[†1]．
ホウ酸イオン(borate anion)には非常に広範な化学がある．これらの陰イオンは平面構造の BO_3 基や四面体構造の BO_4 基（あるいはその両方）の単位からなり，これらを多様に配列した多くの化合物が知られている(12.3節のケイ酸塩と比較)．よくみられるホウ酸イオンのうちのいくつかを選んで図5.12に示した．溶液中では複雑な平衡があるためいろいろな陰イオン間で相互変換する．

5.7.2 アルミニウムの酸化物，水酸化物とオキソ酸陰イオン

Al_2O_3 には二種の結晶形(変態)がある．高温型の α-Al_2O_3（これは硬い鉱物の**コランダム**として見いだされる）は，酸化物イオン O^{2-} のひずんだ六方最密格子の八面体間隙に Al^{3+} イオンが規則正しく配列された構造（八面体間隙の 2/3 を Al^{3+} が占める）であり，低温型の γ-Al_2O_3 の構造は複雑であるが，もっとすき間が多い．Alは二種の水酸化物，$AlO(OH)$ と $Al(OH)_3$ を生成する．Al_2O_3（と Ga_2O_3）

†1 訳者注 この反応ではB(OH)$_3$ + 2HOCH$_2$CH$_2$OH $\rightleftharpoons$ [B(OCH$_2$CH$_2$O)$_2$]$^-$ + H$_3$O$^+$ + 2H$_2$Oとなり，H$^+$(H$_3$O$^+$)イオンを生成する（$pK_a = 5$ 程度）．ホウ酸($pK_a = 9.24$)は弱酸すぎて直接は中和滴定できないが，このような反応を利用すると電離が 10^4 倍以上促進され，水溶液中で滴定が可能となる．

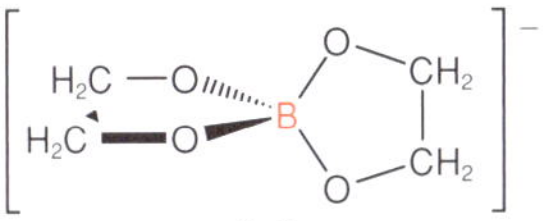

5.4

最も簡単なホウ酸イオン BO_3^{3-} は炭酸イオン CO_3^{2-} とも硝酸イオン NO_3^-，三酸化硫黄 SO_3 とも等電子である（いずれも総価電子数24で正三角形構造．なお BO_3^{3-} は電荷が大きいので，単独では存在しにくい．

Al_2O_3 を基本とする宝石には白サファイヤ，ルビー（微量の Cr^{3+} を含む），青サファイヤ（微量の Fe^{2+}，Fe^{3+} あるいは Ti^{4+} を含む）がある．なお13族元素では，複合酸化物 $A^{2+}(M^{3+})_2O_4$（スピネル類）が知られている．

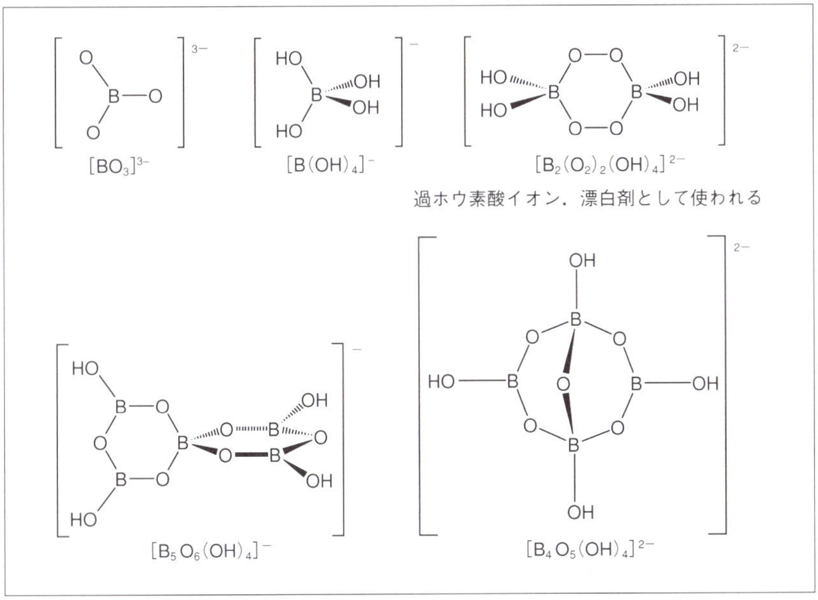

[BO_3]$^{3-}$ [$B(OH)_4$]$^-$ [$B_2(O_2)_2(OH)_4$]$^{2-}$
過ホウ素酸イオン．漂白剤として使われる

[$B_5O_6(OH)_4$]$^-$ [$B_4O_5(OH)_4$]$^{2-}$

図5.12 数種のホウ酸陰イオンの構造．

はBeOと同様に両性で(4.3節)，水酸化物の濃厚溶液に溶けて[Al(OH)$_4$]$^-$イオンを含むアルミン酸イオンの溶液になる(Beと対角関係). Gaも両性であるが，Inの酸化物は，もっとイオン結合的で弱塩基性である．

5.8 13族元素と15族および16族元素との化合物

5.8.1 13族元素とP, As, S, Se, Teとの化合物

13族元素Mを16族の硫黄，セレン，テルルの単体Eと加熱すると共有結合性を帯びたカルコゲン化物(chalcogenide)M$_2$E$_3$を与え，これらは4または6配位のM原子を含む(Al$_2$S$_3$やGa$_2$Se$_3$など). またGaS, GaSe, InSなどのME型もあり，これらには電子工業的な用途がある. 15族元素との化合物InPとガリウムヒ素GaAs(せん亜鉛鉱型構造)などは重要な半導体物質である. 13族と15族の組合せであり，平均的に14族(14族のSiやGeは半導体)に相当するのでIII-V化合物半導体と呼ばれる(12族と16族でも平均的に14族になるのでZnやCdのカルコゲン化物はII-VI化合物半導体と呼ばれる．170ページ訳者注1参照)．このような等電子的な関係をZintl関係といい，互いに類似した構造をもつことが多い(83ページ欄外の記事参照).

5.8.2 13族元素と窒素との化合物 ── ボラジンと窒化ホウ素 ──

5.6.3項で述べたようにBH$_3$は電子不足なので，Me$_3$N・BH$_3$にみられるように，さまざまなドナー配位子と付加物を生成して電子不足を解消する．そのドナーが水素化物である場合には水素H$_2$の脱離も起こりうる．たとえばB$_2$H$_6$とNH$_3$との反応では期待通り最初はH$_3$N・BH$_3$が生成するが，室温にまで温めるとH$_2$が脱離して**5.5**に示す環状のボラジン(borazine)B$_3$N$_3$H$_6$に変化する．ボラジンは**5.6**に示すベンゼンC$_6$H$_6$と等電子で，電子的に非局在化した構造をもち，B—N結合距離はすべて同じ(144 pm)である．しかし，ボラジンでは電気陰性なN原子はδ−に，電気陽性なB原子はδ+に分極しているので，反応性はベンゼンとは異なる．ボラジンを無機ベンゼンと呼ぶこともあるが，ボラジンの記述としては必ずしも適当な言葉ではない．

このタイプのボラジンには，BやN上にいろいろな置換基をもつ多くの誘導体がある．たとえばNH$_4$ClとBCl$_3$を反応させると**5.7**に示すボラジンの誘導体B,B,B-トリクロロボラジンB$_3$N$_3$H$_3$Cl$_3$ができる(式5.20).

$$3\text{NH}_4\text{Cl} + 3\text{BCl}_3 \longrightarrow \text{B}_3\text{N}_3\text{H}_3\text{Cl}_3 + 9\text{HCl} \tag{5.20}$$

ボラジンがベンゼンと等電子であるのと同様に，窒化ホウ素(boron nitride) BNは炭素と等電子である(Zintl関係．83ページ欄外の記事参照)．だから炭素もBNもダイヤモンド型とグラファイト型の構造をとる[†1]．BNのグラファイト型構造(図5.13)では，六角平面のB$_3$N$_3$からなる層があり(B—N結合距離はボ

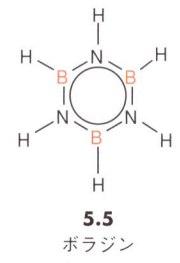

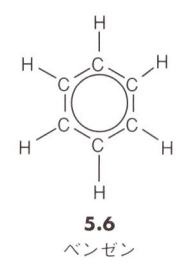

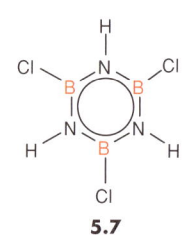

5.5 ボラジン

5.6 ベンゼン

5.7 B,B,B-トリクロロボラジン

†1 訳者注　グラファイト型構造のBNはB$_2$O$_3$とNH$_3$とを1200℃で加熱すると得られ，グラファイトとは違って無色の絶縁体である．高温・高圧にするとダイヤモンド型(せん亜鉛鉱型)に変化する．

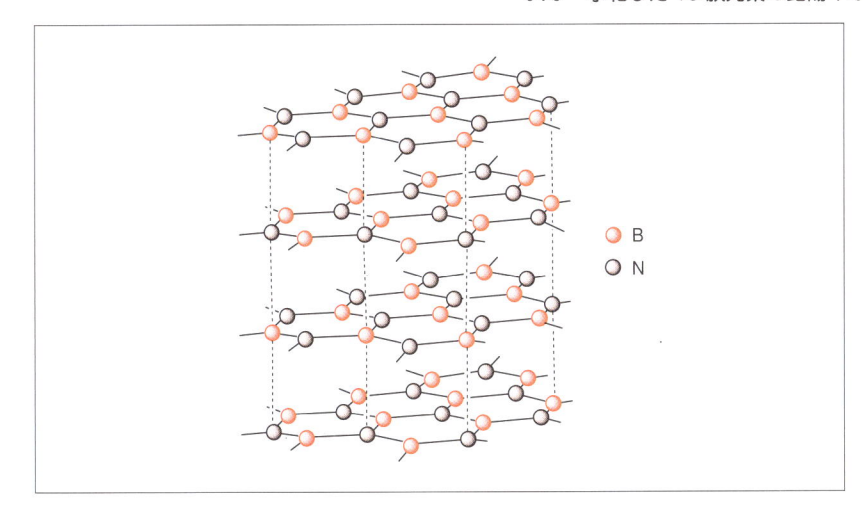

図 5.13 窒化ホウ素 BN の層状構造．B⋯N⋯B⋯N となるよう，N と B とが交互に，上下に位置するよう層が重なっている．

ラジンとほぼ同じ）．これらの層は，$B^{\delta+}$ 原子と $N^{\delta-}$ 原子とが互いにちょうど上下に位置するように重なっている．この構造はグラファイト（図6.1）やボラジン自身にみられる互い違いの（原子の真上に原子が位置しない）配列とは対照的である．なお，ウルツ鉱型構造の AlN，GaN，InN や，13族元素と P や As との対応する化合物（せん亜鉛鉱型構造）も知られている．これらはすでに述べたように III-V 化合物半導体としての用途がある．

例題 5.9

Q ボラジンは3等量の HCl と反応して $B_3N_3H_9Cl_3$ の組成をもつ化合物を与える．
(a) 生成物の構造はどのようなものか．
(b) ボラジンと等電子のベンゼンは HCl とはどのように反応するか．

A (a) ボラジン $B_3N_3H_6$ の B—N 結合は $B^{\delta+}$—$N^{\delta-}$ のように分極している．この生成物はボラジンに 3 mol の HCl が付加して生成する．このときプロトン H^+ は部分的に負に帯電した N 原子に付加する可能性が高い．だから生成物は **5.8** であり，飽和した環状構造をもつ．
(b) ベンゼンは HCl とは反応しない．このことは，これら二つの化合物は形式的に等電子ではあるが，両者には相当の相違があることを示唆する．

5.8
$B_3N_3H_9Cl_3$

5.9 水和した 13 族元素の錯陽イオンとこれに関連した錯体

$B^{3+}_{(aq)}$ イオンは極端に高い分極能をもつので，そのままでは存在できない（強く加水分解してポリマー状になる）．しかし，周期の下の $[Al(H_2O)_6]^{3+}$ 陽イオンを含む塩としてはカリウムミョウバン $KAl(SO_4)_2 \cdot 12H_2O$ のようなものが知られ

[Be(H$_2$O)$_4$]$^{2+}$ の挙動と比較せよ(4.3節). 酸性雨によって池や湖の pH が下がると，式(5.21)中の化学種が OH 架橋によって寄り集まりコロイドが生じる. これが浮遊物を吸着して沈殿するので，湖や池の透明度が異常に上がる.

ている. 水溶液中では[Al(H$_2$O)$_6$]$^{3+}$ 陽イオンは加水分解によって配位した水分子からプロトンが脱離(酸解離)する傾向を示す(式5.21, pK_{a1} = 5.1).

$$[Al(H_2O)_6]^{3+} \rightleftharpoons [Al(H_2O)_5(OH)]^{2+} + H^+$$
$$\rightleftharpoons [Al(H_2O)_4(OH)_2]^+ + H^+ \rightleftharpoons [Al(H_2O)_3(OH)_3] + H^+ \quad (5.21)$$

Ga と In の水和イオン[M(H$_2$O)$_6$]$^{3+}$ の挙動は Al の場合に似ているが(pK_a はそれぞれ 2.9 と 4.4), ハロゲン化物イオンやアルコキシドのような適当な配位子が存在すれば，これらは錯体を生成する傾向がもっと強い(たとえば式5.22).

$$[In(H_2O)_6]^{3+} + 5\,Cl^- \longrightarrow [InCl_5]^{2-} + 6\,H_2O \quad (5.22)$$

[InCl$_5$]$^{2-}$ は中心原子周りが10電子になる超原子価化合物であり，そのほかにアセチルアセトン(acac)や8-ヒドロキシキノリンが陰イオンとして3個キレート配位した八面体型の中性錯体や，edta の錯体も知られている(章末問題5.8の解答参照). これらの錯体の結合は静電引力と s, p 軌道と配位子の軌道との重なり(多中心結合)によって保持されている.

この章のまとめ

1. Al から Tl までは電気陰性度が低いので金属である. 一方，B は亜金属的なところもあるが非金属である. 13族化合物の性質は周期を下がると段階的に変化する. たとえば酸化物については，B$_2$O$_3$ は酸性酸化物，Al$_2$O$_3$ と Ga$_2$O$_3$ は両性酸化物，In$_2$O$_3$ は塩基性酸化物である.
2. この族では +3 の酸化数が優勢であるが，+1 の酸化数が安定になる(とくに Tl について)という不活性電子対効果がこの族で現れはじめる.
3. B は共有結合を好むが，電子不足なのでクラスター化合物を生成する. これらのクラスターの形は価電子数の単純な計算(ウェード則)によって合理的に解釈される.

章末問題

5.1 酸化数が形式的に +1 である B, Al, Tl を含む化合物の例をあげよ.
5.2 次の X が，それぞれ何であるかを特定せよ.
(a) X は平面構造の XCl$_3$ を生成する.
(b) X の酸化物は両性である.
(c) XF$_3$ に F$^-$ を付加すると XF$_4^-$ のみを生成する.
(d) X は低い融点をもち，その水素化物 X$_2$H$_6$ は最近合成された.
(e) 塩化物 XCl$_3$ は酸化力があるが，XCl は安定で水には不溶である.

5.3 次の語句を説明せよ．
(a) 不活性電子対効果, (b) 両性酸化物

5.4 次の反応の生成物を予想し，反応式を完成せよ．
(a) $BBr_3 + H_2O \longrightarrow$
(b) $BCl_3 + Me_4N^+ Cl^- \longrightarrow$
(c) $Ph_2PCl + Li[AlH_4] \longrightarrow$

5.5 AlF_3 は高い融点(1290℃)をもつ固体であるが，$AlBr_3$ は低い融点(98℃)をもち，ベンゼンによく溶ける．これらの理由を述べよ．

5.6 以下について一つずつ例をあげよ．
(a) 電子不足の化合物, (b) ドナー-アクセプター錯体

5.7 ウェード則を使って，次のボランクラスターの構造を推定せよ．
(a) $[B_6H_6]^{2-}$, (b) $B_{10}C_2H_{11}$, (c) B_4H_{10}

5.8 $Al(NO_3)_3$ の水溶液は酸性であるが，$TlNO_3$ の水溶液は酸性ではない．なぜか．

5.9 Mg 金属を用いて B_2O_3 を還元すると，無定形のホウ素が得られる(5.2節)．この反応の反応式を書け．

5.10 次の反応(b)と(c)の反応式を完成し，13族化合物 $LiBH_4$, B_4H_{10}, $B_{10}H_{14}$ を過剰の酸素存在下で完全燃焼させたときに発生するエネルギー($kJ\ mol^{-1}$)を比較せよ．ただし $\Delta_f H°$ の値($kJ\ mol^{-1}$)は $LiBH_4$(−189), B_2O_3(−1273), Li_2O(−598), $H_2O_{(l)}$(−286), B_4H_{10}(+66), $B_{10}H_{14}$(+32)である．
(a) $2\ LiBH_4 + 4\ O_2 \longrightarrow Li_2O + B_2O_3 + 4\ H_2O$
(b) $B_4H_{10} + O_2 \longrightarrow$
(c) $B_{10}H_{14} + O_2 \longrightarrow$

参考文献

1) C. R. Pulham, A. J. Downs, M. J. Goode, D. W. Rankin, H. E. Robertson, *J. Am. Chem. Soc.*, **113**, 5149(1991).

さらなる学習のために

C. E. Housecroft, "Boranes and metalloboranes: structure, bonding, and reactivity," Ellis Horwood, Chichester(1990).

A. J. Downs ed., "Chemistry of aluminium, gallium, indium, and thallium," Blackie, London(1993).

J. Glaser, *Adv. Inorg. Chem.*, **43**, 1(1995).

W. Uhl, *Angew. Chem., Int. Ed. Engl.*, **32**, 1386(1993).

J. A. Morrison, *Chem. Rev.*, **91**, 35(1991).

N. N. Greenwood, *Chem. Soc. Rev.*, **21**, 49(1992).

A. J. Downs, C. R. Pulham, *Chem. Soc. Rev.*, **23**, 175(1994).

A. J. Downs, C. R. Pulham, *Adv. Inorg. Chem.*, **41**, 171(1994).

T. P. Fehlner, *Adv. Inorg. Chem.*, **35**, 199(1990).

6章 14族元素
― 炭素, ケイ素, ゲルマニウム, スズと鉛 ―

この章の目的

この章では,以下の三つの項目について理解する.
- 14族元素間での化学的性質の周期的な変化と,隣の族の元素との相違
- C—C結合をもつ化合物が安定で豊富に存在すること
- 炭素化合物におけるπ結合の重要性

6.1 序論と酸化数の概観

　1族元素と2族元素を含めると,14族元素(電子配置はns^2np^2)は典型元素の中央に位置し,最も軽い炭素(典型的な非金属)から最も重い鉛(典型的な典型金属)までにみられるように,性質の大きな相違を示す.この族の酸化数は+4であり,CとSiではこの酸化数は重要で安定な酸化数である.ただし炭化水素ではCの酸化数は形式上,負になる.これらの化合物は熱力学的には不安定であるが(速度論的にある程度安定だから存在できる),有機化学が扱うきわめて重要な化合物群である.Geでは+4の酸化数が優勢ではあるが,GeI_2のような+2の酸化数の化合物も安定である.Snには+4と+2の酸化数の化合物があり,いずれも安定である.ただしSn^{2+}は還元性を示す.ところがPbでは+4の状態は一般に酸化力があり,+2の状態のほうが安定である(不活性電子対効果).たとえばPbO_2のような+4のPbの化合物は強力な酸化剤である(CO_2やSiO_2には酸化力はない).PbOとPbO_2とからなると形式的にみなせる赤色のPb_3O_4(鉛丹)も知られている(例題6.5).

　14族元素はns^2np^2の電子配置をもつので,14族元素はすべて2個のp軌道を使って2個の結合を生成すると期待するかもしれない.ns^2から1電子を空のnp軌道に移すには昇位エネルギー(promotion energy)が必要であり,昇位するとその原子はns^1np^3配置となって4個の結合をすることができる.炭素と(少し程度は少ないが)ケイ素では相手との強い共有結合生成によって多くのエネ

このような酸化数の安定性の傾向(不活性電子対効果)は 13 族元素(酸化数+1 と+3)と 15 族元素(酸化数+3 と+5)での傾向と同じである(62 ページ欄外の記事参照).16 族の最初の O では+2 の酸化数が最大で,S 以降は+6 までの酸化数をとるが,周期を下がるとやはり高い酸化数は不安定になる(とくに Se と Po).

カートネーションとは,同じ原子が環状または鎖状につながることであり,炭素について,硫黄が長い鎖をもつ化合物を多く与える.

平均の(単)結合エネルギー
($kJ\ mol^{-1}$)

C—C	+346
Si—Si	+226
Ge—Ge	+188
N—N	+158
P—P	+200[a]
As—As	+175
O—O	+142
S—S	+266[b]
Se—Se	+172
F—F	+158
Cl—Cl	+242
Br—Br	+193

a) ひずんだ P_4 からの値であり,$Cl_2P—PCl_2$ では 240 $kJ\ mol^{-1}$ 程度.
b) H_2S_2 からの値であり,S_8 からでは 226 $kJ\ mol^{-1}$(例題 8.2).

同素体は同じ元素からなる単体で異なる構造をもつ(したがって結合も異なる)ものであり,同素体のもう一つの例にはオゾン O_3 と二酸素 O_2 がある.多形体(polymorph)とは同じ元素(または化合物)が異なった結晶形をもつ場合のことで,たとえば S_8 には斜方晶系の α-S_8 と単斜晶系の β-S_8 とがある(8.2.2 項).これは変態(modification)の一種でもある(SiO_2 の変態については 6.7.2 項参照).

ギーが発生するので,この昇位エネルギーがまかなえる.だからこれらの元素では 4 価の状態が安定である.ところが重い元素(Ge,Sn,Pb)では結合エネルギーが小さいので(軌道間の重なりが悪い),四つの結合を生成しても+4 価の状態を安定化するだけのエネルギーが供給できない.その結果,Pb と(程度は劣るが)Sn では+2 価の状態が安定になるのである(不活性電子対効果).

14 族元素の化学的特徴のうちで非常に重要なものはカートネーション(catenation)である.つまり,C—C 結合でつながった炭素化合物は莫大な数知られている.14 族の周期を下がると結合エネルギーが減少し,+2 の酸化数が相対的に安定になるので,カートネーションは次第に起こりにくくなる(15,16,17 族元素の傾向との相違に注意;例題 6.1,p.101,p.119,p.153 参照).

例題 6.1

Q 強い C—C 結合の安定性に寄与する因子は何か.

A C は中間的な電気陰性度(2.5)をもつので,電子を共有することによって同核どうしで結合を生成しやすい(これに対して金属のように電気陽性な元素は陽イオンを生成しやすく,F,O,Cl のような電気陰性な元素は陰イオンを生成しやすい).炭素はサイズが小さく,共有結合生成における軌道の重なりが非常によいので,C—C 共有結合は相当強い(C—C 単結合は 346,二重結合は 598,三重結合は 813 $kJ\ mol^{-1}$ の結合エネルギーをもつ).また C では一般に孤立電子対がないので,その電子対間の反発はない.その他の同核原子間の結合エネルギーの一部を左に表として示してある.N や O のような第 2 周期元素では,その孤立電子対間反発のために単結合は弱く,カートネーションの傾向はほとんど示さない(B はこれを示し,多くのクラスター化合物が知られている).第 3 周期の P や S では孤立電子対間の反発が弱められるのでカートネーションする.

6.2 14 族元素の単体

6.2.1 炭素

炭素(carbon)C の重要な供給源は石炭と原油である.天然ガスの埋蔵量も相当あり,これはおもにメタン CH_4 である.炭素の同位体には ^{12}C(98.89%)と ^{13}C(1.11%)がある.炭素の単体にはいくつかの同素体(allotrope)があり,これらは非常に異なった構造と性質をもっている.最近までは炭素の同素体には二種の結晶形,つまりダイヤモンドとグラファイトが知られていた〔すすのような無定形(非晶質)の炭素も多く知られている〕.窒化ホウ素 BN も C と等電子なので,両方の構造をもつ(5.8.2 項).

グラファイト(graphite．黒鉛ともいう)では炭素原子が，縮合した平面状の六員環からなる層を形成している(図6.1)．各炭素原子はsp^2混成軌道を使って層内の他の炭素と結合し，残ったp_z軌道は層全体に広く非局在化したπ電子系をなしていて，価電子帯(占有)と伝導帯(非占有)間にエネルギー差(バンドギャップという)がない．だから広い範囲の波長の光を吸収し(黒色)，非金属にしては例外的に導電性をもつ．隣接層間距離は335.4 pmであり層間の相互作用は弱いので，グラファイトの層は互いに容易に滑る(だからモーターのブラシに使われる)．このグラファイト型構造は14族元素のなかでは炭素だけにみられる特異な構造である．なぜならC上のp_z軌道は集中しているので有効に重なって非局在化したπ電子系をつくることができるが，下の周期の元素では軌道の重なりが悪くなり，このような構造では有効なπ型の重なりができないからである．だからSiとGe(とα-Sn)はσ結合の数が多いダイヤモンド型構造(後出)をとる．

窒化ホウ素BNは炭素と等電子であり，グラファイト型とダイヤモンド型の二つの構造をとる(5.8.2項)．N(15族)とB(13族)の平均がC(14族)になるからである(Zintl関係)．また11.5節で述べるZnSなどは12族と16族元素からなるので，やはり14族と等電子になり，ZnとSがダイヤモンド型構造のCの位置を交互に占めた，せん亜鉛鉱型構造をとる．なお2族と16族元素の化合物BeSも同じ構造だが，BeOはウルツ鉱型である．そのほかのMO，MSはNaCl型である．

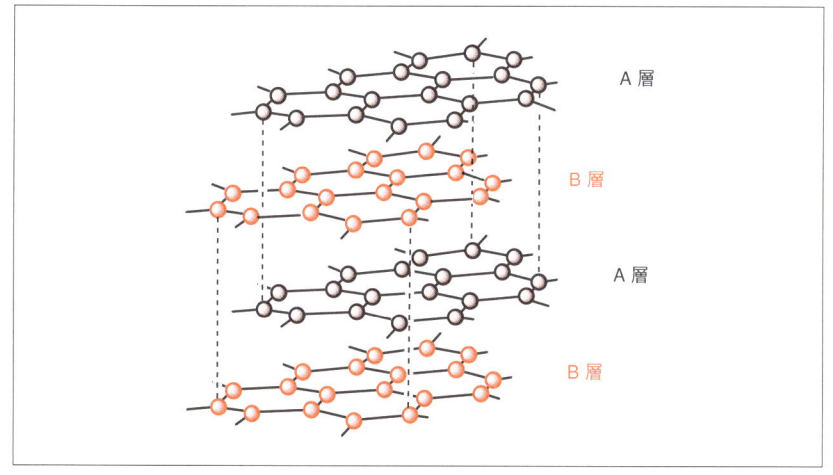

図6.1 グラファイトの構造．交互に層が重なっていることを示している(ある炭素原子の真上や真下に炭素原子は位置していない)．

これとは対照的に，ダイヤモンド(diamond)は四面体配位の炭素からなる無限の三次元網目構造をもち，炭素間は強い共有結合で結ばれている(図6.2)．だからダイヤモンドは既知物質のうちで最も高い硬度をもつ(同じ構造で等電子のBNもSiCも高い硬度をもつ)[†1]．また，グラファイトとは違って導電性はない．

[†1] 訳者注　固体物質の硬さの尺度にモース硬度がある．軟らかいほうの滑石(talc．12.3.4項)の硬度を1，硬いほうのダイヤモンドの硬度を10とし，そのほかに八種の基準物質が選んである．BNは約10，Bは9.5，SiC(商品名カーボランダム)は9.3，α-Al_2O_3(コランダム)は9(SiCとAl_2O_3は研磨剤として使われる)，水晶SiO_2は7，Siは7，蛍石CaF_2は4の硬度をもつ．

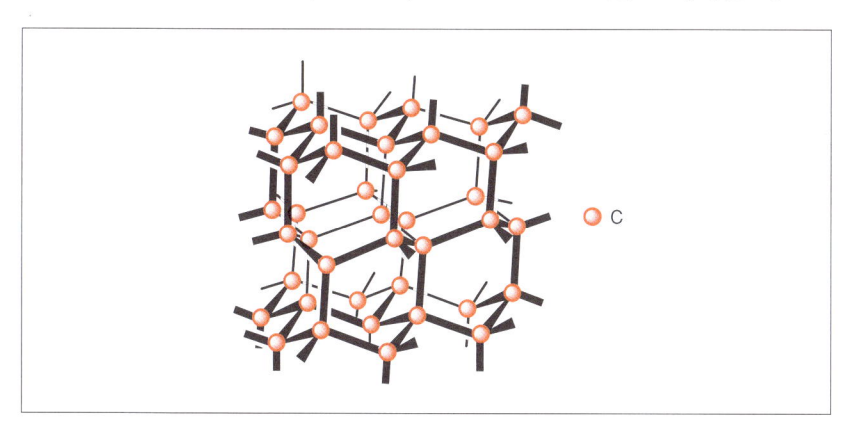

図6.2 ダイヤモンドの三次元網目構造．

フラーレンとナノチューブはヘリウム雰囲気下で，2個のグラファイトの電極間に電気火花を飛ばすことで得られる．

図6.3 バックミンスターフラーレン C_{60} の構造．この分子は炭素原子からなる五角形と六角形とから構成され，サッカーボールの構造と同じである．C_{60} は半径 350 pm の空洞をもち，このなかに金属を取り込んだ内包フラーレン錯体も知られている．たとえば La@C_{60} は [La^{3+}@C_{60}^{3-}] と表されるべきもので，@は La が C_{60} の空洞内にあることを示す．M@C_{82} や，二つの金属が取り込まれた [YLa@C_{80}] もある．

最近 フラーレン (fullerene) とよばれる炭素の新しい分子性の同素体の研究が活発に行われている．最初に発見された C_{60} がその代表であり，図6.3にその構造を示す[1]．これと類似の多くの化合物があり，測地線ドームの設計をした建築家 R. Buckminster Fuller 氏にちなんで Buckminsterfullerene または buckyball とも呼ばれる．さらに，グラファイト様の筒 (tube) の両端がフラーレンの半球でふたされた，いわゆるカーボンナノチューブあるいは buckytube もある．

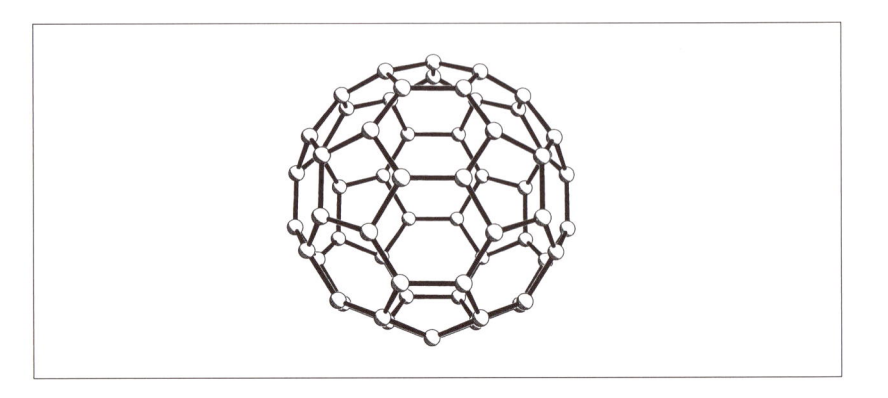

例題 6.2

Q ダイヤモンドとグラファイトの融点は 3550℃ より高いが，C_{60} は 450℃ から 500℃ で昇華する．この理由を述べよ．

A C_{60} は分子性の物質であるから，これを固体状態から気体状態にするには比較的弱い分子間力を壊せばよい（C_{60} の分子内での原子間結合は相当強い）．これに比べ，ダイヤモンドとグラファイトは強い C—C 結合からできたポリマー構造をもっている（14族の C は 4 個の原子価軌道と 4 個の価電子をもつので，生成する価電子帯が過不足なく電子で占有され，しかも第 2 周期元素なので結合が相当強い）．ダイヤモンドやグラファイトを融解するにはこれらの強い C—C 結合の一部を切断する必要がある．そのためには多くのエネルギーがいる．つまり融点が高い（典型元素中で最高であり，遷移金属では W の融点が 3380℃ で最高）．

6.2.2 ケイ素とゲルマニウム

ケイ素 (silicon) Si は地殻中では（酸素についで）二番目に多く存在する元素であり，SiO_2 やケイ酸塩の鉱物として存在する．ゲルマニウム (germanium) Ge は 14族元素のなかでは最も量が少ない元素で，亜鉛や銀の鉱石中や，ばい煙やある種の石炭の灰にも微量存在する．Si と Ge の単体はダイヤモンド型構造をとるが（図6.2），金属光沢をもち，ダイヤモンドとは違って価電子帯と伝導帯間の

エネルギー差(バンドギャップ)が小さいので半導体としての用途がある(結合が強いダイヤモンドではバンドギャップが大きいので導電性がない).

6.2.3 スズと鉛

スズ(tin)Sn は天然ではスズ石(cassiterite)SnO_2 という鉱物として存在し，これを還元して金属スズを得る(例題 6.4)．Sn は亜金属と金属の中間であり，金属的な白色の β-スズ(正方晶，室温で安定)とダイヤモンド型構造の灰色の α-スズ(低温型)などの同素体がある．

鉛(lead．レッドと読む)Pb のおもな鉱石は方鉛鉱(galena)PbS(軟らかい酸・塩基の組合せ)で，これを空気中で焙焼してできる酸化鉛 PbO を衝風炉中で CO を使って金属に還元する．鉛(立方最密構造)は典型的な重金属である．

6.3 14 族元素の単体の化学的性質

14 族元素はすべて，かなり反応不活性である．Sn と Pb は酸化力のある多くの酸にも酸化力のない酸にも溶ける．一方，Si と Ge は酸に対して割合不活性で，HF とのみ反応する．14 族元素はすべて，ハロゲン X_2 に対して反応活性である．

ダイヤモンドはとくに不活性で，炭素の他の同素体のほうが反応しやすい．グラファイト(黒鉛)には広範な化学があり，その非局在化した π 電子系が破壊されているかどうかによって折れ曲がった層(図 6.4)または平面構造の層をもつ二つのタイプの生成物がある．たとえばグラファイトを 400 ℃ で F_2 と反応させると，フッ化グラファイト $(CF_x)_n$ が生成する．これは $x=1$ のとき無色である．$(CF)_n$ に可能な構造のうちの一つが図 6.4 に示してあり，シクロヘキサン骨格が縮合したような構造になっている．各炭素原子は層の末端を除けば(末端は恐らく CF_2 であろう)，1 個の F と結合している．このようなフッ素化によってグラファイトの層間距離はかなり広がり，非局在化した電子は存在しなくなるので導電性もなくなる(各層はグラファイトとは違って，各原子がちょうど真上と真

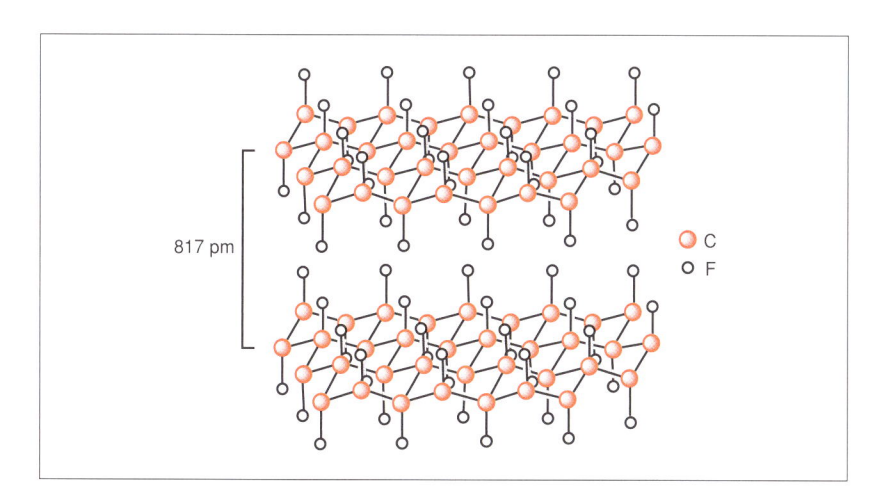

図 6.4 フッ化グラファイト$(CF)_n$ に対して提案されている構造．

下にくるように重なっている)．グラファイトは濃硝酸/硫酸で部分酸化できる．

もう一つのグラファイトの化合物は平面状のグラファイト層をもつ層間化合物(intercalation compound)である．これはアルカリ金属のような還元剤とグラファイトとを反応させたときに生成する．たとえば式(6.1)のようにKと反応させるとKC_8(青銅色)ができる(導電性はむしろ増大し，還元剤として働く)[2]．

$$8\,C(\text{グラファイト}) + K_{(g)} \longrightarrow KC_{8(s)} \tag{6.1}$$

この化合物(と関連化合物)ではアルカリ金属原子を収容するために層間距離が広がって(KC_8では540 pmまで)，C_6—M—C_6のサンドイッチ構造になっている．KC_8ではCとKの層が交互に重なっているが(図6.5．この場合もグラファイト層は隣の層とは同じ原子の上下に位置するようになっている)，Kが少ない化合物(たとえばKC_{24})ではKの層が炭素の二層ごとに挿入されている(K層が挿入されていないグラファイト層間では両者は互い違いに重なっている)．グラファイトとBr_2を反応させるとBrが層間に挿入した類似構造のC_8Brや$C_{12}Br$が生成する．

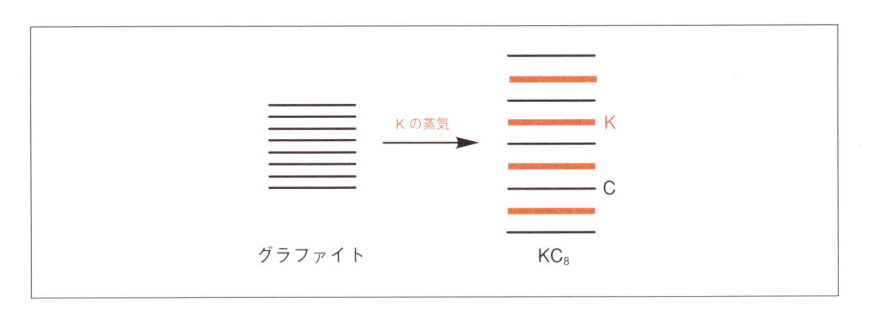

図6.5 平面状のグラファイト層をもったKC_8の生成と層状構造．

EH$_4$の平均のE—H結合エネルギー($kJ\,mol^{-1}$)について示しておく．CH_4(416)，SiH_4(323.5)，GeH_4(289.5)，SnH_4(253)，PbH_4(—)．周期を下がるにつれて軌道間の重なりが悪くなるので，一般的傾向に一致してE—H結合は弱くなる(生成エンタルピーについては章末問題6.4をみよ)．

6.4　14族元素の水素化物と有機金属化合物

メタン(methane)CH_4は炭素の最も簡単な水素化物である．他の(サイズの大きい)14族元素の水素化物MH_4は水素原子とのサイズが違いすぎるので不安定である(Hとの結合が弱い)．シラン(silane)SiH_4，ゲルマン(germane)GeH_4，スタナン(stannane)SnH_4はみな知られているが($\Delta_f H°$は章末問題6.4参照)，プランバン(plumbane)PbH_4は非常に不安定で，その化学的性質はほとんど知られていない．水素化物とその有機誘導体(単なる水素化物より一般に安定)の一般的合成法は式(6.2)〜(6.4)に示すように，Li[AlH_4]のような水素化物を使う．

$$SiCl_4 + LiAlH_4 \longrightarrow SiH_4 + LiAlCl_4 \tag{6.2}$$

$$GeO_2 + LiAlH_4 \longrightarrow GeH_4 + LiAlO_2 \tag{6.3}$$

$$4\,PhSiCl_3 + 3\,LiAlH_4 \longrightarrow 4\,PhSiH_3 + 3\,LiAlCl_4 \tag{6.4}$$

長い炭素鎖の水素化物とその誘導体の化学的性質は有機化学の分野で取り扱われ

るので，ここではこれら重要な化合物については，2個以上の炭素間で強い結合をもった長い鎖状の化合物が生成する傾向があり（カートネーション），そのために非常に多様で，速度論的に安定な有機化合物が存在する，ということを強調しておくだけにする．長い鎖状の化合物の安定性は14族の重い元素では著しく低下する．たとえば，Si ではポリシランは $Si_{10}H_{22}$ までが知られており，Ge では Ge_9H_{20} までのポリゲルマンがある．ところが Sn では Sn_2H_6 しか知られていない．シラン SiR_4 やゲルマン GeR_4 では，炭化水素の場合と同様に，いろいろな枝分れした鎖をもつ異性体も知られている．

炭化水素は，空気中では熱力学的に不安定であり，火花のような適当な反応開始剤があれば炭化水素と空気の混合物は発火する．たとえばオクタン（燃料）では $2C_8H_{18} + 25O_2 \rightarrow 16CO_2 + 18H_2O +$ エネルギー ($\Delta H = -10940$ kJ) となる．

例題 6.3

Q Ge_5H_{12} にはいくつの異性体が可能か．

A 直鎖と枝分れした異性体がある．

水素原子は省略してある

Si，Ge，Sn，Pb については多くのアルキル化物とアリール化物が合成されている．たとえば Me_3SnCl と Et_4Pb などがあるが，後者はガソリンに加えるアンチノック剤として使われてきたという歴史がある（現在では，その使用は禁止されている）．

炭素では二重結合（C＝C，C＝O，C＝N など）や三重結合（C≡C，C≡N，C≡O など）をもった化合物はよく知られているが，重い14族元素では対応する多重結合をもつ化合物はまれで，これらを（速度論的に）安定化するにはかさ高い有機置換基を導入する必要がある．実際，Si＝Si，Ge＝Ge，Sn＝Sn，Pb＝Pb の二重結合をもつ化合物はすべて知られており（無論，Si＝C や Ge＝C の二重結合をもつ化合物や，ベンゼンの C が1個だけ Si で置き換わったシラベンゼンなども既知である）[3]，最後のもの（Pb＝Pb）は最近合成された[4]†1．重い p ブロック元素間の多重結合が不安定なのは，おもに軌道間の重なりが悪いからである（C—C は 346，C＝C は 598 kJ mol^{-1} の結合エネルギーをもつが，Si—Si は 226，Si＝Si は 315，Ge—Ge は 188，Ge＝Ge は 272 kJ mol^{-1} である）．また C と第3周期元素との二重結合の安定性は C＝Si＜C＝P＜C＝S の順である．電気陰性な元素の p 軌道が集中しているからである．Si≡Si の化合物は未知のようであるが，Ge≡Ge と Sn≡Sn については理論的および実験的報告が最近なされている．

Pb と Pb の間に二重結合をもつ化合物の最初の例（平面構造ではない）

[†1] 訳者注 $R_2E=ER_2$ （E = Ge，Sn，Pb）は $R_2C=CR_2$ や $R_2Si=SiR_2$ とは違って，E の一つの占有 sp^2 混成軌道が隣の E の空の p 軌道と重なるように，トランス形に折れ曲がった非平面構造のアンチ形の配座をとる．s と p 軌道のエネルギー差が大きく〔章末問題5.3(a)の解答参照〕混成しにくくなるからである（一重項の R_2E が三重項より相当安定になる）．

6.5 14族元素のハロゲン化物

6.5.1 四ハロゲン化物

14族元素の四ハロゲン化物 EX_4 は PbI_4 以外はすべて存在する．Pb(IV)は強い酸化剤なので還元性の I^- とは共存できないからである（$PbI_4 \longrightarrow PbI_2 + I_2$ となる）．$PbBr_4$ も同じ理由で熱的に非常に不安定である[†1]．四ハロゲン化物は単体どうしを直接反応させるか（式6.5），ときには二ハロゲン化物を介するか（式6.6），あるいは酸化物を HX で処理する（式6.7）ことによってつくることができる．

$$Si + 2Cl_2 \longrightarrow SiCl_4, \quad \Delta H° = -687 \text{ kJ} \tag{6.5}$$

$$Sn + 2I_2 \longrightarrow SnI_2 \longrightarrow SnI_4 \tag{6.6}$$

$$GeO_2 + 4HBr \longrightarrow GeBr_4 + 2H_2O \tag{6.7}$$

ほとんどの EX_4 化合物は，四面体構造の分子で極性がないので揮発性が高い．しかし，Sn と Pb のフッ化物（SnF_4 と PbF_4）は F 架橋の八面体 MF_6 単位（6配位）からなるポリマー構造の固体で（サイズが大きくなるので大きい配位数をとる），その結合にはかなりイオン結合性がある．この傾向は他の p ブロックの化合物でみられた傾向と一致する．すなわち，13族では BF_3 は分子性（3配位），AlF_3 と GaF_3（6配位）はポリマー状，15族では NF_3，PF_3，AsF_3 は分子性（孤立電子対を含めると4配位），SbF_3 は固体でひずんだ6配位，BiF_3（9配位）はイオン結合性である[†2]．このようなポリマー状の化合物を生成する場合には，14族の大きな元素も配位数を増大する．

Si, Ge, Sn, Pb の四ハロゲン化物 EX_4 は電子供与体（ドナー）D と配位結合性の錯体（付加物）$EX_4 \cdot D$（三角両錐構造）と $EX_4 \cdot 2D$（八面体構造）を生成する．ドナーはエーテルやピリジンのような中性の配位子でも，ハロゲン化物イオンのような陰イオン性配位子でもよい．たとえば $SnCl_4$ に Cl^- を加えると $SnCl_5^-$ と $SnCl_6^{2-}$ を生成する[†3]．また SiF_6^{2-} や $[SiCl_4(py)_2]$，$[M(ox)_3]^{2-}$ や $[M(acac)_3]^+$（ox はシュウ酸イオン，acac$^-$ はアセチルアセトンイオン）のような錯体も知られている（これらも中心原子周りが形式的にオクテットを超える**超原子価化合物**である）．これに対して C では，そのサイズが小さいので配位数が4を超えることはない（オクテットを超えない）．

E—H 結合エネルギーは 6.4 節で述べたように C—H > Si—H > Ge—H > Sn—H の順であり，C—X 結合エネルギーも C—F > C—Cl > C—Br > C—I の順である（軌道間の重なりが悪くなるから）．しかし，E—X 結合については C—X < Si—X > Ge—X（X = F，Cl，Br）の順である．E—X 間には E = C 以外では σ 結合に加えて X の占有 p 軌道（π ドナー性の軌道）から E の空軌道（σ* 反結合性軌道）への π 供与結合があるからである．E—O 結合についても同様である（97ページ訳者注3も参照せよ）．

---

†1 訳者注　一般に高い酸化数を安定化するためには，酸化されにくく，相手との結合が強い F や O の化合物にすればよい．分解することによって生成する F と F や O と O の間の結合が電子対間反発のために弱いことも，高酸化数のフッ化物や酸化物が還元的脱離を起こしにくい熱力学的原因である．138ページ訳者注1と10.3節も参照せよ．

†2 訳者注　周期を下がると分子内の共有結合的相互作用が弱くなり，逆に分子間での相互作用が強くなる．またサイズも大きくなるので，配位数（原子価）を拡張できる．こうして分子内と分子間の相互作用の区別が次第になくなり，ついにはポリマー状の固体になると考えればよい．

SnX_4 に X^- が付加して生成する付加物（配位錯体）

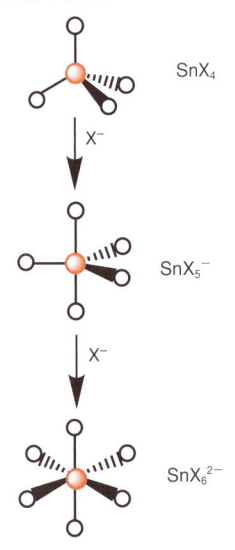

†3 訳者注　次ページに示す．

Si, Ge, Sn, Pb の四ハロゲン化物 EX_4 は容易に加水分解して水和二酸化物 $EO_2 \cdot nH_2O$（SiF_4 は例外で $F_3Si\text{—}O\text{—}SiF_3$ が主生成物）になる（式 6.8）。$SnO_2 \cdot 4H_2O$ が $H_2[Sn(OH)_6]$ とみなせるように，多くの金属水酸化物はこのような OH^- をもたない水和酸化物であることが多い。たとえば $SiO_2 \cdot 2H_2O = Si(OH)_4$ はオルトケイ酸，$PbO_2 \cdot 4H_2O = H_2[Pb(OH)_6]$ はオルト鉛酸である。

$$SiCl_4 + 過剰の H_2O \longrightarrow SiO_2 \cdot nH_2O + 4\,HCl \tag{6.8}$$

これに対して，四ハロゲン化炭素 CX_4 は加水分解（あるいはルイス塩基の求核攻撃）に対して**速度論的安定性**をもつ。炭素は重い他の 14 族元素とは違って，サイズが小さいので配位数を増やすことができないから（空軌道を用意できないともいえる），反応の活性化エネルギーが到達できないほど高いのである。Si やこれ以降の元素では水分子が容易に SiX_4 に付加し，5 配位（あるいは 6 配位）中間体を生成する（章末問題 9.6）。これから HX が外れて最終的に水和二酸化物 $SiO_2 \cdot nH_2O$ になる。Me_2SiCl_2 のような有機ハロゲン化シランを加水分解し縮合させると，さまざまなシロキサン（12.4 節の構造 **12.1**）が生成する。これから合成されるシリコーンポリマーについては 12.4 節で述べる。

6.5.2 二ハロゲン化物

Pb では +2 の酸化数は重要で安定な酸化数であり，Sn でもきわめて安定で，金属 Sn と無水の HX との反応で四種の二ハロゲン化物 SnX_2 がすべてつくられる（式 6.9）。

$$Sn + 2\,HX \longrightarrow SnX_2 + H_2 \tag{6.9}$$

気体状態では $SnCl_2$ は 2 個の Sn—Cl 結合電子対と 1 組の孤立電子対をもつので，VSEPR 則に一致して屈曲構造である。固体状態では Cl 架橋によって鎖状のポリマーになる。架橋の Cl は一方の Sn に対しては共有結合，もう一方に対しては供与結合しているとすれば，各 Sn はオクテット則を満たしていることになる（5.5.1 項の Al_2Cl_6 の結合を参照せよ）。また，$SnCl_3^-$（三角ピラミッド構造）や $SnCl_4^{2-}$（シーソー型構造）のような錯体も知られている。前者は Sn 上の孤立電子対を使ってルイス塩基（配位子）として働く。たとえば R_4N^+ を対イオンとする錯体 $[Pt(SnCl_3)_5]^{3-}$ は三角両錐構造をもつ。

Ge(II) のハロゲン化物はすべてのハロゲンについて知られていて，GeX_4 を Ge の単体で還元して得られる（式 6.10）。この反応は**均一化**（comproportionation）の一例である。GeI_2 は加熱すると不均化して GeI_4 と Ge になる。

$$GeX_4 + Ge \longrightarrow 2\,GeX_2 \tag{6.10}$$

前ページ訳者注　典型元素には四つの原子価軌道しかないので，これらの超原子価化合物の結合には多中心結合が関与する。Sn 周りは形式的にそれぞれ 10 電子，12 電子になるが，余分な 2 電子，4 電子は置換基の軌道からなる非結合性軌道に収容されているので，厳密にいえば中心原子周りはオクテット則を満たす。

SF_6 は同様に，加水分解に対して安定である（8.4.2 項）。

C—X 結合それ自身が加水分解に対して特別の安定性をもつわけではない。たとえば塩化アセチル $CH_3C(=O)Cl$ が加水分解して酢酸 $CH_3C(=O)OH$ に容易になるのは，水分子が 3 配位の炭素原子を攻撃しやすいからである。

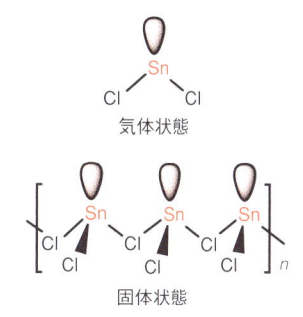

均一化は不均化の逆反応である（不均化は 5.5.2 項参照）。

6.5.3　E—E 結合をもつ 14 族元素のハロゲン化物 ── 鎖状につながったハロゲン化物 ──

炭素では広範な炭化水素が知られているように，ハロゲン化炭素(ハロカーボン)にも同様に広範なものがある．恐らく，最もよい例はポリ(四フッ化エチレン)PTFE であり，多くの用途をもった非常に安定なポリマーである(9.2.1 項の欄外記事を参照のこと)．

ケイ素では Si 原子の鎖をもつ多数の高級ハロゲン化物が知られており(カートネーション)，6.4 節で述べたポリシランに類似している．Ge, Sn, Pb では Si の高級ハロゲン化物に対応するものはほとんどない．周期を下がると E—E 結合が不安定になり，2 価の状態の安定性が増すからである(式 6.11)．

$$Ge_2Br_6 \xrightarrow{熱} GeBr_2 + GeBr_4 \tag{6.11}$$

この逆反応は Ge_2Br_6 や Ge_2Cl_6 などの化合物の便利のよい合成法になる．ここで Ge_2Br_6 などの Ge は形式的に +3 の酸化数をもつ．

6.6　炭化物とケイ化物

ホウ素が多様な金属ホウ化物(boride)を生成する(5.4 節)のと同様に，炭素またはケイ素(B と対角関係)はいろいろな元素(とくに金属)と加熱すると炭化物(carbide)またはケイ化物(silicide)になる．炭化物には多くのタイプがあり，水と反応するかどうかも含めた反応性とその反応生成物によって分類される(4.7 節)．C と電気陰性度が近い典型元素 Si や B とは共有結合性の炭化物 SiC (β 型はダイヤモンド型構造において一つおきの C を Si に置き換えたせん亜鉛鉱型，α 型はウルツ鉱型)や B_4C (組成的には $B_{12}C_3$ で，B の単体がもつ B_{12} 単位に似た構造をもつ)を生成する．これらは硬くて化学的に安定である．

> 2.4.3 項の侵入型水素化物の生成と比較せよ．

遷移金属は侵入型炭化物(interstitial carbide)を生成することが多い．この化合物では各炭素原子が金属の最密格子の八面体間隙を占め，非常に硬い．この種の炭化物には加水分解して水素と炭化水素を生じるものや，タングステンカーバイド WC のようにきわめて硬く(モース硬度 9)，反応しないものもある．

反応活性な炭化物にはイオン結合性(塩類似)のものが多いという傾向がある．Na_4C や Be_2C (逆蛍石型)のような炭化物は形式的に C^{4-} イオンを含み，加水分解するとメタンを発生する．アセチリドイオン C_2^{2-} を含むものは加水分解してエチン(アセチレン)を発生する(式 6.12)．このタイプで最もよく知られた例はカルシウムカーバイド CaC_2 である．これは伸びた NaCl 型構造(図 3.4)をもち，C_2^{2-} イオンは互いに平行に向いている(図 6.6)．

$$CaC_2 + 2\,H_2O \longrightarrow C_2H_2 + Ca(OH)_2 \tag{6.12}$$

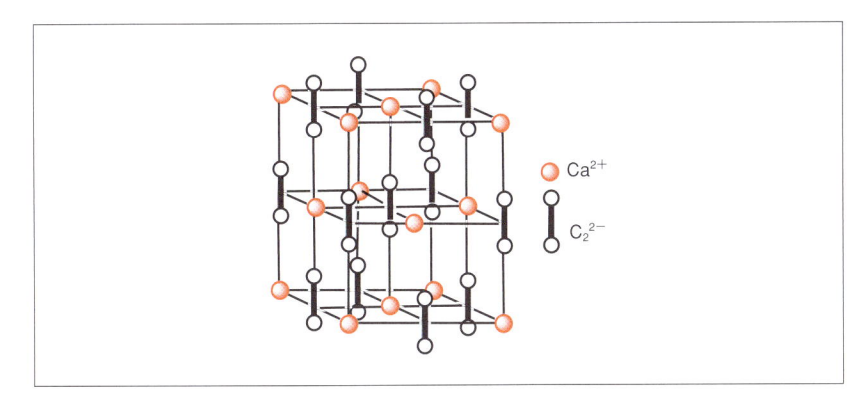

図 6.6　カルシウムカーバイド CaC_2 の構造.

そのほかの炭化物では，加水分解して長い炭素鎖の炭化水素を生じるものもある．たとえば Li_4C_3 はプロピン（例題 4.4）を与える（式 6.13）．

$$Li_4C_3 + 4H_2O \longrightarrow CH_3C\equiv CH + 4LiOH \qquad (6.13)$$

CaC_2 を高温で N_2 と反応させるとカルシウムシアナミド $CaNC\equiv N$ が生成する（$CaCO_3 + 3CO + 2NH_3 \longrightarrow CaNC\equiv N + 3CO_2 + 3H_2O$ でも生成できる）．これには肥料，除草剤やプラスチックの原料などの用途がある（$^-N=C=N^-$ は CO_2 と等電子）．これに酸を作用させるか，グラファイトの存在下で $CO_2 + H_2O$ と反応させると $CaCO_3$ とシアナミド $H_2N-C\equiv N$ になる（カルボジイミド $HN=C=NH$ の互変異性体）．シアナミドにもいろいろな用途があり，グアニジン，メラミン，尿素にも誘導される．$HC\equiv N$，ハロゲン化シアン $X-C\equiv N$，ジシアン $N\equiv C-C\equiv N$，ニトリル $RC\equiv N$，イソニトリル（イソシアニド）$RN\equiv C$，イソシアン酸 $OC\equiv NH$，雷酸 $C\equiv NOH$（不安定），イソチオシアン酸 $SC\equiv NH$ などもCとNの間に多重結合をもつ化合物である．なお，$Bu^tC\equiv P$ も既知である．

金属ケイ化物には $CaSi_2$, $CaSi$, Ca_2Si, $KSi(K_4Si_4)$ や，遷移金属とのケイ化物 M_3Si, M_2Si など，多様な組成と構造をもったものがある．

6.7　14 族元素の酸化物

炭素の酸化物は気体であり，他の 14 族元素の酸化物とはかなり性質が異なる．構造的な相違は炭素と酸素間に強い $p\pi-p\pi$ 結合があることが原因になっていて，炭素の酸化物 CO_2 と CO（および CO_3^{2-}）は単独の（ポリマー状ではない，分子性の）化学種である．炭素では 2 個の C―O 単結合（$2 \times 358 = 716$ kJ mol^{-1}）よりも C=O 二重結合（800 kJ mol^{-1}）のほうが強いからである．これに対して Si では 2 個の Si―O 単結合（$2 \times 370 = 740$ kJ mol^{-1}）よりも Si=O の二重結合（640 kJ mol^{-1}）のほうが弱いので，Si の酸化物 SiO_2 や Si のオキソ酸陰イオン（ケイ酸イオン）の多くは Si―O 単結合からなる無限の共有結合の網目構造をもつ（4：2

14 族元素の二酸化物

CO_2	直線構造の分子で弱酸性
SiO_2	共有結合性ポリマーで弱酸性
GeO_2	両性（Al_2O_3 と対角関係）
SnO_2	両性（SnO も両性）
PbO_2	酸・塩基に対して不活性で酸化性

配位. 6.7.2項と12.3節参照). Si—O単結合はC—O単結合より結合エネルギーが大きいのである(97ページ訳者注3参照). Ge以降の14族元素の酸化物EO_2についてもE＝Oのπ結合は弱いので, Cの酸化物COやCO_2とは異なり, 多くのE—O単結合をもった固体として存在する(6:3配位. 6.7.2項参照). 性質は他の族の場合と同様, 周期を下がると次第に電気陽性になるので, 酸化物は酸性から両性, さらに塩基性となる. このように14族元素の酸化物の構造は互いに似ていないが, その製法はいくらか似ており, 酸素中で単体を加熱すると二酸化物MO_2ができる.

6.7.1 炭素の酸化物

炭素は三種の酸化物CO, CO_2, C_3O_2を生成する.

一酸化炭素(carbon monoxide)C≡Oはギ酸を濃硫酸で脱水すれば得られる(式6.14). だからCOはギ酸の無水物とみなすことができるが, 水にはほとんど溶けないし, 水とも反応しないので真の無水物とはいえない. しかしCOは加熱すると, 濃厚な水酸化物水溶液とは反応してギ酸陰イオンになる(式6.15).

$$HCOOH - H_2O \longrightarrow CO \tag{6.14}$$

$$CO + OH^- \longrightarrow HCO_2^- \tag{6.15}$$

COとN_2, O_2の融点(℃)と沸点(℃)

	CO	N_2	O_2
融点	−205.0	−210	−218.8
沸点	−191.5	−195.8	−183.0

COはN_2と等電子で, ルイス構造では$^-$:C≡O:$^+$と表されるが, CからOに電子が流れ込み, わずかに$^{\delta-}$C—O$^{\delta+}$のように分極しているに過ぎない (Oのほうが電気陰性なので$^{\delta+}$C—O$^{\delta-}$のように分極していると考えてはならない). 両者は似た物理的な性質をもつ(低沸点・低融点)が, COは猛毒で, N_2よりはるかに反応活性である (電子分布に偏りがあるから). COはハロゲン(I_2を除く), たとえばCl_2と直接反応して非常に毒性が高いホスゲンになる(式6.16).

$$CO + Cl_2 \longrightarrow \underset{\text{ホスゲン}}{COCl_2} \tag{6.16}$$

Al_2O_3とB_2O_3のΔ$H°$は, それぞれ826と424 kJである.

例題 6.4

Q COは強力な還元剤で, ほとんどの金属酸化物を金属に還元することができる〔ただしAl_2O_3やB_2O_3のように強い(共有)結合をもつものはCOでは還元できない〕. COを使ってFe_2O_3をFeに還元する反応式と, SnO_2をSnに還元する反応式を完成せよ.

A 副生成物はCO_2である.

$$Fe_2O_3 + 3\,CO \longrightarrow 2\,Fe + 3\,CO_2, \quad \Delta H° = -24.8\text{ kJ}, \quad \Delta G° = -29.6\text{ kJ}$$
$$SnO_2 + 2\,CO \longrightarrow Sn + 2\,CO_2, \quad \Delta H° = +15.1\text{ kJ}, \quad \Delta G° = 5.6\text{ kJ}$$

COは低酸化数ないしは中間の酸化数の遷移金属と多数の錯体を生成する[5].

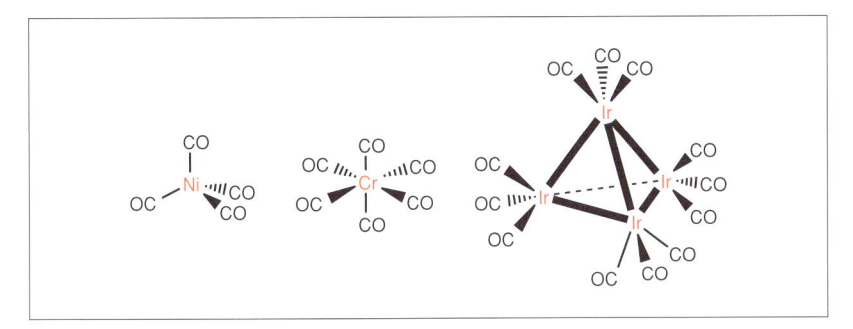

図 6.7 いくつかの金属カルボニル(錯体). これらの錯体では各金属周りの総価電子数は 18 になっていることが多い(これを 18 電子則といい,典型元素のオクテット則に相当する).

このとき CO はもっぱら炭素側で金属と結合する.いくつかの例が図 6.7 に示してある.C≡O は C にも O にも孤立電子対をもつが,電気陽性な C 上の孤立電子対のほうがエネルギーが高く,ルイス塩基性が強い.これが C 側から低酸化数の遷移金属 M に σ 供与結合すると,M の d 電子が C≡O の π^* 軌道に π 逆供与される(π アクセプター).その結果 C と M の間は多重結合性を帯びることになる(C と O の間の結合は弱くなる).CO は 2 個の M を C で架橋することもよくある.

金属カルボニル錯体の化学的性質,構造,結合については本シリーズの『有機遷移金属の化学』("Organotransition Metal Chemistry")に詳しい説明がある.

二酸化炭素(carbon dioxide)CO_2 は最も安定な炭素の酸化物であり,石炭,石油,天然ガスを燃焼させることによって工業的に膨大な量の CO_2 が発生している.CO_2 は石灰石 $CaCO_3$ を熱分解しても得ることができる(式 6.17 と 3.4).

$$CaCO_3 \longrightarrow CaO + CO_2, \quad \Delta H° = +178.4 \text{ kJ mol}^{-1}, \quad T\Delta S° = +48.8 \text{ kJ mol}^{-1} \tag{6.17}$$

また $CaCO_3 + 2\,HCl\,(H_2SO_4) \longrightarrow CaCl_2\,(CaSO_4\downarrow) + H_2O + CO_2$ の反応でも発生する.

CO_2 は水に溶けるが,大半が CO_2 分子として溶け,その一部(1/600)が H_2O と反応して炭酸 H_2CO_3 になるだけである.炭酸は弱酸であり,わずかに炭酸水素イオン HCO_3^-(または重炭酸イオン)や炭酸イオン CO_3^{2-} に解離するに過ぎないが($pK_{a1} = 6.5$,$pK_{a2} = 10.2$),CO_2 の大半がそのままで溶けていることを補正すると,H_2CO_3 の真の pK_{a1} は 3.6 程度になる.炭酸イオンは,CO_2 ガスを NaOH のような水酸化物の水溶液に通じると生成する(式 6.18).もっと CO_2 を通じると,炭酸水素イオンが生成する.1 族あるいは 2 族金属の炭酸塩を CO_2(と水)で処理すると(式 6.19),炭酸水素塩が生成する.

$$2\,OH^- + CO_2 \longrightarrow CO_3^{2-} + H_2O \xrightarrow{\text{過剰の } CO_2} 2\,HCO_3^- \tag{6.18}$$

$$CaCO_{3(s)} + CO_{2(g)} + H_2O_{(l)} \rightleftharpoons Ca(HCO_3)_{2(aq)} \tag{6.19}$$

NH_4^+ とアルカリ金属イオン以外のほとんどの金属炭酸塩(metal carbonate)は水に不溶なので(Li_2CO_3 もやや溶解度が低い.37 ページ訳者注 2 参照),たとえば式(6.20)のように,金属イオンの水溶液に炭酸ナトリウムの水溶液を加える

$NaHCO_3$ とは違って,2 族元素の炭酸水素塩 $M(HCO_3)_2$ は固体としては得られない.

この式(6.19)の平衡は地球化学,たとえば風化作用における石灰石(おもに $CaCO_3$)の析出と再溶解(鍾乳洞)において非常に重要である.

†1 訳者注　Cu^{2+} などの 2 価遷移金属イオンを Na_2CO_3 水溶液に加えると, 炭酸水酸化物の塩 (塩基性炭酸塩ともいう) $M(OH)_2 \cdot MCO_3 \cdot nH_2O$ が沈殿する. 銅葺きの屋根にみられる緑青の成分は塩基性炭酸銅 $Cu(OH)_2 \cdot CuCO_3 \cdot nH_2O$ である. これらは各種の遷移金属塩類の前駆体として有用である.

とこれらの炭酸塩が得られる[†1]. しかし, この方法は $Al_2(CO_3)_3$ の合成には使えない. Al^{3+} イオンの水溶液が酸性なので CO_3^{2-} イオンが分解して CO_2 になるからである.

$$Cd^{2+}_{(aq)} + CO_3^{2-}_{(aq)} \longrightarrow CdCO_{3(s)} \qquad (6.20)$$

炭酸イオンは正三角形構造で, C—O 結合距離 (128 pm) はみな等しい. 炭酸 H_2CO_3 〔$(HO)_2C(=O)$〕の 1 個の OH 基を NH_2 基に置き換えるとカルバミン酸 $H_2N-C(=O)(OH)$ となり, さらに 2 個の O を S に置き換えたジチオカルバミン酸 $H_2N-C(=S)(SH)$ となり, その陰イオンは軟らかい塩基として働く.

二酸化三炭素 (carbon suboxide) C_3O_2 が三番目の炭素の酸化物であり, マロン酸を五酸化二リン P_4O_{10} で脱水すると得られる (式 6.21).

$$CH_2(CO_2H)_2 - 2H_2O \longrightarrow O=C=C=C=O \qquad (6.21)$$

C_3O_2 分子は直線構造で, CO_2 と同じように pπ—pπ 結合をもっている.

6.7.2　ケイ素, ゲルマニウム, スズと鉛の酸化物

二酸化ケイ素 SiO_2 の構造化学はきわめて複雑である. 常温の条件下で安定な SiO_2 は水晶 (α- と β-石英) であり, ほかにも高温での変態 (トリジマイトとクリストバライト) が知られている (酸性酸化物). これらの構造は, SiO_4 の四面体単位が結びつけられる様式が互いに異なるだけである (4:2 配位). SiO_2 は HF 以外の酸とは反応しないが, 強塩基性水溶液にはポリケイ酸塩 (水ガラス) となって溶ける. これを酸性にすると脱水縮合によって無水ケイ酸 (silica gel) になる. 天然には多数のポリマー状のケイ酸塩 (silicate) が存在する. これらの構造的特徴は 12 章で述べる.

二酸化物 GeO_2, SnO_2 (両性), PbO_2 (弱塩基性) はかなりのイオン結合性をもち, ルチル型構造 (GeO_2 では 4 配位の α-石英型構造もある) をとっている (図 6.8). この構造では O 原子がつくる六方最密格子の八面体間隙の半分を M が占めるので, 八面体 6 配位の M 原子と平面 3 配位の O 原子がある (6:3). オキソ酸イオンには SiO_4^{4-} (そのままでは不安定), $[Ge(OH)_6]^{2-}$, $[Sn(OH)_6]^{2-}$ などがあり, 15〜17 族のオキソ酸イオンと同様に, 下の周期になると大きな配位数をとるようになる (7.6.3 と 8.7.2 項, 9.6.4 項参照). Sn と Pb の一酸化物 SnO と PbO (密陀僧) もよく知られている (Sn や Pb を頂点とする正方錐構造の $:MO_4$ 単位からなり, M 上に孤立電子対をもつと考えられ E=O 結合はない). Ge^{2+} (この場合は空気を絶って), Sn^{2+} や Pb^{2+} イオンの水溶液に水酸化物を加えると水和酸化物が沈殿する (式 6.22).

$$M^{2+}_{(aq)} + 2OH^{-}_{(aq)} \longrightarrow MO \cdot nH_2O_{(s)} \qquad (6.22)$$

これらの水和酸化物は多核クラスターであり, 両性で酸にも塩基にも溶ける. 水

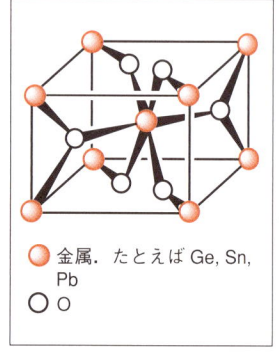

● 金属. たとえば Ge, Sn, Pb
○ O

図 6.8　MO_2 (M = Ge, Sn, Pb) がとる固体のルチル (TiO_2) 型構造 (6:3 配位).

和した Sn^{2+} や Pb^{2+} イオンはかなり加水分解する(例題 6.6).

例題 6.5

Q Pb は混合酸化数の酸化物 Pb_3O_4(鉛丹)を生成する. 1 g の Pb_3O_4 と,生じる水を除くために少量の無水酢酸 Ac_2O を含んだ過剰の酢酸 AcOH との反応から生成する酢酸鉛(IV) $Pb(OAc)_4$ の理論収量を計算せよ. ただし PbO と PbO_2 は AcOH と反応して, それぞれ $Pb(OAc)_2$ と $Pb(OAc)_4$ を生成することに注意せよ.

A Pb_3O_4 の組成は $(PbO)_2(PbO_2)$ である. だから AcOH との反応は

$$2\,PbO + 4\,AcOH \longrightarrow 2\,Pb(OAc)_2 + 2\,H_2O$$
$$PbO_2 + 4\,AcOH \longrightarrow Pb(OAc)_4 + 2\,H_2O$$

したがって

$$Pb_3O_4 + 8\,AcOH \longrightarrow 2\,Pb(OAc)_2 + Pb(OAc)_4 + 4\,H_2O$$

右辺第三項の H_2O は Ac_2O により除かれる. だから 1 g(0.00146 mol)の Pb_3O_4 から 0.00146 mol(0.647 g)の $Pb(OAc)_4$ が生成する.

> 水を除く反応は $Ac_2O + H_2O \longrightarrow 2\,AcOH$ である.

例題 6.6

Q 水溶液中で Sn^{2+} イオンのほうが Pb^{2+} イオンより強く加水分解するのはなぜか.

A Sn^{2+} は Pb^{2+} よりイオンサイズが小さいので(Sn^{2+} = 93 pm, Pb^{2+} = 119 pm), Pb^{2+} より電荷密度が高い. だから Sn^{2+} のほうが水和水を強く分極するので H^+ イオンが外れやすい(50 ページ訳者注 1 参照). その結果, Sn^{2+} イオンのほうが OH^- イオンが配位した錯体を生成しやすい($Sn^{2+}_{(aq)}$ と $Pb^{2+}_{(aq)}$ の pK_a はそれぞれ 4.3 と 7.8). 章末問題 5.8 と, その解答も参照せよ.

6.8 14 族元素の硫化物,セレン化物,テルル化物

二硫化炭素 CS_2 は分子性物質(沸点 46.3℃)で, CO_2 に対応する硫化物である. CO の類似体である一硫化炭素(carbon monosulfide)CS は単独の分子としては不安定であるが,金属に配位すると π 逆供与結合によって安定化する. たとえば平面構造の $[RhCl(CS)(PPh_3)_2]$ のような遷移金属の CS 錯体はいくつか知られている. CS は CO より結合が弱いので,その π^* 軌道のエネルギーは CO より低い. だから π アクセプターとしては CS のほうが能力が高い.

ME や ME_2(E = S, Se, Te)型の 14 族元素のカルコゲン化物は M = Ge, Sn, Pb について知られている(SiS_2 や SiS は不安定). 14 族と 16 族元素の組合せの

> 6.7.1 項の金属-CO 錯体と比較せよ. この場合は平面構造であり,その平面に垂直な p_z 軌道が σ 結合に使われないので, 総価電子数は 16 である.

GeSとSnSは等電子の(Zintl関係にある)15族の黒リン(図7.4)と似た層状構造をもつ．PbSはPbOとは違ってNaCl型構造であり(PbSe, PbTe, SnTeも)，Pb上の孤立電子対は立体的に不活性になっている．これらは半導体や光伝導体としての用途があるが，軟らかい酸・塩基の組合せなので，結合は共有結合性を帯びている．

6.9　14族元素の多原子陰イオン

重い14族元素(Ge, Sn, Pb)とアルカリ金属との合金を，液体アンモニアあるいはエチレンジアミン $NH_2CH_2CH_2NH_2$ に溶解すると14族元素の多原子陰イオンが生成する．この溶液にクラウンエーテルやクリプタンド(3.9節)のようなドナー配位子を加え，同時に生成するアルカリ金属の陽イオンとの錯体をつくらせれば，これらの多原子陰イオンを結晶化できる．そのような陰イオンとして Sn_4^{2-}, Ge_4^{2-} (これらは中心原子が欠けた四面体構造．図7.3)，Sn_5^{2-}, Pb_5^{2-} (中心原子が欠けた三角両錐構造)，Sn_9^{4-} (同じく中心原子が欠けた面冠正方逆プリズム構造)などが合成されている(図6.9)．このような裸のイオンをZintlイオンと呼ぶ[†1]．

これらの多くのクラスターイオンの構造は，一つの項目を追加すればウェード則(Box 5.1)によって合理的に説明できる．その項目とは，水素原子をもたない各原子は一般に1組の孤立電子対をもつ，と考えることである．したがって骨格の電子対の数(SEP数)を計算するときには総電子数からこの孤立電子対分(原子1個当り2電子)だけ差し引く必要がある．

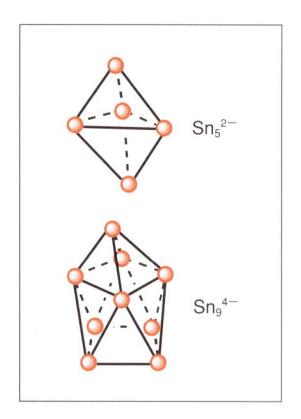

図6.9　スズの多原子イオン(裸のイオン)の構造．

†1　訳者注　15族元素では P_7^{3-}, As_7^{3-}, As_{11}^{3-}, Sb_7^{3-}, Bi_3^{3+} や Bi_9^{5+} のような裸のイオンもある(7.2節)．16族元素の裸のイオンについては8.8節参照．

†2　訳者注　pπ結合は炭素だけでなく，2p軌道が結合に関与する場合(N, Oなど)には重要である．2p軌道は集中しているので2pπ-2pπの重なりが大きいのである．3p以上では電気陰性なS以外ではこのπ結合はあまり強くない(7.4.2項参照)．CやNの酸化物(とそのオキソ酸陰イオン)が平面構造をとるのは，このπ結合に好都合だからである．

例題 6.7

Q　ウェード則を使って Sn_5^{2-} イオンが三角両錐構造をもつことを確かめよ．

A　Box 5.1を参考にすれば，各Sn原子は4個の価電子をもつが，そのうち2個は孤立電子対としてSn上にある．だから各Snは残りの2電子を骨格結合に使う．こうして骨格結合に使う電子数は $(5 \times 2) + 2$(負電荷) $= 12$，つまり6組の電子対となる．SEP数は6で，Snは5個あるので五つの頂点をもつクロソ，つまり中心原子が欠けた三角両錐構造である．

この章のまとめ

1. 14族元素の化学で重要なことは，C—C結合をもつ化合物が安定で多量に存在することと，周期を下がるにつれて+2の酸化数が安定になることである．
2. pπ結合は炭素の場合に非常に重要である[†2]．

3. Si では Si—O 単結合は非常に強く[†3]，そのために多種のポリマー状の酸化物やオキソ酸塩（ケイ酸塩）が存在する．

[†3] 訳者注　SiO_2 では，Si—O 結合には σ 単結合だけでなく（Si—O—Si 角は $142°$），O 原子の占有 p 軌道から Si—O の $σ^*$ 軌道への π 供与も含まれていると考えられる（結合エネルギーは $370\,kJ\,mol^{-1}$ であり，そのような π 供与が難しい C—O 結合は，これより小さい $358\,kJ\,mol^{-1}$）．6.5.1 項で述べたように，平均の結合エネルギーが C—F $(490\,kJ\,mol^{-1})$ < Si—F (598) > Ge—F (473)，C—Cl (326) < Si—Cl (400) > Ge—Cl (340) の順になるのも同じ理由による．同じ理由で P—O 結合 $(368\,kJ\,mol^{-1})$ も N—O 結合 $(163\,kJ\,mol^{-1})$ より相当強い（N—O では孤立電子対間反発があることも結合が弱い原因）．

章末問題

6.1 以下の化合物またはイオン中の 14 族元素の酸化数はいくらか．
(a) COF_2, (b) $SnCl_3^-$, (c) $[Pb_6(OH)_8]^{4+}$, (d) $Ph_3Pb—PbPh_3$

6.2 以下の各 X が何であるかを特定せよ．
(a) 酸化物 XO_2 は融点が高く，自然界に多量にある．
(b) X は三種の酸化物 XO, XO_2, X_3O_2 を生成する．
(c) X はおもに $+2$ の酸化数で化合物を生成するが，$+4$ の酸化数の化合物も多少存在する．
(d) X には分子性のものも含め，いくつかの同素体がある．

6.3 炭素の化合物はケイ素の化合物とは化学的・物理的性質が異なることが多い．その相違のいくつかをまとめてみよ．

6.4 14 族元素の水素化物の生成エンタルピー（$kJ\,mol^{-1}$）が以下の順に正になっていく原因を述べよ．$CH_4\,(-74)$, $SiH_4\,(+34)$, $GeH_4\,(+91)$, $SnH_4\,(+163)$

6.5 次の語句を説明せよ．
(a) カートネーション，(b) 同素体，(c) 内包フラーレン錯体，(d) 不均化反応

6.6 次の反応の生成物を推定し，反応式を完成せよ．
(a) Sn + 過剰の I_2 ⟶
(b) $Be_2C + H_2O$ ⟶
(c) $CCl_4 + H_2O$ ⟶
(d) $Et_2SiCl_2 + LiAlH_4$ ⟶

6.7 ポリシラン Si_6H_{14} に可能な異性体をすべて書け．

参考文献

1) H. W. Kroto, *Chem. Br.*, **1996**, 32 ; H. W. Kroto, *Angew. Chem., Int. Ed. Engl.*, **31**, 111 (1992).
2) R. Csuk, B. I. Glanzer, A. Furstner, *Adv. Organomet. Chem.*, **28**, 85 (1988).
3) T. Tsumuraya, S. A. Batcheller, S. Masamune, *Angew. Chem., Int. Ed. Engl.*, **30**, 187 (1991).
4) M. Sturmann, W. Saak, H. Marsmann, M. Weidenbruch, *Angew. Chem., Int. Ed. Engl.*, **38**, 187 (1999).
5) E. W. Abel, *Educ. Chem.*, **1992**, 46.

さらなる学習のために

W. E. Billups, M. A. Ciufolini ed., "Buckminsterfullerenes," VCH, Weinheim (1993).

7章 15族元素(ニクトゲン)
― 窒素，リン，ヒ素，アンチモンとビスマス ―

> **この章の目的**
> この章では，以下の二つの項目について理解する．
> - 15族元素の酸化物，硫化物，ハロゲン化物，水素化物の多様性
> - 15族元素間の物理的・化学的性質の相違

7.1 序論と酸化数の概観

pブロックの中心に位置する15族元素(ニクトゲン．電子配置は$ns^2\,np^3$)の単体と化合物は両方とも非常に幅広い物理的・化学的性質を示す．最も軽い窒素は典型的な非金属元素であるが，最も重いビスマスは，左隣りの14族の鉛と同じように導電性など，典型元素金属に特徴的な性質をもっている．窒素からビスマスまで進むにつれて第一(および第二，第三)イオン化エネルギーが徐々に減少する(電気陽性になる)からである(図7.1)．すべての元素について+3と+5の酸化数が生じるが，Biでは不活性電子対効果(5.1節)のために+3の酸化数が最も安定である．+5の酸化数はPについては安定であるが，+5の酸化数をも

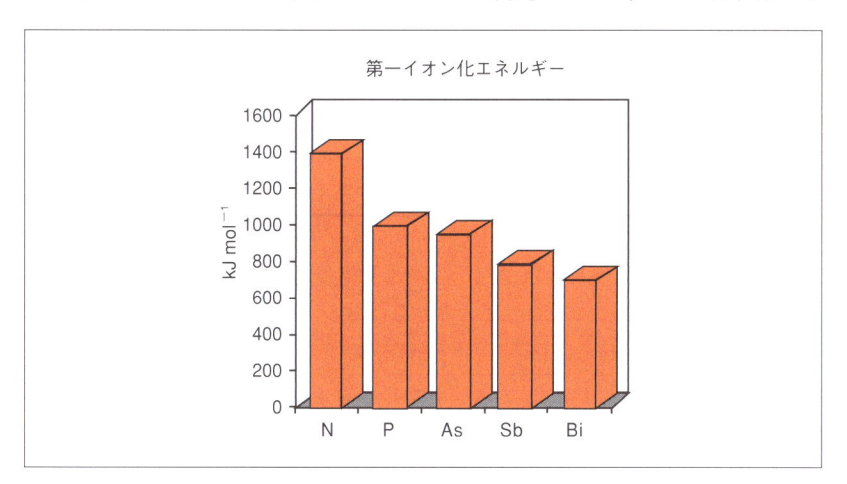

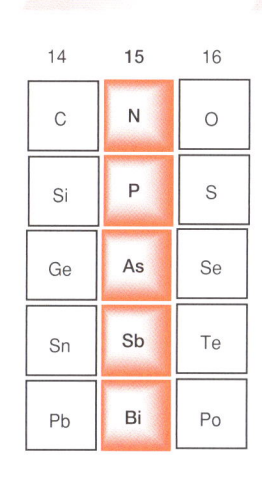

図7.1 15族元素の第一イオン化エネルギー．

†1 訳者注 5価の As, Sb, Bi が不安定なのは不活性電子対効果(と交互効果)のせいである。硝酸 HNO_3 がリン酸 H_3PO_4 よりはるかに強力な酸化剤であるのは, おもに N が電気陰性なので +5 の酸化数が安定でないこと(61 ページ訳者注 1 参照)と, N—O 結合が P—O 結合より弱いからである。ちなみに HNO_3 と H_3PO_4 の生成エンタルピーは, それぞれ −174 と −1279 kJ mol^{-1} である.

†2 訳者注 周期を下がるにつれて +3 の酸化数が安定になるが, 3d 軌道が占有されたあとの第 4 周期元素と, 4f, 5d 軌道が占有されたあとの第 6 周期元素では, これらの電子の遮蔽能力が低いために, 有効核電荷が大きく, s 電子の貫入効果によって不活性電子対効果が顕著に現れ, その族の番号から予想される酸化数が不安定になる。これを交互効果という。たとえば 7.7.1 項で登場するように PCl_5 や $SbCl_5$ は知られているが, $AsCl_5$ や $BiCl_5$ はきわめて不安定である。章末問題 5.3 (a) の解答も参照せよ.

図 7.2 乾燥空気の組成.

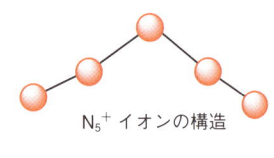

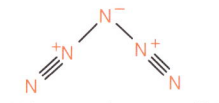

N_5^+ イオンの構造

単純化した N_5^+ のルイス構造

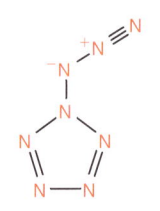

アジドペンタゾール

つ N, As, Sb の化合物は酸化剤として働く†1. とくに As は比較的遮蔽能力が低い 3d 軌道が占有されたあとに続く p ブロックの列に位置するので, 予想以上に +5 の酸化数にするのが難しい†2. というのは, その 4s 電子対が貫入効果によって原子核に強く引かれていて結合に関与しにくいからである(16 族の Se も同様). 15 族になって初めて NH_3 のような水素化物や Na_3P 中の P^{3-} のような陰イオンにおいて, (形式的に) −3 の負の酸化数が現れる.

7.2 15 族元素の単体

窒素(nitrogen)N_2 は大気中に最も多く存在する気体であり(N の同位体には 99.63% の ^{14}N と 0.37% の ^{15}N がある), 体積で 78.1% を占める(図 7.2). 窒素の単体は三重結合の二窒素分子 N≡N として存在し, きわめて反応不活性である(ただし N_2 が end-on 配位した遷移金属錯体は現在多く知られている). そのほかの同素体も可能だが, エネルギーが高く不安定である(Box 7.1).

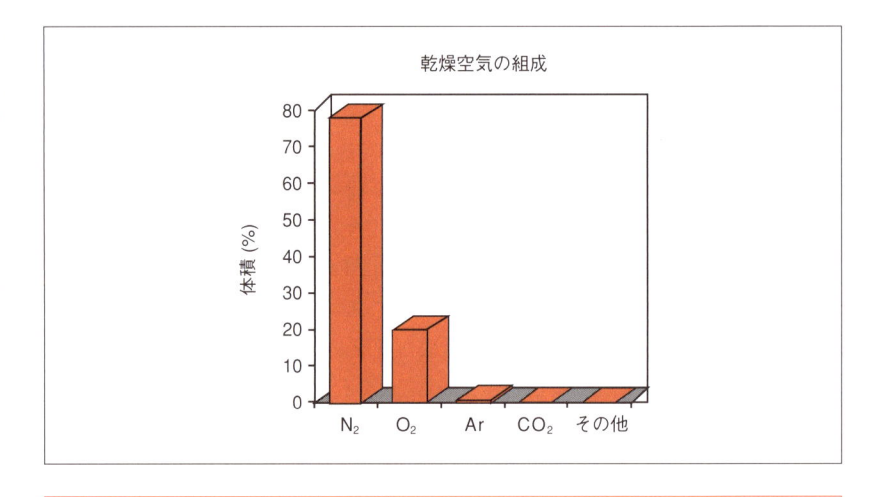

Box 7.1 高エネルギーの窒素の単体(同素体)

N_2 は熱力学的にも速度論的にも特に安定な分子なので, N 原子だけからなる化学種は N_2 以外にほとんどない. しかし最近 N_5^+ が単離されたので[1], アジ化物イオン N_3^- (7.3.2 項)を含むイオン結合性の N の同素体(エネルギーは高い)$N_5^+N_3^-$(= N_8)が単離できるかもしれないと示唆されている. 比較的エネルギーが低いと予想されるもう一つの同素体 N_8 にはアジドペンタゾール(azidopentazole)がある. これらはエネルギー密度が高い物質として興味があり, ほかにも N 原子のみからなる多くの化学種が想定できる(実際にはまだ合成されていない). 共有結合性のアジ化物では N_3 基が擬ハロゲン(pseudohalogen. Box 9.2)のように振る舞う. だから $(N_3)_2$ や $N(N_3)_3$ はそれぞれ Cl_2 や NCl_3 に対応する N の同素体としての可能性がある.

リン(phosphorus)P(^{31}Pの同位体のみ)のおもな供給源は複雑なリン酸カルシウム塩であるリン鉱石であり，これを(コークスとSiO_2で)還元すると四面体構造の白リン(図7.3)になる．このP_4構造(結合角は60°で相当ひずんでいる)は固体，液体，気体状態のいずれでも保たれる．しかしP_4の蒸気を800℃以上に熱すると，三重結合のP≡P分子がかなり生成する．封かんした容器中で白リンを長時間加熱すると赤リンになる．これは比較的不活性なリンの単体(同素体)であるが，あまりはっきりしない複雑な構造をもっている[2]．しかし最も安定な同素体は黒リンであり，高圧でP_4を加熱することによって得られる．これにはいくつかの構造〔斜方晶系(orthorhombic)，菱面体晶系(rhombohedral)や立方晶系(cubic)など〕があり，そのうちの菱面体晶系の黒リンは図7.4に示す層状構造をもつ．赤リンや黒リンでは結合角はかなり広がり(100°くらい)，ひずみが相当解消されている．

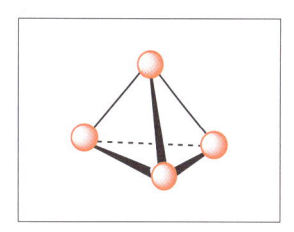

図7.3 白リンP_4の構造．各P原子は一組の孤立電子対をもち，P—P—P角は60°なので正四面体からは相当ひずんでいる．この分子にウェード則を適用するとSEP数は6となり，クロソ構造($n=5$は三角両錐)から1頂点が欠けた四面体構造(ニド)となる．

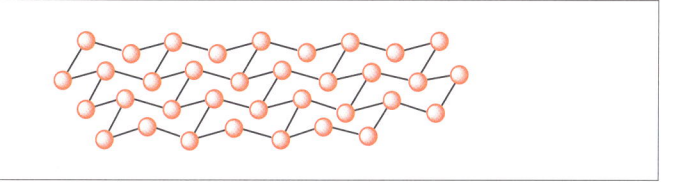

図7.4 菱面体晶系の黒リンの構造．

ヒ素(arsenic)As，アンチモン(antimony)Sb，ビスマス(bismuth)Biは軟らかい酸なのでおもに硫化物E_2S_3として存在する．これらの単体は黒リンに似た層状構造をもつ(As_4やSb_4も不安定ながら存在する)．またAsとSbは亜金属，Biは金属とみなせる．15族元素がカートネーションする傾向がN < P > As > Sb > Biの順であるのは，N上の孤立電子対間反発が大きいのとN≡Nが非常に安定だからである．P以降ではP_4S_3(図7.11)のすべての原子がP，As，Sbとなった構造の裸の多原子イオンP_7^{3-}，As_7^{3-}，Sb_7^{3-}(P_4S_3と等電子)やBi_5^{3+}(Sn_5^{2-}と等電子で図6.9と同じ構造)，Bi_9^{5+}(Sn_9^{4-}と等電子で，ウェード則からは図6.9と同じ面冠正方プリズム構造が予想されるが，実際は例外的に三面冠三角柱構造)などがある．

例題 7.1

Q N—NとP—Pの単結合，二重結合，三重結合の強さ(結合エネルギー)が次ページの表7.1にあげてある．これを使ってNだけが三重結合の二原子分子として安定に存在することを示せ．

A N≡Nの三重結合エネルギーはN—N単結合エネルギーの3倍より相当大きい($945 > 158 \times 3 = 474$)．だからN—Nの単結合をもつ同素体はN≡Nに比べ不安定である(N—N単結合が弱いのは，N上の孤立電子対間の反発が原因．例題7.4参照)．またN≡Nの三重結合エネルギーは，

> **表7.1** NとPについてのEとEの間の単結合，二重結合，三重結合の結合エネルギー
>
> | 結合 | 結合エネルギー(kJ mol^{-1}) |
> |---|---|
> | N—N | +158 |
> | P—P | +200 [a] |
> | N=N | +419 |
> | P=P | +310 |
> | N≡N | +945 |
> | P≡P | +490 |
>
> [a] 82ページ欄外の表を参照せよ．C—C結合エネルギーについては例題6.1の解答参照．
>
> —N≡N—N≡N— のような単体の N≡N と N—N の結合エネルギーの和よりも大きい(945 > 158 + 419 = 577)．だからこの単体の結合も N≡N 結合に比べ好まれない．同様の計算をPについて行うと，490(P≡P) < 200(P—P) + 310(P=P) = 510 < 200(P—P) × 3 = 600 となるので，P≡P は不安定な化学種であり，安定な単体は単結合からなる P_4 である（第3周期以降では，この種のπ結合は弱く，孤立電子対間の反発も緩和されているので単結合が優勢になる）．

7.3 15族元素の水素化物

7.3.1 EH_3 型の水素化物

五つの15族元素Eはすべて水素化物 EH_3 を生成するが，その物理的・化学的性質は系統的に大きく変化する．たとえば沸点は周期を下がると高くなる（章末問題7.4）．ただし，NH_3 は H…N—H の水素結合のために例外的に沸点が高い（2.6.1項と比較せよ）．H—E—H 結合角も下の周期ほど狭くなる（例題7.2をみよ）．また周期を下がると，他の族でもそうであるように，E—H 結合は弱くなるので（表7.2），これらの水素化物の熱的安定性も低下する．EH_3 の生成エンタルピー（表7.2）の傾向は E—H の平均結合エネルギーの傾向と平行関係にある．また EH_3 は周期を下がるにつれて塩基性が低下し，酸化されやすくなる（16族元素の EH_2 も17族元素の EH も同様の傾向をもつ）．

表7.2 15族元素の水素化物 EH_3 の生成エンタルピー $\Delta_f H°$ と平均の E—H 結合エネルギー

EH_3	$\Delta_f H°$ (kJ mol^{-1})	平均の E—H 結合エネルギー(kJ mol^{-1})
NH_3	−46.3 [a]	+391
PH_3	+5	+321
AsH_3	+66	+297
SbH_3	+145	+255

[a] たとえば $\Delta_f H°(NH_3)$ = 1/2 × 945.4 ($N_{2(g)}$ の結合解離エネルギー) + 3/2 × 436 ($H_{2(g)}$ の結合解離エネルギー) − 3 × 391 (N—H 結合エネルギー) = −46.3 kJ mol^{-1}．

例題 7.2

Q 以下の表に示す，一連の水素化物 EH_3 における H—E—H 角の傾向を解釈せよ．

EH_3	H—E—H 角(°)
NH_3	106.7
PH_3	93.5
AsH_3	92
SbH_3	91.5

A これらはすべて中心原子 E 上に 4 組の価電子対をもつので，これらの電子対は四面体的に配列する．また，E 上にある孤立電子対の効果によって H—E—H 角は四面体角 109.5°より狭くなると期待される．この基本構造から，どの程度ずれるかは E—H の結合電子対の分布を考慮すればわかる．N—H 結合は短く（101.5 pm），N は H より電気陰性である．だからこの結合電子対は中心の N に近く分布し，N の原子価殻内でより大きな空間を占める．こうして N—H 結合電子対間の反発が大きくなり，結合角が広がる．P → As → Sb と変化するにつれて電気陰性度が小さくなるので，結合電子対は H 側に分布するようになる．したがって結合電子対間の反発が少なくなり，孤立電子対との反発が少なくなるように結合角は次第に狭くなる．周期を下がると不活性電子対効果のために，おもに p 軌道が結合に使われるようになると考えても説明できる（16 族の EH_2 の結合角についても同様．122 ページ一つ目の欄外記事参照）．

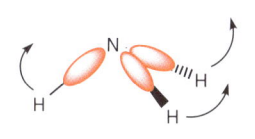

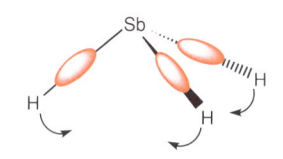

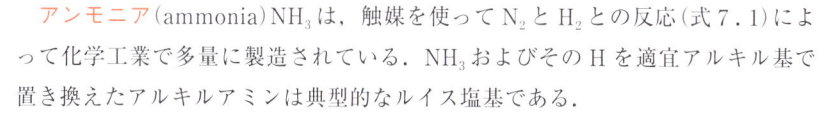

命名法

	慣用名	IUPAC[a]名
NH_3	アンモニア	アザン (azane)
PH_3	ホスフィン	ホスファン (phosphane)
AsH_3	アルシン	アルサン (arsane)
SbH_3	スチビン	スチバン (stibane)
BiH_3	ビスムチン	ビスムタン (bismuthane)

[a] 国際純正・応用化学連合（International Union of Pure and Applied Chemistry）

アンモニア（ammonia）NH_3 は，触媒を使って N_2 と H_2 との反応（式 7.1）によって化学工業で多量に製造されている．NH_3 およびその H を適宜アルキル基で置換えたアルキルアミンは典型的なルイス塩基である．

$$N_2 + 3H_2 \xrightarrow{\text{高圧，高温，触媒}} 2NH_3, \quad \Delta_r H^\circ = -41.6 \text{ kJ mol}^{-1} \quad (7.1)$$

アンモニア水は弱い塩基性を示すが，NH_4OH のような化学種は含んでおらず，大半が NH_3 として溶けていて，その一部が H_2O と反応して $NH_4^+ + OH^-$ となっている．

液体アンモニア（沸点 −33℃，融点 −77℃）は溶媒として水と対比すべきものがある．すなわち，水中では H_3O^+ と OH^- がそれぞれ酸（プロトン供与体）と塩基（プロトン受容体）である（アレニウスの酸・塩基の定義．8.3.1 項参照）のに対して，アンモニア中では NH_4^+ が酸で，NH_2^- が塩基である．アンモニアのイオン積 $[NH_4^+][NH_2^-]$ は −33.4℃（沸点）で $10^{-32.5}$ である．

この合成法は**ハーバー法**と呼ばれる（$\Delta_r G^\circ = -16.5 \text{ kJ mol}^{-1}$）．$\Delta G^\circ < 0$ ではあるが，H_2 を空気（N_2）にさらしても NH_3 は生成しない（速度論的安定性）．

液体アンモニア中の Na については 3.6 節参照.

> **例題 7.3**
>
> **Q** 液体アンモニア中での次の反応の生成物を推定し,反応式を完成せよ.
> (a) $Na_{(liq\ NH_3)} + NH_4Cl \longrightarrow$
> (b) $NH_4Cl + NaNH_2 \longrightarrow$
>
> **A** (a) 液体アンモニア中では NH_4^+ が酸であるから,これは金属と酸の反応であり,塩と水素が生成する.
>
> $2\,Na_{(liq\ NH_3)} + 2\,NH_4Cl \longrightarrow 2\,NaCl + 2\,NH_3 + H_2$
>
> (b) 液体アンモニア中では NH_2^- が塩基であるから,これは酸と塩基の反応であり,塩とアンモニア(溶媒)が生成する.
>
> $NH_4Cl + NaNH_2 \longrightarrow NaCl + 2\,NH_3$

ホスフィンは猛毒の気体である.

ホスフィン(phosphine) PH_3 は P_4 と水との反応でつくられる(式 7.2).

$$2\,P_4 + 12\,H_2O \longrightarrow 5\,PH_3 + 3\,H_3PO_4 \tag{7.2}$$

亜リン酸(ホスホン酸)については 7.6.2 項参照.

超純粋な PH_3 は電子工業で必要とされ,ホスホン酸(phosphonic acid) H_3PO_3 を熱で不均化させてつくる(式 7.3).

$$4\,H_3PO_3 \longrightarrow PH_3 + 3\,H_3PO_4 \tag{7.3}$$

PH_3 そのものは不安定で扱いにくいが,H をアルキル基やアリール基で置き換えた三級ホスフィン PR_3 は金属錯体の配位子(軟らかいルイス塩基)としてよく利用される.PR_3 はアミン NR_3 とは違って,中心原子周りの反転の障壁は高いので $PR^1R^2R^3$ は光学分割できる.

そのほかの水素化物アルシン(arsine) AsH_3,スチビン(stibine) SbH_3,ビスムチン(bismuthine) BiH_3 は対応するハロゲン化物を $Li[AlH_4]$(5.6.3 項)のような H^- 供給剤で還元することによって合成される.ただし,BiH_3 の収率は低い.Ca や Al のような反応活性な金属のリン化物,ヒ化物,アンチモン化物を加水分解しても PH_3,AsH_3,SbH_3 がつくられる(式 2.15 および 7.8 節も参照).

7.3.2 そのほかの水素化物

これらのうちで,ヒドラジン(hydrazine) N_2H_4 が最もよく知られていて,これはアンモニアを塩素酸イオン(I)(次亜塩素酸イオン)で酸化すると得られる(式 7.4 と 7.5).

$$NH_3 + ClO^- \longrightarrow NH_2Cl + OH^- \tag{7.4}$$

ついで

$$NH_2Cl + 2\,NH_3 \longrightarrow N_2H_4 + NH_4Cl \tag{7.5}$$

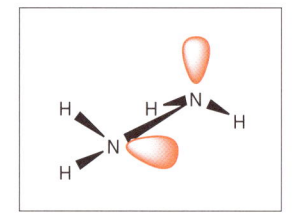

図 7.5 ヒドラジン N_2H_4 の構造.各 N が sp^3 混成であるとすると,各 N 原子上の孤立電子対どうしの反発が互いにトランス(アンチ)に配向するとき最小である(安定である)という間違った推測をすることになる.ヒドラジンの N,N'-ジメチル体はロケットの燃料に使用される.

7.3 15族元素の水素化物

ヒドラジンの構造は N–N 結合で結ばれた 2 個の NH$_2$ 基からなっていて，気体状態ではゴーシュ形(gauche form)の配座(conformation)をとっている(図7.5)．強い還元剤であり，二酸塩基である(pK_{a1} = –0.9，pK_{a2} = 8.0)．$^+$H$_3$N–NH$_3^+$ の第一酸解離が著しいのは静電反発のせいである．

ヒドロキシルアミン H$_2$N–OH は NH$_3$ の H を OH で置き換えた，あるいは H$_2$O の H を NH$_2$ 基で置き換えたもので，NH$_3$ ($^+$NH$_4$ の pK_a = 9.25)より弱い塩基である($^+$H$_3$N–OH の pK_a = 8.2)．水溶液あるいは [H$_3$N$^+$–OH]Cl$^-$ のような塩としては安定で，穏やかな還元剤である．

> E$_2$H$_4$ 型の化合物は E = N, P, As について知られている．P$_2$H$_4$(ジホスフィン)は不安定で，気体状態ではゴーシュ形，固体状態ではアンチ形である．また，H の代わりにハロゲン X が結合した E$_2$X$_4$ 型の化合物もある．

例題 7.4

Q P–P 単結合エネルギー(+200 kJ mol^{-1})が N–N 単結合エネルギー(+158 kJ mol^{-1})や As–As 単結合エネルギー(+175 kJ mol^{-1})よりも大きいのはなぜか．

A 周期を下がると，典型元素 E のサイズが大きくなり，その軌道も空間的に広がるので軌道間の重なりが悪くなる．その結果，一般に E–E 結合は弱くなるという傾向がある(ただし遷移金属では周期を下がると M–M 結合は強くなる)．このことは As–As 結合が弱いことからよくわかる．だから N–N 結合が最も強いと予想される．ところが，N–N では隣の N 上の孤立電子対間での反発が大きいので(原子サイズが小さいから)，N–N 結合は弱くなる．P, As になると原子サイズが大きくなり，孤立電子対間の反発は緩和される．

> 15族のN–N単結合が弱いのと同じ理由で，16族のO–O (+142 kJ mol^{-1})や17族のF–F(+158)結合は，それぞれS–S(+266)やCl–Cl(+242)結合より弱い(9.2節)．なおSe–Se(+172) > Te–Te (+149)，Br–Br(+193) > I–I (+151)，As–As(+175) > Sb–Sb(+142)である．これに対して孤立電子対がない14族ではC–C(+346) > Si–Si (+226) > Ge–Ge(+188) > Sn–Sn(+151)のように，周期を下がると正常に結合エネルギーは低下する．82ページ欄外の表も参照せよ．

N=N の二重結合をもった RN=NR (R = H または F) 型のジアゼン (diazene) も知られている．N$_2$H$_2$(ジイミド)は過渡的に存在するに過ぎないが，シスとトランスの異性体が可能である(図7.6)．N$_2$F$_2$ では両異性体が知られている．周期を下がると E=E 二重結合が弱くなるので，他の15族元素では，このタイプの二重結合をもった化合物を生成する傾向が減少する(N と P の結合エネルギーについては表7.1をみよ)．ただし P=P(ジホスフェン)，As=As(ジアルセン) の多重結合をもつ化合物は最近数多く合成されている(平面トランス構造)．これらの場合でも，14族元素の場合(6.4節)と同様に，大きな置換基を導入して，弱い E=E 二重結合を速度論的に安定化する工夫が必要である．また E=E の二重結合部分が遷移金属錯体フラグメントに結合したものや，各 E 上の孤立電子対が遷移金属フラグメントに配位したものも知られている．トランス形の RBi=BiR 型も単離されていて，Bi の二つの p 軌道が隣の Bi との σ と π 結合に，残りの p 軌道が R との結合に使われ，孤立電子対が不活性電子対として s 軌道に収容されたような構造をとっている(平面構造を保つが，s と p 軌道のエネルギー差が大きいので混成しにくくなり，このため R–E–E 角は周期を下がるに

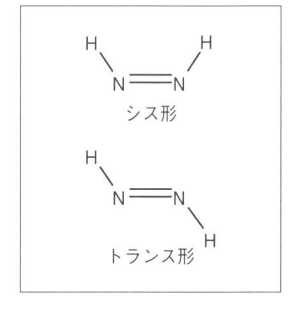

図7.6 ジアゼン N$_2$H$_2$ のシス形とトランス形の構造．

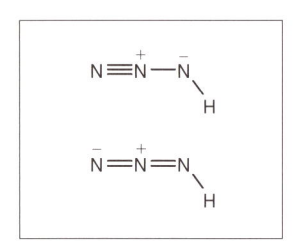

図7.7 アジ化水素 HN₃ の二つの共鳴構造.

つれて 90°に近づく). $F_2P—N(CH_3)_2$ では N 周りは sp^2 混成の平面構造で，N 上の孤立電子対（p 軌道中）が P の σ^* 軌道に供与されるので P と N の間は多重結合性を帯び，ホスファゼン $[—X_2P=N—]_n$（12.5 節）は明らかに N=P 結合をもつ．

窒素の水素化物とみなせるもう一つの化合物はアジ化水素 HN_3〔ヒドラゾ酸 (hydrazoic acid) ともいう〕であり（pK_a = 4.65），その構造は図 7.7 に示してある．直線構造のアジ化物イオン (azide anion) N_3^- は HN_3 を脱プロトン化して得られ，116 pm の結合距離をもつ 2 個の等価な N—N 結合からなる対称的な直線構造をもつ（$^-N=N^+=N^-$ で，16 電子の O=C=O と等電子）．アジ化物イオンは擬ハロゲン化物イオン (pseudohalogen ion) の一例である（Box 9.2）．

7.4 15 族元素の酸化物

15 族元素はすべて，とくに N と P は広範な酸化物を生成する．

7.4.1 窒素の酸化物

窒素の酸化物では N は +1 から +5 までの広い範囲の酸化数をとり，すべての場合 N と O の間に強い pπ—pπ 結合がある．おもな窒素の酸化物の形を図 7.8 に示す．これらが平面構造をとっているのは N=O の π 結合に好都合だからである．

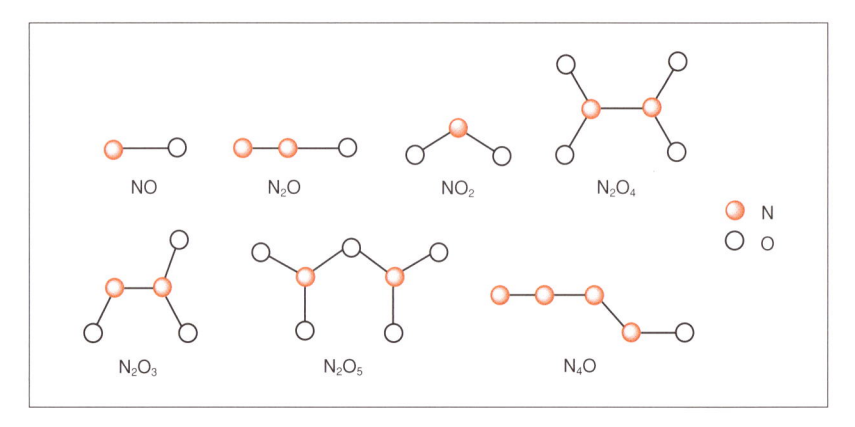

図7.8 窒素の酸化物の形．末端には電気陰性な原子 O が位置する．

一酸化二窒素 (dinitrogen oxide) N_2O〔亜酸化窒素 (nitrous oxide) ともいう．俗称は笑気〕は硝酸アンモニウムを加熱すると得られ（式 7.6），直線状の N—N—O 構造をもつ（$^-N=N^+=O$ と表され CO_2, N_3^- や NO_2^+ と等電子）．

$$NH_4NO_3 \longrightarrow N_2O + 2 H_2O_{(g)}, \quad \Delta H° = -35.9 \text{ kJ mol}^{-1} \quad (7.6)$$

例題 7.5

Q 一酸化二窒素の生成エンタルピー $\Delta_f H°(N_2 + 1/2\,O_2 \longrightarrow N_2O)$ は +82.1 kJ mol^{-1} である（$\Delta_f G°$ = 104.2 kJ mol^{-1}）．しかし，この化合物は比較的安定

で，多くの試薬に対してきわめて不活性である．この理由を考えよ．
A N_2O の生成エンタルピーは正なので，N_2 と O_2 に対しては熱力学的に不安定である（だから単体 N_2 と O_2 から，これをつくることはできない）．しかし N_2O は速度論的に安定であり，室温での分解はきわめて遅い．NO も，同じような速度論的安定性をもつ窒素酸化物である（$\Delta_f H° = +90.3$ kJ mol^{-1}，$\Delta_f G° = 86.6$ kJ mol^{-1}）．ただし，$3NO \longrightarrow N_2O + NO_2$ （$\Delta H° = -155.6$ kJ）の反応は高圧下で起こる．

一酸化窒素（nitrogen monoxide，または nitric oxide）NO は 1 個の不対電子をもつ反応活性な分子であるが，低温以外では二量化して O=N—N=O になる傾向はほとんどない（非局在化した N—O の π* 軌道に不対電子があるから．例題 7.6）．NO はハロゲン X_2 と反応して屈曲構造の X—N=O 型のハロゲン化ニトロシルを与える（NO_2^- や O_3 と等電子）．これと X^- イオンの受容体（たとえば $AlCl_3$ のようなルイス酸）との反応（式 7.7）では，ニトロソニウムイオン（ニトロシルイオンともいう）NO^+ を含む化合物になる．

$$O=N—Cl + AlCl_3 \longrightarrow [N≡O^+][AlCl_4^-] \quad (7.7)$$

NO は容易に空気酸化を受けて茶色で常磁性の二酸化窒素 NO_2（屈曲構造をしている）になる．NO_2 を加圧/冷却すると二量化して無色の N_2O_4 になる（例題 7.7）．NO_2 は一電子還元されると亜硝酸イオン NO_2^- に，一電子酸化されると直線構造のニトロイルイオン（ニトロニウムイオンともいう）NO_2^+ になる．NO_2^- はルイス塩基/ルイス酸であり，NO_2^+ は有機物のニトロ化の活性種と考えられている．

一酸化窒素 NO のルイス構造

ニトロソニウムイオン NO^+ のルイス構造

（黒点は電子を表す）

奇数個の電子をもつ典型元素化合物は比較的めずらしい．NO（11 電子）以外に NO_2（17 電子），ClO_2（19 電子）やニトロオキシド $R_2N=O$（形式的には 13 電子）があり，みな常磁性である．

NO と N_2O は中性の酸化物で，その水溶液は酸性でも塩基性でもない．非金属の酸化物でも，酸化数が低い場合には酸性酸化物ではない．同様に金属の酸化物は，イオン結合性の塩基性酸化物であることが多いが，金属の酸化数が高いと共有結合性の酸性酸化物になるものもある（たとえば V_2O_5 や CrO_3）．

例題 7.6

Q NO の結合距離（115 pm）が NO^+ イオンの結合距離（106 pm）より長いのはなぜか．

A NO と NO^+ の分子軌道エネルギー準位図を考える必要がある．

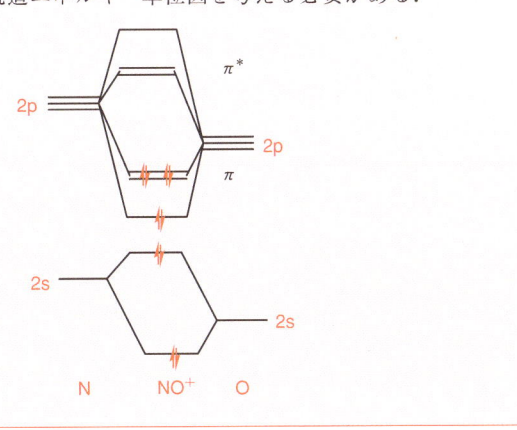

分子軌道エネルギー準位図については 1.5 節参照．NO^+ の空の π* 軌道が π アクセプターとして働き，正電荷を帯びているので軌道のエネルギーが低く，等電子の CO より強い π 逆供与能力をもつ．等電子の $^-C≡N$ は負電荷を帯びているので π 逆供与能力は低い（σ 供与性は高い）．

NO は生物学的に重要な分子であり，たとえば血圧の制御に寄与している[3]．生体内でのその多様な作用の解明が，1998年度のノーベル生理学医学賞の対象となった．

†1 訳者注 等電子の第2周期の二原子分子（イオン）の結合距離は N≡O$^+$ (106 pm)，N≡N (110)，$^-$C≡O$^+$ (113)，$^-$C≡N (117)，C≡C^{2-} (120) であり，負電荷が増すと長くなる傾向がある．なお，HCN は pK_a = 9.2 の弱酸である．

N_2O_3 と N_2O_4 が $\cdot$NO + $\cdot$NO$_2$ と $\cdot$NO$_2$ + $\cdot$NO$_2$ からそれぞれ生成するとき，不対電子どうしが対をつくって反磁性になる．NO では，不対電子は N の p 軌道を主成分とする π* 軌道（例題 7.6 の図）に，NO$_2$ では N の sp または sp^2 混成軌道に，それぞれ収容されている（142 ページ訳者注1参照）．

N_2O_3，NO$_2$，N_2O_5 は酸性酸化物であるが，NO や N_2O は中性である．N の酸化数が増すほど酸性になる．CO が中性，CO_2 が酸性なのも同じ理由．

これは異核二原子分子なので，s 軌道と p 軌道の混合を無視すると，O_2 の分子軌道（図 1.11）とよく似ている．ただし，N と O の原子価軌道にエネルギー差があるので少し変形している（電気陰性な O の軌道のほうがエネルギーが低い）．NO では反結合性の π* 軌道（N の p 軌道が主成分）を1個の電子が占めているので結合次数は 2.5 である．NO$^+$ では，そのπ* 軌道の電子が除かれるので結合次数は 3 となる（CO や N≡N と等電子）[†1]．だから NO$^+$ は NO より結合距離が短い．また NO$^+$ は CO，PF$_3$ や C≡NR と同様に π* または σ* 軌道を使って π アクセプターとして働く．

そのほかの窒素酸化物には図 7.8 に示した N_2O_3，N_2O_4，N_2O_5，N_4O がある．N_2O_3 は低温で NO と NO$_2$ から生成する．これは青色の固体または液体で（無水亜硝酸），気体にすると解離して NO と NO$_2$ に戻る．N_2O_4 は純粋ならば無色で反磁性であるが，温めると容易に解離して，茶色で常磁性の NO$_2$ になる（式 7.9）．N_2O_3 や N_2O_4 を濃硫酸に溶かすとニトロソニウムイオン NO$^+$ が生成する．

N_2O_5 は気体状態では共有結合性の分子であるが，固体では NO$_2^+$NO$_3^-$ として結晶化する（類似の挙動を示す PCl$_5$ については例題 7.9 と章末問題 9.8 参照）．これは無水硝酸と呼ぶべきもので，通常，硝酸を P_2O_5 などで脱水すると生成する（式 7.8）．これを水と反応させると硝酸に戻る．

$$2\,HNO_3 - H_2O \longrightarrow N_2O_5 \tag{7.8}$$

例題 7.7

Q 式 (7.9) の平衡において，(a) 圧力を高くしたときと，(b) 温度を上げたときの平衡位置に及ぼす影響を推定せよ．

$$N_2O_{4(g)} \rightleftharpoons 2\cdot NO_{2(g)}, \quad \Delta H° = +57.2\,kJ, \quad \Delta G° = +4.8\,kJ \tag{7.9}$$

A ルシャトリエの原理により，圧力を上げると平衡は左に移動して N_2O_4 が多くなる．右辺には 2 分子の気体があり，左辺には 1 分子の気体があるので，左に平衡が移動すれば圧力が下がるからである．N—N 結合が解離する右方向の反応は吸熱（$\Delta H° > 0$）なので，温度を上げるとその影響を打ち消すように右（吸熱）方向への反応が促進され $\cdot$NO$_2$ が多くなる．

平衡にある系に対して，その平衡を乱すような影響を与えると，その影響を打ち消すように平衡の位置が移動する．これをルシャトリエの原理という．

7.4.2 リンの酸化物

リンの酸化物（酸性酸化物）としては非常に多くのものが知られており[4]，そのうちで最も重要な酸化物は，過剰の酸素存在下でリンを燃焼させたときに得られ

る五酸化リン(phosphorus pentoxide．五酸化二リンともいう)P_4O_{10}である(式7．10)．

$$P_4 + 5\,O_2 \longrightarrow P_4O_{10}, \quad \Delta H° = -3043\,\text{kJ} \qquad (7.10)$$

P_4O_{10}は水とは激しく反応し，メタリン酸$(HPO_3)_4$，二リン酸$H_4P_2O_7$を経て，沸騰させると最終的にはオルトリン酸H_3PO_4になる(7.6.2項)．酸素の供給量を制限してP_4を燃焼させると三酸化二リンP_4O_6ができる．同じP_4O_6の基本骨格から誘導される関連したリンの酸化物には末端のP＝O基の数が異なるものがある．そのようなP_4O_6，P_4O_7，P_4O_{10}の構造を図7.9に示す．同じ第3周期でも14族のSiではSi＝O結合をもつものはないが，もう少し電気陰性な15族ではp軌道が集中しているのでP＝O結合があり，16族ではS＝O結合はめずらしくないばかりか，第4周期のSeでもSe＝O結合をもつ化合物がある（8.5節）．

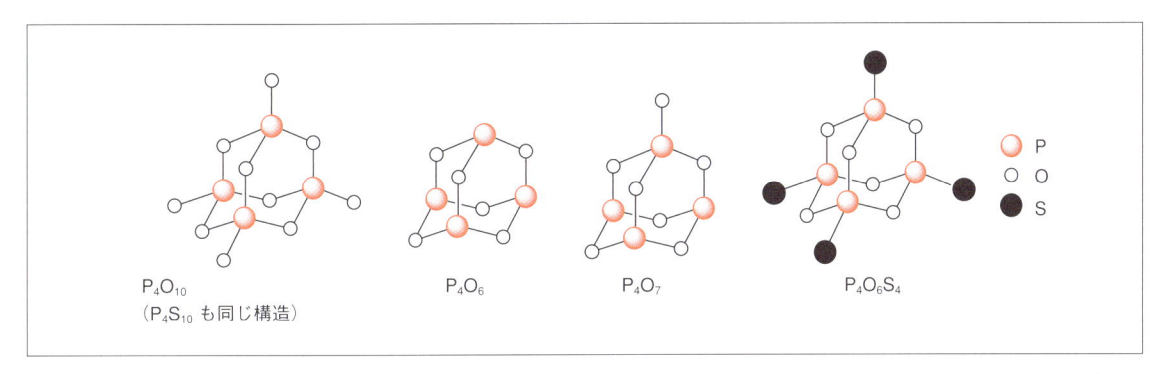

図7.9　いくつかの重要なリンの酸化物と硫化物の構造．

7.4.3 ヒ素，アンチモン，ビスマスの酸化物

As，Sb，BiについてもM_2O_5の組成をもつ酸化物がある．ただし，Biについては純粋なものは得られない．As_2O_5の構造では四面体のAsO_4単位と八面体のAsO_6単位とが頂点を共有しており，Sb_2O_5はつながった八面体のMO_6単位を含むと考えられている(酸性酸化物)．いずれもM＝Oのπ結合はもたない．このように，NとPまでの酸化物はしばしばE＝O結合をもつが(とくにN)，As以降になるとE＝Oのπ結合が弱くなるので，次第に多くの単結合をもつようになる(その代わり配位数が増える)．AsとSbの酸化物E_2O_3は，三角ピラミッド構造のEO_3がO原子を共有したポリマーとしても，気体ではP_4O_6(図7.9)と同じような分子性のE_4O_6としても存在する(As_2O_3，Sb_2O_3は両性酸化物．ただし酸化数が高いAs_2O_5とSb_2O_5は酸性)．Bi_2O_3は5配位の：BiO_5を単位とするイオン結合的なポリマー構造である(塩基性酸化物)．これらE_2O_3型の酸化物もE＝Oのπ結合をもたない．また，周期を下がると酸性から両性(さらに塩基性)へと変化する(酸化数が低いとさらに塩基性が増す)．14族元素(6.7節)や16族元素(8.5節)の酸化物についても同様の傾向がみられる．

下の周期の重い15族元素は，大きい配位数をとる傾向がある．Nの酸化物では配位数は少ないが，N＝Oのπ結合がある．周期を下がるにつれてE＝Oのπ結合は起こりにくくなるが，配位数が多くなり，分子間と分子内の区別がなくなってポリマー状になるのである．また酸化数の高いものは，不活性電子対効果(と交互効果)のために次第に不安定になる(とくにAs_2O_5やBi_2O_5)．

7.5　15族元素の硫化物

　分子性の窒素の酸化物には多様なものがあることはすでに述べたが（図7.8），硫化物にはこれらと直接対応するようなものは少ない〔四角形の S_2N_2（6eπ），六角形の $S_3N_3^-$（10eπ）や次の S_4N_4（12eπ）がある〕．N＝O の π 結合に比べ，N＝S の π 結合が弱いからである．

　最もよく知られた S と N の間に結合をもつ化合物は爆発性の**四硫化四窒素**（四窒化四硫黄）S_4N_4 であり（対応する Se_4N_4 もある），SCl_2（または S_2Cl_2）と NH_3 との反応で合成される．その構造はゆりかご形の八員環（図7.10）であり，非局在化した N＝S の π 結合をもっている．S_4N_4 を Ag の金網と反応させると最初に環状の S_2N_2 が生じ，ついでこれが高い導電性をもつポリマー状の物質**ポリチアジル**$(SN)_x$（図7.10）になる．ポリチアジルでは各 N と S 原子は sp^2 混成で，1組の孤立電子対をもつ．各原子上の残った p 軌道どうしが π 型に重なり，S と N はその p 軌道にそれぞれ 2 電子と 1 電子をもつ（全部で $3x$ 個）．$2x$ 個の π 軌道はポリマー鎖に沿って非局在化しており，合計で $4x$ 個まで電子を収容できる．だから軌道が部分的に占有されていて，導電性を示す．なお $S_4N_4^{2+}$（10eπ）は平面構造で，芳香族性をもつ．

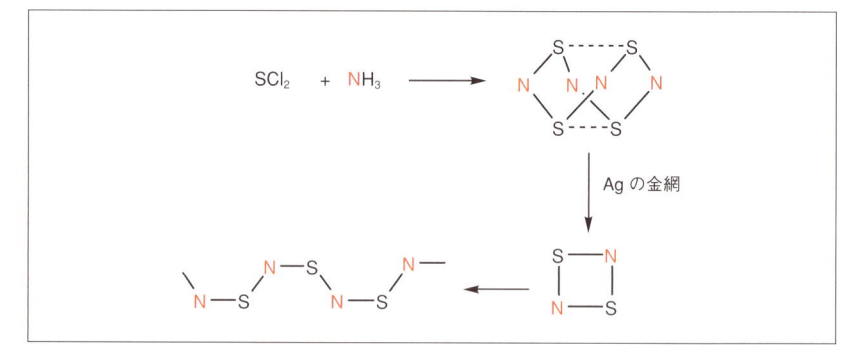

図7.10　S と N の間に結合をもつ数種の化合物．破線は S と S の間の弱い（渡環）相互作用（距離は 258 pm）の存在を示している．

†1 訳者注　基本となる P_4（結合角 60°）はひずんでいるが（図7.3），P と P の間に S が挿入すると図7.11 のように結合角が広がって，ひずみはかなり解消される．

　リンの硫化物で最も重要なのは P_4S_{10} で，図7.9 に示した酸化物 P_4O_{10} と同じような構造をもつ．酸化物と硫化物とが混合した化合物もあり，$P_4O_6S_4$ では四つの末端の P＝S 基と六つの架橋酸素がある（図7.9）．低酸化数のリンの硫化物も多種知られていて，酸化物の場合と同様にこれらは四面体 P_4 の分子に末端の P＝S が付き，P_4 の P－P 結合に S が挿入したものと概念的に考えることができる†1．無論 P－P 結合が残っているものもあり，その構造を図7.11 に示す．

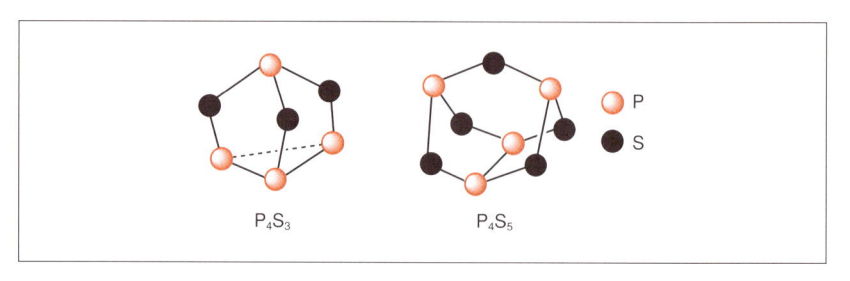

図7.11　P－P 結合をもつ低酸化数のリンの硫化物の例．図に示した P_4S_5 は β 型で，P＝S 結合をもつ α 異性体もある．

ヒ素には多数の硫化物があり，As_2S_3 は気体では As_4S_6 として存在し，図7.9 の P_4O_6 と同じ構造である（水溶液は負電荷を帯びたコロイドになる）．さらに鶏冠石として天然に存在する As_4S_3 や，As_4S_5，As_4S_{10} などもある．As_4S_4 には多くの形のものがあり，そのうちの一つは図7.10 の S_4N_4 と似た八員環構造であるが，As が S_4N_4 の S の位置に，S が N の位置にある．電気陽性な原子が大きな配位数をとるのが安定だからである（一般に電気陰性な原子が末端に位置する）．そのほか M_2E_3（E = S, Se, Te）型のカルコゲン化物が M = As, Sb, Bi について知られている．これらは重い13, 14族元素のカルコゲン化物（5.8.1項と 6.8節）と同様に共有結合性が強く，また半導体の材料としての用途がある．

7.6　15族元素のオキソ酸陰イオンとオキソ酸

15族元素，とくに N と P の化学では，オキソ酸陰イオンは非常に重要な役割を果たすが，As ではその重要性は少し減る．Sb や Bi まで周期を下がると，オキソ酸陰イオンの重要性は相当減り，むしろ陽イオンとしての化学が重要になり始める〔たとえば6個の $Bi(OH)_3$ 単位の Bi が八面体の各頂点に位置する $[Bi_6(OH)_{12}]^{6+}$〕．

7.6.1　窒素のオキソ酸

窒素のどのオキソ酸陰イオンでも N の配位数は 2 か 3 であり（いつも 4 配位となる P や As とは対照的である），これらはみな，サイズが小さい p ブロック元素である N に好都合な N=O や，ときには N=N の pπ–pπ 結合をもっている（だから平面構造をとる）．窒素のオキソ酸のおもな陰イオンを図7.12に示す．

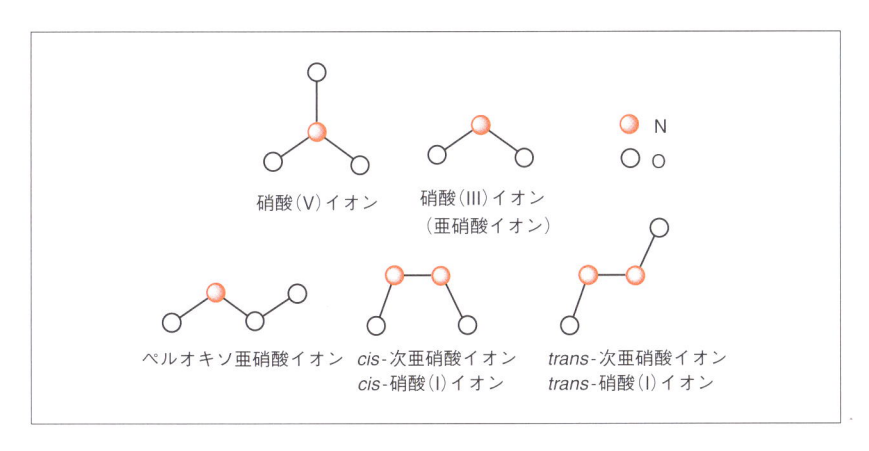

図7.12　おもな窒素のオキソ酸陰イオンの構造．

硝酸(V)（nitric acid）HNO_3〔$HON(=O)_2$〕は工業的に最重要であり，Pt 触媒のもとで NH_3 を NO に酸化することによって多量に製造されている（式7.11）．

$$4\,NH_3 + 5\,O_2 \longrightarrow 4\,NO + 6\,H_2O, \quad \Delta H° = -1169\,kJ \qquad (7.11)$$

この一酸化窒素 NO を空気酸化し，水と反応させる（オストワルド法という）

ことによって硝酸にする(式7.12と7.13)．ここで式(7.13)は不均化反応である〔3 N(IV) ⟶ 2 N(V) + N(II)〕．

$$2\,NO + O_2 \longrightarrow 2\,NO_2 \tag{7.12}$$

$$3\,NO_2 + H_2O \longrightarrow 2\,HNO_3 + NO \tag{7.13}$$

硝酸は常温で液体の強酸であり，強い酸化力をもつ(100ページ訳者注1参照)．NH_4NO_3の固体を加熱すると，式(7.6)のように分解する．同じくNが+5の酸化数をもつペルオキソ硝酸 $HOON(=O)_2$ も知られている．一方，低酸化数の酸はたいてい不安定であるが，その共役塩基(陰イオン)は安定であることが多い．このような酸の例としては，亜硝酸イオン NO_2^- を酸性にすると生じる亜硝酸(nitrous acid) HNO_2 (HON=O)や，亜硝酸と過酸化水素との反応で生成するペルオキソ亜硝酸(peroxonitrous acid) HOON=O がある．もう一つのNのオキソ酸としては次亜硝酸(hyponitrous acid) $H_2N_2O_2$ (HON=NOH)があり(pK_{a1} = 7.2, pK_{a2} = 11.5)，これは次亜硝酸銀と乾燥した塩化水素との反応で得られるが，容易に N_2O に分解する．ただし，固体状態では分子間の水素結合によって安定化している．次亜硝酸イオンそれ自身は $NaNO_2$ を Na/Hg で還元すると得られ，トランス構造である．これに対して，Na_2O と N_2O との反応で得られた次亜硝酸イオンはシス構造をもつ(図7.12)．異性体としてニトロアミド H_2N-NO_2 がある．

7.6.2 リンのオキソ酸

リンのオキソ酸にはリンの酸化数が+1，+3，+5までの多様なものが存在し，低酸化数の化合物はP—P結合や酸として働かないP—H結合をもつ．正リン酸 (phosphoric acid) H_3PO_4 は融点42.35℃の潮解性結晶で，普通，オルトリン酸(酸化数+5)として最もよく知られた三塩基酸である(pK_{a1} = 2.15，pK_{a2} = 7.20，pK_{a3} = 12.35)．その3個の水素は順次金属イオンなどに置き換えられて，リン酸二水素塩 $H_2PO_4^-$，リン酸一水素塩 HPO_4^{2-}，リン酸塩 PO_4^{3-} を与える．リン酸どうしが縮合してP—O—P結合をもつ多量体は数多く知られている(12.2節)．

リン酸に限らず，オキソ酸イオンは酸性条件下では脱水縮合して多量体(ポリ酸陰イオン)を生成する傾向がある．負電荷が大きいほど(Oの求核性が高くなるので)その傾向が強い．たとえば SO_4^{2-} は二量体 $S_2O_7^{2-}$ を，PO_4^{3-} は $P_2O_7^{4-}$ や環状の $P_3O_{10}^{5-}$ を(12.2節)生成し，SiO_4^{4-} (単独では存在しない)では $Si_2O_7^{6-}$ や環状の $Si_3O_9^{6-}$ や，もっと多くが縮合したポリマー状のものがある(12.3節)．BO_3^{3-} ([B(OH)$_4$]$^-$．図5.12)や[Al(OH)$_4$]$^-$ も同様である．中心原子が遷移金属になったオキソ酸陰イオン [VO$_4$]$^{3-}$，[CrO$_4$]$^{2-}$，[MoO$_4$]$^{2-}$ などでも同様の現象がみられる．

正リン酸 H_3PO_4 は沸騰した薄いリン酸水溶液に P_4O_{10} (7.4.2項)を溶解することで工業的に製造されるが(例題2.3)，硫酸でリン酸塩を酸置換する方法(式

亜硝酸 HNO_2 は有機化学でよく使われ，フェニルアミン誘導体 RNH_2 と反応してジアゾニウム塩(diazonium) RN_2^+ を与える．これはその多くが染料となるアゾ化合物 RN=NR′ の製造に使われる．亜硝酸は pK_a = 3.15 の弱酸で，この水溶液を加温すると硝酸，NO，H_2O に分解する．亜硝酸アンモニウム NH_4NO_2 を熱分解すると N_2 と $H_2O_{(g)}$ になる($\Delta H° = -227\,kJ\,mol^{-1}$)．

7.14)が次第に使われるようになっており，このほうが省エネ的である．

$$Ca_3(PO_4)_2 + 3H_2SO_4 \longrightarrow 2H_3PO_4 + 3CaSO_4·2H_2O \tag{7.14}$$

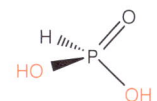

ホスホン酸(phosphonic acid．**亜リン酸**)H_3PO_3 は解離しない水素を1個もち，PCl_3 を加水分解(式7.15)してつくられる($pK_{a1} = 1.5$, $pK_{a2} = 6.8$)．

$$PCl_3 + 3H_2O \longrightarrow H_3PO_3 + 3HCl \tag{7.15}$$

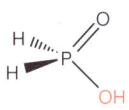

ホスフィン酸(phosphinic acid．**次亜リン酸**)H_3PO_2 は解離しない2個の水素をもち($pK_a = 1.23$)，白リンを NaOH と反応させて生成する陰イオン $H_2PO_2^-$ を酸性にすると得られる(式7.16と7.17)．H_3PO_3 と H_3PO_2 は形式的にそれぞれ +3 と +1 の酸化数の P をもつので強い還元剤である．

$$P_4 + 4H_2O + 4OH^- \longrightarrow 4H_2PO_2^- + 2H_2 \tag{7.16}$$
$$H_2PO_2^- + H^+ \longrightarrow H_3PO_2 \tag{7.17}$$

H_3PO_4, H_3PO_3, H_3PO_2 の P は形式的にはそれぞれ +5，+3，+1 の酸化数をもつが，P の原子価(結合数)はいずれも 5 である．原子価 3 のリンのオキソ酸には亜ホスホン酸(phosphonous acid)$PH(OH)_2$($= H_3PO_2$)と亜ホスフィン酸(phosphinous acid)$PH_2(OH)$($= H_3PO$)がある．これらの P の酸化数は形式的にそれぞれ +3 と -1 である．なおホスホン酸 $O=PH(OH)_2$ は $P(OH)_3$ と，ホスフィン酸 $O=PH_2(OH)$ は $PH(OH)_2$ と，$O=PH_3$ は $PH_2(OH)$ と，それぞれ**互変異性体**(tautomer)の関係にある(P 上の1個の H^+ を O=P の O へ移動すると，P 上に孤立電子対をもつ HO—P となり，P の原子価は 5 から 3 に変わる)．

例題 7.8

Q 次のリン酸中の P の酸化数はいくらか．(a) $H_4P_2O_5$，(b) $H_4P_2O_6$．

A (a) $H_4P_2O_5$ は 2 分子のホスフィン酸 H_3PO_3 の OH 基が縮合してできた無水物であり，P—O—P 結合をもつ．したがって酸化数は H_3PO_3 中と同じで +3 である．
(b) $H_4P_2O_6$ は 1 個の P—P 結合をもち，これは酸化数に影響しない．だから酸化数は正リン酸 H_3PO_4 中よりも 1 だけ少ない +4 である．

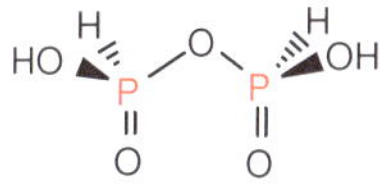

7.6.3 ヒ素，アンチモン，ビスマスのオキソ酸

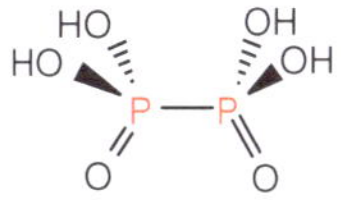

正ヒ酸(arsenic acid)H_3AsO_4 は正リン酸の類似体 $O=As(OH)_3$ で，ヒ素の単体を硝酸に溶かすと得られる．これも三塩基酸であるが($pK_{a1} = 2.2$, $pK_{a2} = 6.9$, $pK_{a3} = 11.5$)，酸水溶液中では H_3PO_4 とは違って若干酸化力がある(高い酸化数が次第に不安定になる)．+3 の酸化数をもつ亜ヒ酸塩 M_3AsO_3 もよく知られているが，**亜ヒ酸** H_3AsO_3($pK_{a1} = 9.1$)は，ホスホン酸 H_3PO_3〔$O=PH(OH)_2$〕やホ

スホン酸イオン O=PH(O$^-$)$_2$ とは違って，As—H 結合はもたない〔恐らく三角ピラミッド構造の As(OH)$_3$ で O=AsH(OH)$_2$ の互変異性体〕．猛毒の As$_2$O$_3$ は亜ヒ酸と呼ばれることがあるが，むしろ無水亜ヒ酸と呼ぶべきである．

15族の重い元素の化学的性質は P や As とはあまり似ていない．また P や As に比べて，Sb や Bi の化合物ははっきりした組成，構造をもたないものが多い〔3価の H$_3$SbO$_3$ と塩基性の Bi(OH)$_3$ など〕．5価の Sb，Bi のオキソ酸塩としては Na[Sb(OH)$_6$] や，[SbO$_6$] 単位が稜を共有した LiSbO$_3$ や NaBiO$_3$ などがある．

7.7　15族元素のハロゲン化物

7.7.1　原子価5の15族元素のハロゲン化物 ── 五ハロゲン化物 ──

15族元素の五フッ化物 MF$_5$ はみなよく知られているが，NF$_5$ だけは存在しない．N が結合に使える原子価軌道を四つしかもたないからである[†1]．F を配位子とすると15族元素の最高の酸化数の状態を安定化できる（88ページ訳者注1参照）．

BiF$_5$ 以外の MF$_5$ は強力な F$^-$ の受容体（ルイス酸）であり，安定な八面体構造の MF$_6^-$ になりやすい．この性質は，たとえば希ガスの化学の研究（10章）に広く利用されている．Sb は二量体のフッ化物イオン Sb$_2$F$_{11}^-$ を生成し，これは1個の架橋 F でつながれた二つの SbF$_6$ の八面体からなっている（図10.6）．これとは対照的に五塩化物 PCl$_5$ と SbCl$_5$ はよく知られている．しかし AsCl$_5$ はむしろ不安定な物質である（100ページ訳者注2で述べた交互効果が原因）．PBr$_5$ も知られているが，他の組合せの五ハロゲン化物，とくに重い15族元素と重いハロゲンを含む組合せのものは不安定である．重い15族元素では高い酸化数の状態が不安定であり，重いハロゲンは還元性をもつからである（還元的脱離 MX$_5$ ⟶ MX$_3$ + X$_2$ が起こる）．ハロゲン X の代わりに Ph 基が結合した AsPh$_5$（三角両錐構造）や SbPh$_5$（Sb が四角面から浮いた正方錐構造）や X と Ph が混合配位した化合物 MX$_n$(Ph)$_{5-n}$ なども知られている．これらも配位数が4を超える超原子価化合物である．

気体状態では15族の五ハロゲン化物は VSEPR 則から予想されるように三角両錐構造をとる．しかし，固体ではもう少し状況は複雑になる．たとえば SbF$_5$ は固体では F 架橋した SbF$_6$ 単位からなる四量体，液体では類似の F 架橋をもつポリマー構造である．また PCl$_5$ では何種類かの状態が確認されていて，いずれも分子性の PCl$_5$ を含んでいない．つまり PCl$_5$ はイオン性の固体 PCl$_4^+$PCl$_6^-$ として結晶化し，(PCl$_4^+$)$_2$(PCl$_6^-$)Cl$^-$ の組成をもつ準安定な状態も見つかっている．これに対して，固体の PBr$_5$ は PBr$_4^+$ と Br$^-$ イオンとからなる．EF$_n$Cl$_{5-n}$ のすべての組合せ（n = 0〜5），たとえば PF$_3$Cl$_2$ などの混合ハロゲン化物も知られている．EF$_3$Cl$_2$ は気体状態では三角両錐構造であるが[†2]，固体では ECl$_4^+$EF$_6^-$ のようにイオン結合的になる．こうすると，格子エネルギーによる安定化を受けるだけ

[†1] 訳者注　第3周期以降の元素では空の d 軌道も結合に使われるとすれば，このような解釈が成立するが，この種の超原子価化合物の結合は，s，p 軌道による多中心結合によって説明するのが普通である（88ページ訳者注3参照）．N について五ハロゲン化物が知られていないのは，N のサイズが小さいために5配位構造をとれないからである．同じ理由で OF$_4$ や OF$_6$ は存在しないが，SF$_4$ や SF$_6$ は存在し（8.1節），BrF$_5$ はあるが FBr$_5$ はない（9.7.1項）．

[†2] 訳者注　三角両錐構造ではエクアトリアルの置換基とアキシアルの置換基は等価ではないので，PF$_3$Cl$_2$ にはいくつかの異性体が可能である．このうちで電気陰性な F がアキシアルに位置するのが最安定である（これを置換基の位置選択性という）．だからこの場合では，2個の F がアキシアル方向を，残りの F と2個の Cl がエクアトリアルを占めるのが安定である〔Box 1.3と章末問題1.2 (e)参照〕．

でなく，電子求引的でないハロゲン（この場合はCl）が陽イオン種に含まれて不安定化が最小になるのである（PX_6^-はXが電気陰性であるほど安定である）．一方，液体の$AsCl_5$や固体の$SbCl_5$は三角両錐構造である．

BCl_3とNH_4Clとを反応させると環状のボラジン誘導体$B_3N_3H_3Cl_3$が生成するように（式5.20），PCl_5とNH_4Clとを反応させると環状のホスファゼン誘導体$P_3N_3Cl_6$（各P上に2個のClがある）などが生成する（12.5節）．この化合物でもPとNの間には二重結合性があるが，ベンゼンやボラジンとは違って全体に非局在化しているわけではない（各P—N—P単位が三中心二電子のπ結合をしている）．加熱するとポリマーになる（ポリホスファゼンという）．P—NとSi—Oとは等電子なので，ホスファゼンのPとNがそれぞれSiとOで置き換わったシロキサンもよく知られている．これらについては12.4節と12.5節で述べる．

例題 7.9

Q PCl_5は$PCl_4^+ PCl_6^-$として結晶になる．これらの各イオンの構造を推定せよ．

A Pは15族で五つの価電子をもつ．

	PCl_4^+	PCl_6^-
中心のP原子	5電子	5電子
Clとの結合	4電子	6電子
電荷	−1電子	+1電子
総計	8電子（4対）	12電子（6対）
構造	正四面体	正八面体

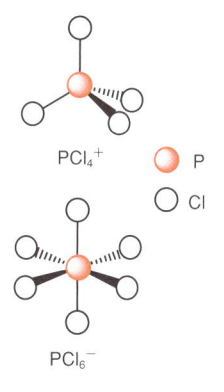

PCl_4^+
PCl_6^-
● P
○ Cl

7.7.2 原子価3の15族元素のハロゲン化物 — 三ハロゲン化物 —

3価の15族元素のハロゲン化物EX_3は，すべての組合せについて知られている．これに対して5価のハロゲン化物EX_5（E ≠ N）は，周期を下がるにつれて酸化力が増してくる（不活性電子対効果）．EX_3でXを一定としてEの周期を下がると，いつものように性質が段階的に変化する．たとえばNF_3, PF_3, AsF_3は分子性であるが（結合力はP—F > As—F > N—Fの順である），SbF_3はF架橋をもつポリマー状であり（Sb周りはひずんだ八面体6配位），重い元素が大きな配位数をとる傾向を反映している．さらに，BiF_3はイオン結合性物質である（Bi周りは8または14配位）．Nの三ハロゲン化物ではNF_3だけが安定で（分解して生成するF—F結合がとくに弱いから），NCl_3やNI_3は爆発性が高い[5]．

15族のER_5やEX_5がルイス酸として働いてER_6^-やEX_6^-（八面体構造）を生成するのと同様に，15族のER_3やEX_3（E ≠ N）もルイス塩基（R^-やX^-）と反応してER_4^-やEX_4^-（やEX_5^{2-}）を生成する．たとえば$[NR_4^+][EX_4^-]$中のEX_4^-はシーソー型構造（三角平面内に孤立電子対をもつ三角両錐），$Na[SbF_4]$は正方錐の

PF_3は電気陰性な三つのF原子をもつので（P上の孤立電子対のエネルギーが低く），弱いσドナーであるが，強いπアクセプターでもある．PF_3では，その3個の空のσ*軌道のうちの2個がπ対称性をもち，これがπアクセプターとして働く．Pは第3周期元素なので，その原子価軌道は少しエネルギーが高いが，置換基が電気陰性なF原子なので，そのσ*軌道はさほどエネルギーが高くなく，結合に使われる．

[SbF$_5$] 単位が 2 個の F で架橋された [Sb$_2$F$_8$]$^{2-}$ の二量体構造である（K[SbF$_4$] は F で架橋された環状の四量体）．一方，K$_2$[SbF$_5$] 中では SbF$_5^{2-}$ は正方錐構造であり，BiBr$_5^{2-}$ は八面体の [BiF$_6$] 単位が 2 個の F 架橋（シス）によって両隣の [BiF$_6$] 単位と連結した多量体構造である．対イオンにも依存するが，周期を下がると，やはり配位数が大きくなり，多量体になる傾向がある．また，[Sb(C$_2$O$_4$)$_3$]$^{3-}$ や [Sb(Hedta)]（孤立電子対を含めると 7 配位五角両錐構造）のような錯体もある．

PF$_3$ は 15 族の三ハロゲン化物のうちでは最も広く研究されている．遷移金属との錯体生成において PF$_3$ と CO とがよく似ているからである（6.7.1 項）．つまり，PF$_3$ と CO は σ ドナーとしても π アクセプターとしても働くことができ，実際，Ni(PF$_3$)$_4$ と Ni(CO)$_4$ のような類似錯体が多く知られている．P には P(NO$_3$) や P(NCS)$_3$ のような擬ハロゲン化物もある．なお R$_4$N$^+$ はアンモニウム，R$_4$P$^+$ はホスホニウム，R$_4$As$^+$ はアルソニウムであり，いずれも四面体構造である．

7.7.3　15 族元素のオキソハロゲン化物

原子価が 3 の窒素のオキソハロゲン化物，たとえば塩化ニトロシル NOCl（7.4.1 項）は知られているが，P と As のオキソハロゲン化物は原子価が 5 のものに限られる．たとえば P と As は MOX$_3$ 型の多くのオキソハロゲン化物を生成し（P の場合では ハロゲン化ホスホリル という），これらは四面体に近い構造をしている．塩化ホスホリル POCl$_3$ は P$_4$O$_{10}$ と PCl$_5$ の反応（式 7.18）によって工業的に多量に合成されている．また，PCl$_3$ を酸化する方法（式 7.19）もよく使われはじめている．Cl 以外のハロゲン化ホスホリルや，O の代わりに S が結合したハロゲン化チオホスホリルも知られている．AsOCl$_3$ は AsCl$_5$ よりは安定であるが，$-25\,^\circ$C でも分解する．

O, S または Se

P

ハロゲン

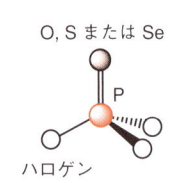

O，S または Se 上の孤立電子対はルイス酸に供与することができる．

$$P_4O_{10} + 6\,PCl_5 \longrightarrow 10\,POCl_3 \tag{7.18}$$

$$2\,PCl_3 + O_2 \longrightarrow 2\,POCl_3 \tag{7.19}$$

ハロゲンの代わりにアルキル基 R が結合したアミンオキシド O=NR$_3$ やホスフィンオキシド O=PR$_3$ もあるが，前者は加熱すると容易に分解する．後者で R の代わりに OH が結合したものが正リン酸 H$_3$PO$_4$ [O=P(OH)$_3$] であり，O= の代わりにカルベン H$_2$C= が結合した H$_2$C=PR$_3$（H$_2$C$^-$—$^+$PR$_3$）はウィッティヒ (Wittig) 反応に用いる リンイリド である．カルボジホスホラン R$_3$P=C=PR$_3$（R = Ph）も知られていて，屈曲構造である．N では平面三角形構造のハロゲン化ニトロイル (O=)$_2$N—X も存在する．

7.8　窒化物とリン化物

3.6 節と 4.5 節で述べたように Li や 2 族金属のような反応活性な金属は 窒化

物 (nitride) を生成する．これを加水分解 (たとえば式 7.20) するとアンモニアが発生するので，これは窒化物イオン N^{3-} を含んでいると思われる．

$$Li_3N + 3 H_2O \longrightarrow NH_3 + 3 Li^+ + 3 OH^- \quad (7.20)$$

これに対して B のような亜金属や非金属の窒化物，たとえば BN や Si_3N_4，P_3N_5，S_4N_4 などは共有結合性の化合物である．一方，遷移金属 M との窒化物 MN，M_2N，M_4N などは侵入型であり，M の格子間隙を N が占めている．だから硬くて金属的な性質を示し，非化学量論的な組成をもつものも多い．

P と As はさまざまな金属などとそれぞれ **リン化物** (phosphide) と ヒ化物 (arsenide) を生成し，これらはホウ化物 (5.4 節)，炭化物 (6.6 節)，ケイ化物 (6.6 節) と同様，多様な組成 (M_nP_m や M_nAs_m) をもち (B と Si と As，C と P は対角関係)，加水分解して，それぞれ PH_3 と AsH_3 になる．これは PH_3 の合成法の一つであり，その他の合成法については 7.3.1 項 (式 7.2 と 7.3) と 2.4.2 項 (式 2.15) で述べた．

> N^{3-} イオンはオクテット則を満たし，F^- や O^{2-} と等電子であるが，-3 の負電荷をもつので非常に反応活性で，単独のイオンとしては存在しない．

> 窒化ホウ素 BN については 5.8.2 項で議論した．13 族と 15 族の間の，その他の化合物については 5.8.1 項を参照せよ．

この章のまとめ

1. 周期を下がると 14 族の場合と同様に，非金属性から金属性へと段階的に変化する．
2. 15 族の全元素について族の番号に対応する $+5$ の酸化数が可能であるが，不活性電子効果のために重い元素 Sb と Bi では $+3$ の酸化数の化合物が安定である．
3. 窒素は強い $p\pi$—$p\pi$ 結合によって安定化し，多くの分子性酸化物 (大半は酸性酸化物) を生成する．

章末問題

7.1 以下の分子またはイオン中の 15 族元素の酸化数はいくらか．
(a) N_2H_4，(b) NO_3^-，(c) AsF_6^-，(d) H_3PO_2，(e) 五酸化二リン

7.2 以下の X が何であるかを特定せよ．
(a) X は他の 15 族元素に比べ正体がはっきりした酸化物を与え，ただ一つの同素体として存在する．
(b) X は酸 H_3XO_n ($n = 2, 3, 4$) を与える．
(c) 重い X の三ハロゲン化物は爆発性であり，5 価のハロゲン化物は存在しない．
(d) 水素化物 XH_3 は非常に不安定であり，X は放射性ではない．

7.3 次の反応式を完成せよ．
(a) $NH_4NO_{2(s)} \longrightarrow N_{2(g)} + H_2O_{(g)}$
(b) $NH_4NO_{3(s)} + 熱 \longrightarrow$
(c) $Zn_3As_{2(s)} + HCl_{(aq)} \longrightarrow ZnCl_{2(aq)} + AsH_{3(g)}$
(d) $As_2O_3 + Zn \longrightarrow AsH_3$ (酸性溶液中)

(e) P_4O_{10} + 過剰の沸騰水 ⟶

7.4 15族元素の水素化物の沸点を分子量に対してプロットし，その曲線の形について考察せよ．沸点(℃)は NH_3 (−33)，PH_3 (−88)，AsH_3 (−63)，SbH_3 (−18) である．

7.5 ハロゲン化ニトロシル ONX の結合角 X—N—O が F(110°)，Cl(116°)，Br(117°) の順に変化する理由を述べよ．

7.6 P—P の単結合，二重結合，三重結合の結合エネルギーは表 7.1 に示してある．これらの値から P—P 結合は単結合で存在するのが安定であることを示せ．

参 考 文 献

1) K. O. Christe, W. W. Wilson, J. A. Sheehy, J. A. Boatz, *Angew. Chem., Int. Ed. Engl.*, **38**, 2004 (1999).
2) H. Hartl, *Angew. Chem., Int. Ed. Engl.*, **34**, 2637 (1995).
3) A. R. Butler, *Chem. Br.*, **1990**, 419；A. R. Butler, D. L. H. Williams, *Chem. Soc. Rev.*, **22**, 233 (1993); R. J. P. Williams, *Chem. Soc. Rev.*, **25**, 77 (1996).
4) J. Clade, F. Frick, M. Jansen, *Adv. Inorg. Chem.*, **41**, 327 (1994).
5) I. Tornieporth-Oetting, T. Klapotke, *Angew. Chem., Int. Ed. Engl.*, **29**, 677 (1990).

さらなる学習のために

G. A. Fisher, N. C. Norman, *Adv. Inorg. Chem.*, **41**, 233 (1994).

T. M. Klapotke, *Chem. Ber./Recueil*, **130**, 443 (1997).

L. Weber, *Chem. Rev.*, **92**, 1839 (1992).

H. J. Emeleus, J. M. Shreeve, R. D. Verma, *Adv. Inorg. Chem.*, **33**, 139 (1989).

I. C. Tornieporth-Oetting, T. M. Klapotke, *Angew. Chem. Int. Ed. Engl.*, **34**, 511 (1995).

E. W. Ainscough, A. M. Brodie, *J. Chem. Educ.*, **72**, 686 (1995).

8章 16族元素(カルコゲン)
― 酸素，硫黄，セレン，テルルとポロニウム ―

この章の目的

この章では，以下の二つの項目について理解する．
- 酸素と硫黄の化学的性質が著しく異なること，およびこの族の元素の化学的性質に多様性があること
- 硫黄は単体においても，多くの化合物においても，鎖状の多量体構造をとる傾向(カートネーション)が強いこと

8.1 序論と酸化数の概観

16族元素〔カルコゲン(chalcogen)．電子配置は $ns^2 np^4$〕は真の金属Poを含む最後の族である．しかし，この族でも前の二つの族の場合と同様に一般的な周期性があり，元素の性質は真の非金属(O, S)から，亜金属/半導体(Se, Te)，さらに金属性のPoまで変化する．同じ元素が環や鎖を形成する，いわゆるカートネーションはSの化学についてとくに重要であり，SeやTeの数種の化合物においてもそのような傾向が少しみられる．しかしOの化合物ではカートネーションはまったくみられない．O上にある孤立電子対間の反発のためである〔15族元素のカートネーションの能力がN<P>As>Sbである(7.2節)のも同じ理由である．例題7.1と82ページ欄外の表を参照〕．この族ではその番号から予想される酸化数は+6である．この酸化数はSについては安定な酸化数であるが，電気陰性な酸素では+6の酸化数は現れない(OではOF_2中での+2が最大の正の酸化数であり，SF_4やSF_6に対応する酸素の化合物OF_4やOF_6はない．114ページ訳者注1参照)．+6の酸化状態はSeからTe，さらにPoへと進むにつれて不安定になり，酸化力が増してくる．これはpブロック元素に普通みられるように，周期を下がると低い酸化数が安定になる(高い酸化数が不安定になる)傾向を反映している(不活性電子対効果)．ただし17族と18族では，下の周期の元素のほうが高い酸化数をとる場合が多い(後述)．

炭素のカートネーションについては6.1節参照．14族ではたいてい孤立電子対をもたないので，周期表を下がるにつれてE—E結合が弱くなり，カートネーションは次第に起こりにくくなる．

例題 8.1

Q 多くの場合，酸素の化合物に対応する硫黄の類似化合物が存在する．これらはしばしば「チオ」という接頭語をつけた名前で示される．次の O の化合物と，対応する S の類似化合物とを命名せよ．
(a) SO_4^{2-} と $S_2O_3^{2-}$，(b) OCN^- と SCN^-，(c) $(H_2N)_2C=O$ と $(H_2N)_2C=S$，(d) OR_2 と SR_2

A (a) 硫酸イオンとチオ硫酸イオン，(b) シアン酸イオンとチオシアン酸イオン，(c) 尿素とチオ尿素，(d) エーテルとチオエーテル．

8.2 16族元素の単体

8.2.1 酸素

酸素(oxygen)O_2 は大気中で N_2 についで二番目に多く存在する気体で(図7.2)，工業的には液体空気を分別蒸留して得られる．酸素の最も重要な同素体は常磁性の二酸素 O_2 (三重項酸素という)であり，液体と固体では淡青色である(三重項→一重項への遷移)．酸素は燃焼過程で直接用いられたり，アルケンと反応させて界面活性剤の製造に使われるエポキシドをつくるのにも使われる．酸素の化合物は消毒薬や漂白剤としての広い用途がある(酸化剤)．また O_2 は end-on または side-on 型で遷移金属に結合する配位子としても働く．

酸素の安定同位体には ^{16}O(99.76%)，^{17}O(0.04%)，^{18}O(0.20%) がある．

O_2 を電気放電にさらすと，もう一つの同素体である**オゾン**(ozone)O_3 に変化する．O_3 は O_2 とは違って反磁性であるが，きわめて反応活性で，構造は屈曲構造である．オゾンは大気上層部(10～50 km 上空)では非常に重要な分子であり，O_2 分子がそこで解離して生成する酸素原子(式 8.1)と O_2 分子とが反応して O_3 ができる(式 8.2)．オゾン O_3 自身は，O_2 分子が吸収できない波長(220～290 nm)の紫外線照射によって光分解する(式 8.3)．だからオゾン層は短波長の紫外線の有害な影響から地球の生態系を保護している．ところが冷媒などとして使用されたフロン($CFCl_3$ や CF_2Cl_2 など)が分解して生じる Cl や ClO がオゾン層を破壊している．

$$O_2 + h\nu \longrightarrow 2O\cdot \quad (8.1)$$
$$O_2 + O\cdot \longrightarrow O_3 \quad (8.2)$$
$$O_3 + h\nu \longrightarrow O_2 + O\cdot \quad (8.3)$$

8.2.2 硫黄

硫黄(sulfur)S は，天然にはいろいろな形態で存在する．すなわち単体として

傍注：

O_2 分子の結合については 1.5 節で議論した．一重項酸素は光化学反応または $H_2O_2 + ClO^- \longrightarrow Cl^- + H_2O + O_2$ の反応でつくられる．

同素体と多形体については 6.2.1 項参照．

オゾン O_3 は屈曲構造をもつ亜硝酸イオン NO_2^- と等電子(18電子)である．N^- が O 原子と同数の価電子をもつからである．

も存在するし（火山），セッコウ（gypsum）$CaSO_4 \cdot 2H_2O$ のような硫酸塩の鉱物や黄鉄鉱 FeS_2 のような硫化物の鉱物にも含まれている．単体の硫黄は地下鉱床にあり，Frasch 法で抽出される．また，原油の精製過程でも比較的多量に得られる（脱硫という）．S の同位体には ^{32}S（95.02％），^{33}S（0.75％），^{34}S（4.21％）がある．

硫黄には鎖状構造や環状構造をもった多くの同素体がある．実際，硫黄には他のどの元素よりも多くの同素体と多形体がある．硫黄の最も普通の同素体は斜方晶（rhombic）の硫黄（斜方硫黄）であり，S_8 の環状構造をもつ（図 8.1）．S_8 の環からなる単斜晶（monoclinic）の多形体もあり（単斜硫黄），これは結晶中での充填様式が斜方硫黄とは異なる．溶融した硫黄は，条件次第でサイズの異なる無数の環状と鎖状の硫黄を含む．融点（約 115 ℃）では硫黄は粘性の低い黄色の液体となり，おもに環状の S_8 からなるが，S_6（図 8.1）から S_{30} あるいはそれ以上のサイズの環も少し含まれている．さらに温度を上げると，溶融した硫黄の粘度は初めは下がるが，約 159 ℃以上になると粘性が増し，170 ℃では粘度が最大に達する．高分子量の環と鎖が生成するからである．沸点（444 ℃）では硫黄の蒸気にはおもに S_7（40 ％），S_6（30 ％），S_8（20 ％）と少量の S_4，S_5，S_2 が含まれる．

Frasch 法では，ボーリングであけた穴から超高温の水を注入して硫黄を融解する．これを圧縮空気で地表まで汲み出す．

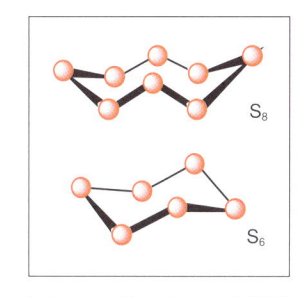

図 8.1 硫黄の二つの環状構造．通常の条件下では S_8 が断然多い．

S_2 は二酸素 O_2 の同族体であり，凝縮すると紫色の常磁性固体になる．鎖状の S_n が褐色なのは，両端に不対電子があるからだと考えられている．

例題 8.2

Q 1 mol の $S_{8(s)}$ を $4S=S_{(g)}$ に変換するときのエンタルピー変化は +401 kJ であり，S_8 分子中での平均の S—S 結合エネルギーは +226 kJ mol^{-1} である．S=S 分子の結合エネルギー E を計算せよ．また，この値は室温で安定な硫黄の同素体が S_8 であることとつじつまが合っているかどうかを確認せよ．

A まず，熱力学サイクルをつくる．

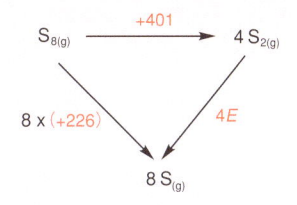

$$S_{8(g)} \xrightarrow{+401} 4S_{2(g)}$$

$$8 \times (+226) \searrow \quad \swarrow 4E$$

$$8S_{(g)}$$

こうして $401 + 4E = (8 \times 226)$ より $E = +352$ kJ mol^{-1} となる．この値は S_8 中での S—S 結合エネルギー（226 kJ mol^{-1}）の 2 倍（452）より小さい（O=O は 498，O—O は 142 kJ mol^{-1} だから O_2 が安定な同素体である）．だから 1 個の S=S 二重結合は 2 個の S—S 単結合より不安定である．したがって S_2 より S_8 が安定な同素体である（第 3 周期以降の元素の π 結合は弱く，S—S 単結合は O—O 単結合より強いのである）．

8.2.3 セレン，テルル，ポロニウム

セレン（selenium）Se とテルル（tellurium）Te は，天然には Cu^+ や Ag^+ の硫化

物中に含まれる．単体としては灰色の Se と Te は一次元のらせん鎖状の分子 E_x を含み，隣り合った分子間に弱い金属的な相互作用がある（半導体）．Se には S_8 に類似した Se_8 の同素体があり（Te にはない），硫黄（リン）と同様 CS_2 によく溶ける．

ポロニウム（polonium）Po は天然にはウラン鉱石中に微量成分として含まれるが，人工的には ^{209}Bi に中性子を衝突させてつくる（式 8.4）．

$$^{209}Bi + {}^1n \longrightarrow {}^{210}Bi \longrightarrow {}^{210}Po + \beta \tag{8.4}$$

8.3　16 族元素の水素化物と関連化合物

8.3.1　H_2E 型の化合物

> H_2E の結合角は O(104.5°)，S(92.1°)，Se(91°)，Te(90°) である．なお H_2O と H_2S の IUPAC 名は，それぞれオザン(ozane)とスルファン(sulfane)である．

この H_2E 型の化合物はどの 16 族元素についても知られているが，周期を下がるにつれて次第に不安定になってくる．このことは H_2E の生成エンタルピーの値をみるとよくわかる（表 8.1）．この傾向は 15 族の H_3E 型（E = N から Bi．表 7.2 参照）と 17 族の HE 型（E = F から I．例題 2.5 と 9.4 節参照）の化合物にみられる傾向と同じである．また H_3E（15 族）や HE（17 族）と同様に，H_2E（16 族）は周期を下がると酸化されやすくなり（H_2O，H_2S，H_2Se，H_2Te の単体への酸化電位は -1.23，-0.14，0.40，0.72 V），E—H 結合が弱くなって酸として強くなる．実験室での H_2E の合成法は左に示してある．

> 実験室での合成法は ME_2 + 2HCl $\longrightarrow$ H_2E + 2MCl（たとえば M_2E = Na_2S, Na_2Se）．これは 弱酸の塩＋強酸 $\longrightarrow$ 弱酸＋強酸の塩 の反応である．

表 8.1　水素化物 H_2E の生成エンタルピー $\Delta_f H°$，結合エネルギーと pK_a

H_2E	$\Delta_f H°$ (kJ mol^{-1})	E—H 結合エネルギー (kJ mol^{-1})	pK_{a1} [pK_{a2}]
$H_2O_{(l)}$ a)	-285.9	463.5	15.7
$H_2S_{(g)}$	-20.6	368	6.9 [14.1]
$H_2Se_{(g)}$	+30	317	3.7 [~11]
$H_2Te_{(g)}$	+92	267	2.6 [10.8]

a)　$H_{2(g)} + 1/2\,O_{2(g)} \longrightarrow H_2O_{(l)}$ の $\Delta_f H°$ は 436（$H_{2(g)}$ の解離エネルギー）+ 1/2 × 498（$O_{2(g)}$ の解離エネルギー）- 2 × 463.5（O—H の平均結合エネルギー）- 44（$H_2O_{(g)} \longrightarrow H_2O_{(l)}$ の凝縮熱）= -286 kJ mol^{-1} である．

H_2E 化合物のうちで H_2O の沸点が異常に高いのは，非常に強い水素結合のせいである（図 2.2 および 2.6.2 項）．水はきわめてなじみ深い物質であり，固体と液体中では広範な水素結合をもった複雑な構造をもっている．無臭・無毒の水 H_2O とは違って H_2S，H_2Se，H_2Te は還元性をもち，猛毒で悪臭のある気体である．H_2O，R_2O，RO^- は硬い塩基に分類されるが，R_2S，RS^- などは軟らかい塩基である．

水は自己解離（式 8.5）を起こし，その平衡定数（イオン積 K_w = [H_3O^+][OH^-]）は 25℃ で 10^{-14} (mol l^{-1})^2 である．酸とは水中の H_3O^+ 濃度（8.3.3 項）を高めるものであり，塩基とは OH^- 濃度を高めるものである〔これが アレニウス（Arrhenius）の酸・塩基の定義である．そのほかの酸・塩基の定義については

8.3 16族元素の水素化物と関連化合物 123

$$2\,H_2O \rightleftharpoons H_3O^+ + OH^-\tag{8.5}$$

例題 8.3

Q $H_2E(E = O, S, Se, Te)$の沸点と比べ，対応する有機誘導体Me_2Eの沸点はどのようになると予想されるか．

A メチル誘導体，とくにMe_2Oでは酸素に水素が結合していないので，水素結合はない．だからMe_2Eについては，分子量の増大につれて沸点は比較的なだらかに上昇することが予想される．これは水素結合のために，水の沸点が異常に高くなるという水素化物EH_2の傾向（図2.2）とは対照的である．

8.3.2 カルコゲン化物陰イオン

すべてのカルコゲン[†1]はカルコゲン化物陰イオン（chalcogenide anion）E^{2-}，たとえば酸化物イオン（oxide）O^{2-}，硫化物イオン（sulfide）S^{2-}，セレン化物イオン（selenide）Se^{2-}，テルル化物イオン（telluride）Te^{2-}を生成する．これらはH_2Eから2個のプロトンを奪えば生成する[†2]．また，対応するEH^-陰イオンも存在する．典型例はよく知られたNaOH中の水酸化物イオン（hydroxide）OH^-である．カルコゲン化物塩は，実験室では普通，式(8.6)のように単体どうしを直接反応させてつくる（ときには液体アンモニアのような非水溶媒を用いる）．

$$2\,Na + Se \longrightarrow Na_2Se\tag{8.6}$$

16族元素が-2価イオンになると希ガスの電子配置になり，E^{2-}イオンは対応するハロゲン化物陰イオンと（さらに窒化物イオンN^{3-}ともリン化物イオンP^{3-}とも）等電子になる．周期を下がるとカルコゲン化物陰イオンは次第に不安定になる．サイズが大きくなると電子の引きつけが弱くなり，その結果，酸化されやすくなるからである．E^{2-}イオンを含む多くの化合物，とくに1族と2族金属（共有結合性の強いBeを除く）との化合物は水に対して敏感で（イオン結合性であり，H_2Eが弱酸だから），容易に加水分解して塩基性溶液になる（式8.7と8.8．酸化物では式1.3や4.8）．13族元素との化合物B_2E_3やAl_2E_3も既知だが，GaやInの多様な硫化物やセレン化物は半導体や光伝導体として広く研究されている（5.8節．14, 15族のカルコゲン化合物は6.8節と7.5節参照）．

$$Na_2S + 2\,H_2O \longrightarrow H_2S + 2\,NaOH\tag{8.7}$$
$$Na_2Te + H_2O \longrightarrow NaTeH + NaOH\tag{8.8}$$

軟らかく，分極しやすい重金属（たとえばCu, Cd, Pb, Hgなどの軟らかい酸）の硫化物とセレン化物は天然に存在し（11.2節および11.5節），水分に対し

[†1] 訳者注　カルコゲンは酸素(16)族元素のことを意味するが，最初の酸素はこれに含めないことが多い（他の16族元素とは性質が異なるから）．なお水素はアルカリ金属ではないし，アルカリ土類にはBeとMgは含めないこともある．

[†2] 訳者注　16族元素が真空中で-2価イオンになる，そのなりやすさは第一電子親和力と第二電子親和力の和から判断してO < S < Se < Teの順である（吸熱反応）．しかし実際には，これを補うだけの結合エネルギーや水和エネルギーが必要であり，これらは一般に逆の順$O^{2-} > S^{2-} > Se^{2-} > Te^{2-}$に大きい．結果的には後者が優勢となって，族を下がるほど-2価のカルコゲン化合物は不安定になる．

て安定である(共有結合性が強いから). これらの金属イオンの水溶液に H_2S や H_2Se を吹き込むと, その硫化物やセレン化物が容易に沈殿する(式8.9)[†1].

$$Pb^{2+}_{(aq)} + H_2S_{(g)} \longrightarrow PbS_{(s)} + 2H^+_{(aq)} \tag{8.9}$$

金属の酸化物, 硫化物とセレン化物には広範な固体化学がある(1族金属と2族金属の酸化物, 硫化物, セレン化物の構造は3.5と4.4節で触れた). 第一遷移金属を含む2価金属の酸化物 MO の多くは NaCl 型構造である(図3.4. ただし BeO はウルツ鉱型, ZnO はウルツ鉱型ないしせん亜鉛鉱型. 図11.1と図11.2). Be を除く2族金属の硫化物 MS やセレン化物 MSe も NaCl 型構造であるが(BeS と BeSe はせん亜鉛鉱型, ZnS や ZnSe はせん亜鉛鉱型ないしウルツ鉱型), 多くの第一遷移金属(II)の硫化物やセレン化物は NiAs 型構造をとり, As (S, Se)がつくる六方最密格子のすべての八面体間隙を Ni(M) が占める(6:6). As は6個の Ni がつくる三角柱の中心にある(3.4節). MS_2 では, NiAs 型構造において M の層を一つおきに除いた CdI_2 型構造(TiS_2, ZrS_2, SnS_2 など)や, 棒状の S_2^{2-} 単位が NaCl 型構造の Cl^- の位置にあるような構造(FeS_2, MnS_2, CoS_2, NiS_2 など)がある. MoS_2 や WS_2 は6個の S がつくる三角柱の中心に M が位置するめずらしい層状構造をもつ.

8.3.3 陽イオン性のオニウムイオン H_3E^+

オキソニウムイオン H_3O^+ はよく知られている(2.5節). スルホニウムイオン H_3S^+ とセレノニウムイオン H_3Se^+ は, H_2S や H_2Se の塩基性(表8.1)が H_2O に比べて低いのでつくりにくいが, HF と SbF_5 とからつくられる非常に強い酸 $H^+SbF_6^-$ を使えばつくることができる(式8.10)[†2]. これらのスルホニウム塩の有機誘導体はよく知られていて, $R^1R^2R^3S^+$ は光学分割できる. Me_3O^+ は反応活性であり, Me^+ 基を供与するための試薬として広く用いられている.

$$H_2S + HF + SbF_5 \longrightarrow H_3S^+SbF_6^- \tag{8.10}$$

8.3.4 過酸化水素と過酸化物

過酸化水素 H_2O_2 は最もよく知られた過酸化物である. この分子は酸素原子上の孤立電子対間の反発のため, 固体でも気体状態でもスキュー形(skew form)の配座をもつ(図8.2). H_2O_2 の O—O 結合が各 O 原子の sp 混成軌道どうしの重なりによって生成するとすれば, 各 O 原子は未混成の p 軌道を2個もつ. 一方の p 軌道が H との結合に使われるので, これに直交する p 軌道に孤立電子対をもつことになる. 各 O 原子上の孤立電子対間の反発を避けるには O—H どうし(の二面角)が90°のスキュー配座をとるのが好都合なのである. 過酸化水素は水と同じように自己解離を起こすが, その程度は水より少し大きく(式8.11), この平衡定数(イオン積)は 1.5×10^{-12} である($pK_{a1} = 11.65$ の弱酸). 酸化剤では

---

†1 訳者注 HSAB の原理(4.8節)によれば, S^{2-} や Se^{2-} のような(酸化されやすい)軟らかい塩基は Cu^+, Cu^{2+}, Ag^+, Cd^{2+}, Pb^{2+}, Hg^{2+} のような軟らかい酸とは共有結合性の安定な化合物を生成する. 天然にはそれぞれ輝銅鉱 Cu_2S/ラン銅鉱 CuS, 輝銀鉱 Ag_2S, 硫カドミウム鉱 CdS, 方鉛鉱 PbS, 辰砂 HgS として産出する. Se は Cu や Ag の硫化物中にそのセレン化物として含まれる.

†2 訳者注 HF などにルイス酸 SbF_5 を加えると, HF が解離して生じるルイス塩基 F^- が SbF_5 と結合して安定な錯体 $[SbF_6]^-$ を生成するので, この溶液は H^+ イオンの供給能力が非常に高くなる. このような酸を超強酸あるいは超酸(super acid)という. この場合, 100%の HF の酸性度は pH スケールに換算すると −11.0 であるが, 加える SbF_5 の量によって −25〜−21 程度になる. 100%硫酸は $[H^+] = 37.5 \text{ mol } l^{-1}$ であるが, (水和によって安定化している)水溶液中の H^+ イオンに比べると塩基に対する攻撃力がはるかに高いので, pH スケールでは −11.9 となる(pH = −log 37.5 = −1.57 ではない).

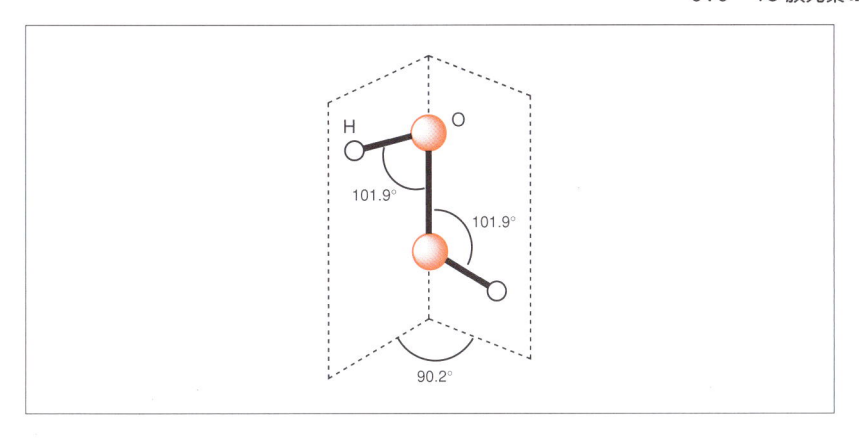

図 8.2 過酸化水素 H_2O_2 の構造.

あるが，もっと強い酸化剤（たとえば MnO_4^-）に対しては還元剤としても働く．

$$2\,H_2O_2 \rightleftharpoons H_3O_2^+ + HO_2^- \tag{8.11}$$

過酸化水素 H_2O_2 は H_2 と O_2 に分解することに対して安定である．このことは H_2O_2 の生成エンタルピーが大きい負の値（$H_{2(g)} + O_{2(g)} \longrightarrow H_2O_{2(l)}$．$\Delta_f H° = -187.8\,\mathrm{kJ\,mol^{-1}}$）であることからわかる（$H_{2(g)} + O_{2(g)}$ よりも $H_2O_{2(l)}$ のほうが全体として強い結合状態になっている）[†3]．しかし，$H_2O_{2(l)}$ は $H_2O_{(l)} + 1/2\,O_{2(g)}$ に（分解することに）対しては熱力学的に不安定である（式 8.12）．$H_2O_{2(l)}$ よりも $H_2O_{(l)} + 1/2\,O_{2(g)}$ のほうが全体として強い結合状態になっているからである（$\Delta H° < 0$）[†4]．

$$H_2O_{2(l)} \longrightarrow H_2O_{(l)} + \tfrac{1}{2}\,O_{2(g)}, \quad \Delta H° = -98.0\,\mathrm{kJ\,mol^{-1}} \tag{8.12}$$

水がプロトン化して H_3O^+ が生成するように，H_2O_2 がプロトン化すると $H_3O_2^+$ イオンになる．

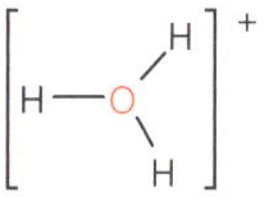

H_3O^+ イオン

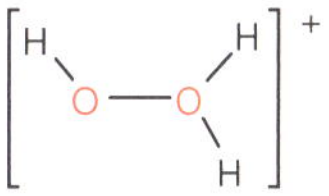

$H_3O_2^+$ イオン

過酸化水素は多方面で利用されるが，そのうちの二つは漂白剤と消毒薬としての用途である．H_2SO_4 と $(NH_4)_2SO_4$ の水溶液を電気分解しても H_2O_2 が得られる．

Box 8.1 過酸化水素の製法と用途

過酸化水素の大半は工業的にアントラキノンの自動酸化法でつくられる．この方法では有機溶媒に溶解したアントラキノールを空気酸化して，対応するアントラキノンと過酸化水素にする（図 8.3）．生成した過酸化水素は有機溶液（反応溶液）を水で抽出して回収される．ついで水素とパラジウム触媒を使ってアントラキノンを還元してアントラキノールに戻す．この過程が何回も繰り返されて触媒サイクルができあがる．

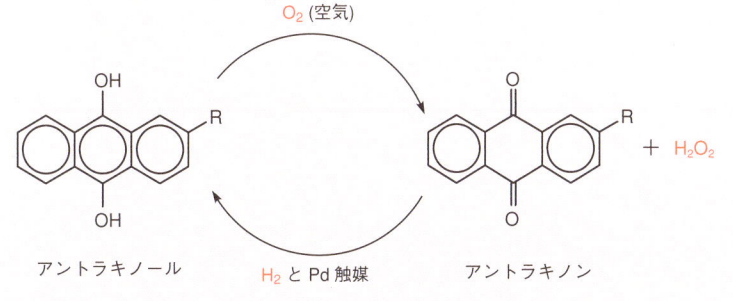

図 8.3 過酸化水素の製造に使うアントラキノール-アントラキノン法．

†3 訳者注　この分解反応 $H_2O_{2(l)} \longrightarrow H_{2(g)} + O_{2(g)}$ の自由エネルギー変化 $\Delta G° = +120.4\,\mathrm{kJ\,mol^{-1}}$，$\Delta H° = +187.8\,\mathrm{kJ\,mol^{-1}}$，$T\Delta S° = +67.4\,\mathrm{kJ\,mol^{-1}}$ であり，分子数の増大と気体の発生を伴うのでエントロピー的には有利な反応（$\Delta S° > 0$）であるが，エンタルピー的には不利（$\Delta H° > 0$）である（$H_{2(g)} + O_{2(g)}$ のほうが弱い結合状態にある）．全体として $\Delta G° > 0$ なので，この分解反応は起こらない（熱力学的安定性）．

†4 訳者注　次ページに示す．

> 過酸化水素はペルオキソ二硫酸アンモニウム水溶液（例題 8.6）を加水分解しても得られるが〔$(NH_4)_2S_2O_8 + 2H_2O \longrightarrow 2NH_4HSO_4 + H_2O_2$〕，実験室では過酸化バリウム BaO_2 と硫酸との反応によってつくられる．不溶の $BaSO_4$ の沈殿は簡単に分別できる（式 8.13）．
>
> $$BaO_{2(s)} + H_2SO_{4(aq)} \longrightarrow H_2O_{2(aq)} + BaSO_{4(s)} \tag{8.13}$$

1, 2 族金属の過酸化物については 3.5 節と 4.4 節を参照．

単結合した O_2^{2-} 陰イオン（⁻O—O⁻）を含む過酸化物塩には 1 族や 2 族の金属塩があり，例としては BaO_2（Box 8.1）や Na_2O_2 がある．HO—O⁻ イオンを含む過酸化一水素塩（ヒドロペルオキシド）にも NaOOH のような 1 族金属の塩がある．

ペルオキソ基 —O—O— を含む化合物はすべて酸化剤であり，このことがその化学的特徴である．3 個以上の O が連なり，両端が H になった HOOOH のような化合物はないが，FOOOF や CF_3OOOCF_3 のように，F を含む関連した化合物は知られている（8.4.1 項）[1]．

> ### 例題 8.4
>
> **Q** 次の化合物のうち，過酸化物イオン O_2^{2-} を含むのはどれか．
> (a) 過酸化バリウム BaO_2，(b) 過酸化水素 H_2O_2，(c) 過酸化カリウム K_2O_2，
> (d) 酸化鉛(IV) PbO_2
>
> **A** BaO_2 と K_2O_2 は O_2^{2-} イオンを含む．過酸化水素は共有結合性物質であり，PbO_2 は過酸化物ではなく Pb(IV) の二酸化物 $Pb(O^{2-})_2$ である．不活性電子対効果が期待される Pb でも，相手が O や F の場合では Pb(IV) の化合物が存在できる．

8.3.5 硫黄，セレン，テルルの水素化物と，カルコゲン間結合をもつ陰イオン

H_2E 型の水素化物は 8.3.1 項で述べたが，1 個あるいはそれ以上の —S—S—，—Se—Se—，—Te—Te— 結合をもつ水素化物が多く知られている．S については最も長い連鎖が見いだされており，組成が H_2S_n の化合物（**多硫化水素**，あるいは**ポリスルファン**）は $n = 8$，あるいはもっと多いものまで安定である（H—S—S 角や S—S—S 角は約 90°）．S は単体でも長い鎖状構造をとる傾向（カートネーション）があるので（8.2.2 項），このことは予期されないことではない．多硫化物塩の溶液に酸を加えると多硫化水素の混合物が得られる（式 8.14）．

$$(S_n)^{2-} + 2H^+ \longrightarrow H-(S)_n-H \tag{8.14}$$
多硫化水素の混合物，$n = 2 \sim 6$

H_2E_n（E = Se, Te）型の化合物は不安定で，単体と H_2E とに分解しやすい（式 8.15）．

前ページ訳者注　この反応は $\Delta H°$ の値から判断して熱力学的には好ましい反応である（右辺のほうが強い結合状態にある）．また，この反応では粒子数も増え，気体が発生するのでエントロピーが増大する（$T\Delta S° = 18.8$ kJ mol^{-1}，$\Delta G° = -116.8$ kJ mol^{-1}）．しかし実際には，実はこのままではこの反応は進行しない．反応の活性化エネルギーが大きい（速度論的安定性の）ためである．Pt や Ag，MnO_2 やカタラーゼのような触媒が存在すると，活性化エネルギーが低下して反応が容易に進む．

$$H-(E)_n-H \longrightarrow H_2E + (n-1)E \tag{8.15}$$

S, Se, Te の長鎖のポリカルコゲン化物陰イオンは, 一般的にはアルカリ金属 M とこれらの単体との反応 (たとえば式 8.16 で, 液体アンモニアのような非水溶媒を使う), あるいはアルカリ金属のカルコゲン化物塩 M_2E とカルコゲン E との反応 (たとえば式 8.17) で合成される.

$$4\,Na + 5\,Te \longrightarrow Na_2Te_2 + Na_2Te_3 \tag{8.16}$$
$$Cs_2S + 4\,S \longrightarrow Cs_2S_5 \tag{8.17}$$

8.4　16 族元素のハロゲン化物

8.4.1　酸素のハロゲン化物

　酸素は六種のフッ化物を生成し, これらは 1 個から 6 個の O 原子からなる鎖状構造で, 末端には F が結合している (末端に電気陰性な置換基があるものが安定). 最も電気陰性な F は常に負の酸化数をもつので, これらの酸素のフッ化物は O が正の酸化数 (小数も含む) をもつ, めずらしい例である.

　OF_2 は酸素のフッ化物のうちで最も安定な化合物で (屈曲構造で結合角は 103.1°), F_2 と薄い NaOH 溶液の反応 (式 9.8) で生成する. そのほかのフッ化物は低温 (約 −185 ℃) で O_2 と F_2 の混合気体に電気放電を行うと生成する. BF_3 や PF_5 のように F^- を引き抜く試薬と O_2F_2 を反応させると, 二酸素陽イオン O_2^+ を含む塩が生成する (式 8.18). このイオンは O_2 を, 白金の六フッ化物 $[PtF_6]$ を使って直接酸化しても得られる (式 8.19). この強力な酸化剤 $[PtF_6]$ は Bartlett が最初の希ガス化合物を発見することに成功した試薬である (10.3.2 項).

$$2\,O_2F_2 + 2\,PF_5 \longrightarrow 2\,(O_2)^+(PF_6)^- + F_2 \tag{8.18}$$
$$O_2 + PF_6 \longrightarrow (O_2)^+(PtF_6)^- \tag{8.19}$$

酸素のフッ化物には OF_2, O_2F_2, O_3F_2, O_4F_2, O_5F_2, O_6F_2 の六種が知られている. O_2F_2 は H_2O_2 と類似の構造 (スキュー形) である.

Cl, Br, I の酸化物にも多様なものが知られている. 例には Cl_2O, Cl_2O_7, I_2O_5 などがあるが, これらについては 9 章で述べる. O—F 結合 (平均の結合エネルギー 185 kJ mol^{-1}) が O—Cl 結合 (205) より弱いのは孤立電子対間反発のせいであり, その反発が緩和された第 3 周期の S では S—F 結合 (326) > S—Cl 結合 (255) である.

8.4.2　硫黄のハロゲン化物

　硫黄は多様なハロゲン化物を生成する. とくに F とは低い酸化数のものから, X—$(S)_n$—X 型の ハロゲン化スルファン (ハロスルファン) にみられるように形式的に小数の酸化数をもつもの, さらには族の酸化数 +6 の硫黄のハロゲン化物 SF_6 まである.

既知の硫黄のハロゲン化物

酸化数	実例
< +1	S_nCl_2 ($n = 3 \sim 8$), S_nBr_2 ($n = 3 \sim 8$)
+1	S_2F_2, S_2Cl_2, S_2Br_2, S_2I_2
+2	SF_2, SCl_2
+4	SF_4, SCl_4
+5	S_2F_{10}
+6	SF_6

いわゆる「一ハロゲン化物」S_2X_2 は過酸化水素（図 8.2）と同じような構造であるが，S_2F_2 には二種類の異性体があって，一つは過酸化水素型，もう一つは 2 個の S が異なる酸化数（+4 と -2）をもつもの（フッ化チオチオニル）である（図 8.4）．

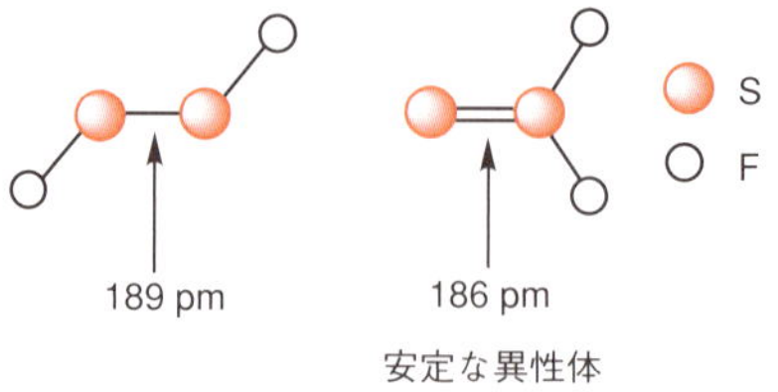

図 8.4 S_2F_2 の二つの異性体．左側が過酸化水素型（図 8.2）である．右側の立体構造は例題 8.5 を参照せよ．

189 pm 186 pm 安定な異性体

一連の S_nX_2 型の塩化スルファンと臭化スルファンでは S—S 結合と 8 個までの S 原子をもつものがある．そのうちで S_2Cl_2 と S_2Br_2 は最も簡単なものである．これらのハロゲン化スルファンはポリスルファン H—(S)$_n$—H（8.3.5 項）に対応する化合物ではあるが，末端には H ではなくハロゲンが結合している．これらの化合物が存在するのは，ポリスルファンや単体の場合のように，S が鎖状結合をもった化合物を生成する強い傾向（カートネーション）をもつからである．S_2Cl_2（Cl—S—S 角は 108.2°）と S_2Br_2 は，単体を直接反応させると生成する（式 8.20）．

$$S_8 + 4\,Cl_2 \longrightarrow 4\,S_2Cl_2 \tag{8.20}$$

二ハロゲン化硫黄のうちで安定なものは屈曲構造の SCl_2（暗赤色の液体で，結合角は 103.0°）だけであるが，これは不均化して S_2Cl_2 と Cl_2 になる（式 8.21）．SF_2 はもっと不安定で，2 分子間で F_3S—SF を生成する．

$$2\,SCl_2 \longrightarrow S_2Cl_2 + Cl_2 \tag{8.21}$$

ハロゲン化硫黄(IV)（四ハロゲン化硫黄）には SF_4 と SCl_4 しかない．しかも後者は不安定で，固体状態でのみ存在でき，イオン種 $SCl_3^+Cl^-$ として存在すると考えられている．SF_4 は三角両錐構造に基づいたシーソー型構造をもつ（例題 1.6）．これは水分に対して非常に敏感であるが（式 8.22），有機化学ではフッ素化剤としての用途がある．

$$SF_4 + H_2O \longrightarrow SOF_2 + 2\,HF \tag{8.22}$$

SF_4 の構造
S 上の孤立電子対（図には示されていない）との反発を避けるように分子はひずんだ構造になっている（図 1.5 参照）

SF_6 の構造
八面体

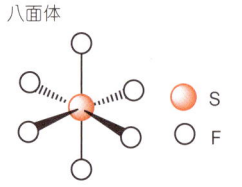

SF_2 と SF_4 が高い反応性をもつ（たとえば $SF_4 + F^- \longrightarrow SF_5^-$ のようにルイス酸として働く）のとは対照的に，六フッ化硫黄 SF_6 は反応性が低い．しかし SF_6 の加水分解は，実は熱力学的には好まれる反応である．というのは式（8.23）の加水分解反応について計算した $\Delta G°$ は大きな負の値（−218 kJ mol^{-1}）だからである．

$$\mathrm{SF_{6(g)} + 3\,H_2O_{(g)} \longrightarrow SO_{3(g)} + 6\,HF_{(g)}} \tag{8.23}$$

しかしながら，SF_6 の加水分解（および SF_6 のその他の反応）は速度論的理由のため実際には進行しない．S 原子が 6 個の F 原子で立体的に保護されているので，入ってくる求核試薬の攻撃が防御されているからである[†1]（速度論的安定性）．

8.4.3 セレンとテルルのハロゲン化物

セレンとテルルのハロゲン化物は硫黄のハロゲン化物と似ているが，以下のような注目すべき相違もある．

- 鎖状構造をとる傾向は Se と Te では格段に低下する．
- Se と，とりわけ Te のハロゲン化物は，とくに +4 の酸化数をとるときポリマー状になる．たとえば TeF_4 はポリマー状であり（1 組の孤立電子対を含めると Te 周りは八面体的な 6 配位で，2 個の架橋 F をもつ），$SeCl_4$，$SeBr_4$，$TeBr_4$，TeI_4 は各中心原子が八面体 6 配位になった四量体 $(MX_4)_4$ である（図 8.5）．これも周期を下がると分子内結合が弱くなって，相対的に分子間結合が強くなるために（配位数が増大して）ポリマー化する一般的傾向である（88 ページ訳者注 2 参照）．
- Se と Te のハロゲン化物（ルイス酸）はハロゲン化物イオン（ルイス塩基）を付加して陰イオン錯体を生成する傾向が強い．たとえば $SeCl_4$ は 1 個または 2 個の塩化物イオンを付加して $SeCl_5^-$ や $SeCl_6^{2-}$ イオンを生成する（周期の下のものは大きな配位数をとる）．ただし +6 の酸化数の EX_6 は，X が電気陰性な F のとき以外は不活性電子対効果と交互効果のため不安定である（F は高い酸化数を安定化できる．9.1 節と 138 ページ訳者注 1 参照）．

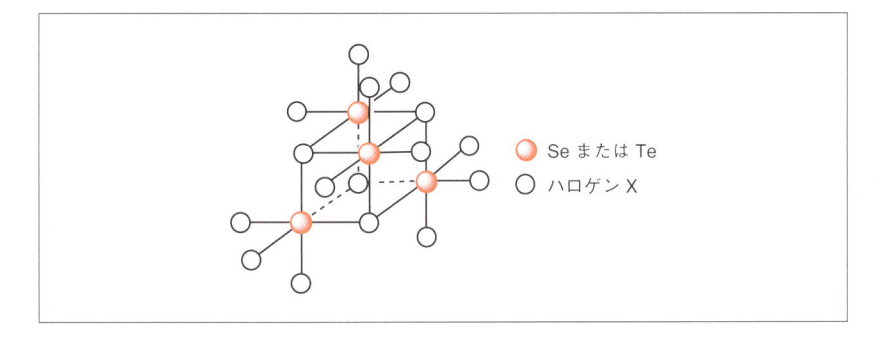

[†1] 訳者注　SF_6 では求核試薬の電子対を受け入れる適当な空軌道がないからともいえる．だから，SF_6 で置換反応が起こるには S—F 結合を直接切断する必要がある．いずれにしても，SF_4 や SF_6 などは形式的にオクテットを超える 16 族元素の超原子価化合物である．

既知のセレンとテルルのハロゲン化物

酸化数	実例
+1	Se_2Cl_2, Se_2Br_2
+2	$SeCl_2$, $SeBr_2$, $TeCl_2$, $TeBr_2$, TeI_2
+4	SeF_4, $(SeX_4)_4$ (X = Cl, Br), $(TeF_4)_x$, $(TeX_4)_4$ (X = Cl, Br, I)
+5	Te_2F_{10}
+6	SeF_6, TeF_6

図 8.5　$(MX_4)_4$ 型の化合物の四量体構造（M = Se, Te，X = ハロゲン）．

8.5　16 族元素の酸化物

8.5.1　16 族元素の二酸化物

二酸化物 EO_2 は S, Se, Te, Po について知られており[†2]，空気中で単体を加熱すると得られる（たとえば硫黄では式 8.24）．

[†2] 訳者注　オゾン O_3 は酸素の二酸化物とみることもできる．これは SO_2 と等電子（18 電子）で，屈曲構造である（O_3 と SO_2 の結合角はそれぞれ 117.5° と 119.3°）．SO_2 は NO_2^- とも等電子で，両者は S や N 上に電子対をもつルイス塩基であると同時に，空の π^* 軌道で電子対を受け取ることのできるルイス酸でもある．

$$S_8 + 8\,O_2 \longrightarrow 8\,SO_2 \tag{8.24}$$

16族の酸化物の構造は多様である．まず，二酸化硫黄 SO_2 は S=O 結合をもつ屈曲構造の共有結合性分子である（融点 $-75.5\,℃$，沸点 $-10.0\,℃$ で，ルイス酸性の非水溶媒として有用）．二酸化セレン SeO_2 は気体状態では SO_2 と同じ構造の分子であるが，固体では共有結合性の無限鎖状構造である（図 8.6）．いずれも酸性酸化物である．一方，下の周期の TeO_2 と PoO_2 はイオン結合性固体（両性）であり Te=O や Po=O 結合はもたない（それぞれシーソー型 4 配位の TeO_4 と立方体 8 配位の PoO_8 単位からなる）．このような構造の違いは，周期を下がると金属的な性格を帯び，軽い元素（Se ととくに S）だけが E=O の π 結合に関与するようになることを反映している．たとえば SeO_2 でも気体から固体になると一部の π 結合が犠牲となって余分な σ 結合をする（配位数が増える）ようになる〔O=Se=O から —O—Se(=O)—O—〕．

このように，第 3 周期以降の p ブロック元素では E=O の π 結合は第 2 周期に比べ弱くなる．たとえば第 4 周期の GeO_2，As_2O_3（固体），As_2O_5 は対応する第 2 周期元素の酸化物 CO_2，N_2O_3，N_2O_5 とは違って E=O 結合をもたない（気体の As_2O_3 は P_4O_6 と同じ構造の As_4O_6 として存在し，やはり As=O の π 結合をもたない）．ところが 16 族では 14 族や 15 族より有効核電荷が大きいために原子価軌道が集中していて E=O の π 結合はさほど弱くない．そのため O, S は当然であるが（O_3, SO_2, SO_3），第 4 周期の Se でも E=O の π 結合をもつ酸化物（SeO_2, SeO_3）がある（7.4.2 項）．しかし Te や Po になるとさすがに E=O 結合はもたないで，配位数（原子価）の多い構造をとる．このようにして 14 族の CO_2（分子性で直線構造），SiO_2（Si が四面体 4 配位のポリマー構造），GeO_2（ルチル型構造）などの構造の相違が説明できる（6.7 節）．15 族の酸化物の結合／構造の傾向も同様に理解される（7.4 節）．

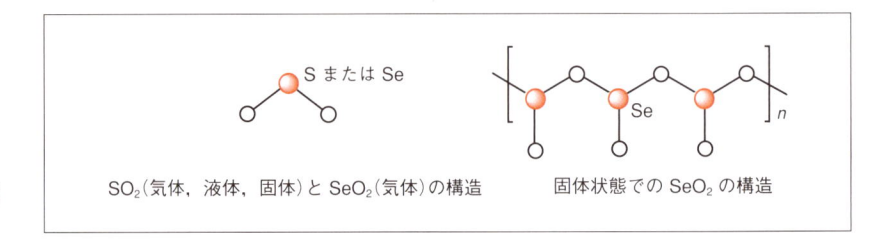

図 8.6　SO_2 と SeO_2 の構造．

SO_2（気体，液体，固体）と SeO_2（気体）の構造　　固体状態での SeO_2 の構造

SO_3 は，工業的には V_2O_5 を触媒として SO_2 を酸化して多量に製造されている．そのほとんどは硫酸に変換されている（8.7.2 項）．

8.5.2　16 族元素の三酸化物

三酸化物 EO_3 は S, Se, Te について知られている．気体状の三酸化硫黄 SO_3 は正三角形構造の分子で，形式的には 3 個の S=O 結合をもつ．固体状態では SO_3 はいくつかの構造をとるが（図 8.7），気体状態に比べると，一部の π 結合を犠牲にして新たな σ 結合を生成している（形式的には各 S は 2 個の S=O 結合をもつ）．三酸化セレン SeO_3 は環状の四量体 Se_4O_{12} からなり（形式的に各 Se は 2

個の Se＝O 結合をもつ),SO_3 より不安定で酸化力が強い（族を下がると高い酸化数は不安定になる.SeO_3 は交互効果のために，とくにそうである).これらは SO_2 や SeO_2 よりもっと酸性が強い酸性酸化物である.TeO_3 は八面体の TeO_6 単位がすべての頂点を共有した三次元格子を形成していて，やはり Te＝O 結合はもたない.

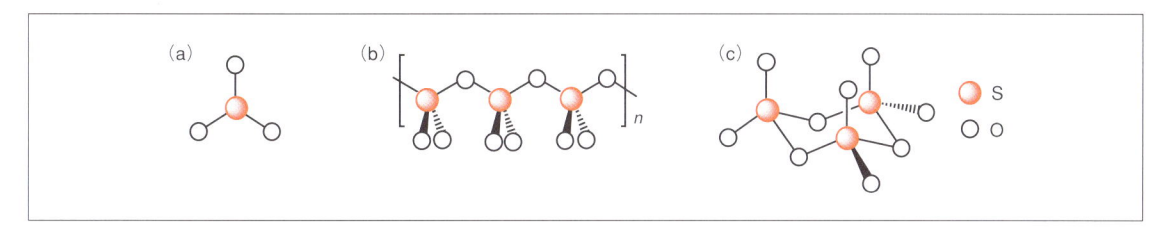

図 8.7 SO_3 の構造. (a)は気体状態，(b)と(c)は固体状態.

8.6 硫黄，セレン，テルルのオキソハロゲン化物

最も重要なオキソハロゲン化物には原子価が 6 の EO_2X_2 型の化合物と，原子価が 4 の EOX_2 型の化合物がある.ハロゲン化スルフリル SO_2X_2（もっと系統的な名称では二ハロゲン化二酸化硫黄，あるいはハロゲン化スルホニル）は X が Cl と F について知られており，ハロゲン化セレニルとしては SeO_2F_2 が知られている.SOX_2 型のハロゲン化チオニル（二ハロゲン化酸化硫黄，あるいはハロゲン化スルフィニル）は X = F, Cl, Br について知られており（O の代わりに S が結合したものがハロゲン化チオチオニルである.図 8.4 右），対応する Se の類似体 $SeOX_2$ も知られている.これらのハロゲン化スルフリルとハロゲン化チオニル，およびその Se 類似体は強力な酸化剤であり，無機化学や有機化学で応用されている.応用例にはアルコールからのハロゲン化アルキルの合成（式 8.25）や，無水の金属ハロゲン化物の合成（式 8.26）などがある.

$$R-OH + SOCl_2 \longrightarrow R-Cl + SO_2 + HCl \tag{8.25}$$

$$NiCl_2 \cdot 6H_2O_{(s)} + 過剰の(6)SOCl_{2(l)} \longrightarrow NiCl_{2(s)} + 6 SO_{2(g)} + 12 HCl_{(g)} \tag{8.26}$$

例題 8.5

Q $SOCl_2$ と SO_2Cl_2 分子の構造を推定せよ.

A VSEPR 則（1.4 節）を適用すると，S は 6 個の価電子をもつ.$SOCl_2$ では S は 6 + 3 個の価電子をもつ(2 個の Cl と 1 個の O との σ 結合).1 個の S＝O の π 結合があるので 1 電子を差し引くと 8 電子，つまり 4 組の電子対がある.だから $SOCl_2$ は三角ピラミッド構造である（1 頂点に孤立電子対がある四面体).SO_2Cl_2 では S は 4 組の電子対をもつことになる(6 + 4 − 2).だからこれは四面体構造である.$SOCl_2$ と SO_2Cl_2 のいずれにおいても，孤

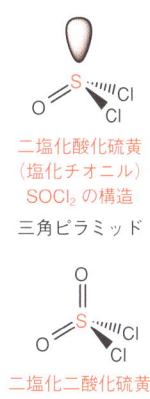

二塩化酸化硫黄
（塩化チオニル）
$SOCl_2$ の構造
三角ピラミッド

二塩化二酸化硫黄
（塩化スルフリル）
SO_2Cl_2 の構造
四面体

立電子対と二重結合の効果のために Cl—S—Cl 結合角は正四面体角 109.5° より狭くなる(それぞれ 97.2° と 100°).

8.7 硫黄,セレン,テルルのオキソ酸

16 族元素では広範なオキソ酸とその陰イオンが知られていて,S について最も多くの種類がある.S と Se は最大の配位数は 4 であるが,Te は 6 配位をとる傾向がある.また S—S 結合をもった,この種の化合物も多く知られている.

8.7.1 亜硫酸,亜セレン酸,亜テルル酸

二酸化硫黄 SO_2 は水によく溶けるが,ほとんどは反応しないでそのまま溶け,通常,亜硫酸 H_2SO_3 と呼ばれる酸性の水溶液になる(pK_{a1} = 1.91,pK_{a2} = 7.18).遊離の酸は単離されていないので,SO_2 の水溶液には H_2SO_3 ような化学種が存在しないのか,極微量しか存在しないのかであろう(だから平衡定数 K_{a1} は $SO_{2(aq)}$ ⇌ H^+ + HSO_3^- の平衡に対応する)[2].両者ともに還元剤であるが,SO_2 は強い還元剤に対しては酸化剤として働く(たとえば $SO_2 + 2H_2S \longrightarrow 3S + 2H_2O$).

二酸化セレン SeO_2 と二酸化テルル TeO_2 も同様に挙動し,亜セレン酸 H_2SeO_3 と亜テルル酸 H_2TeO_3 になるが,亜硫酸ほど強い酸ではない(pK_{a1} はそれぞれ 2.62 と 2.57,pK_{a2} はそれぞれ 8.32 と 7.74).水酸化物イオンを含む水溶液に SO_2,SeO_2,TeO_2 を加えると EO_3^{2-} や HEO_3^- 陰イオンが生成する.加熱下で亜硫酸イオン SO_3^{2-} に硫黄を反応させるとよく知られたチオ硫酸イオン $S_2O_3^{2-}$ になる(式 8.27).

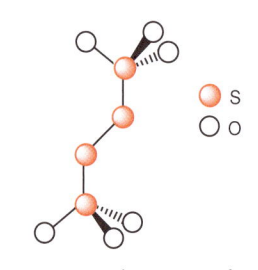

$$SO_3^{2-} + S \longrightarrow S_2O_3^{2-} \tag{8.27}$$

チオ硫酸イオンは I_2 を含む酸化還元滴定(式 9.25)に広く用いられている.この反応ではチオ硫酸イオンが酸化されて S—S 架橋をもつテトラチオン酸イオン $S_4O_6^{2-}$ が生成する.これは 4 個の S からなる鎖をもっている.テトラチオン酸イオンは,硫黄架橋をもつ ^-O_3S—S_n—SO_3^- という組成の一連のポリチオン酸イオン(不安定)の一つであり,n は 0 から 22 まで変化する〔n = 0 はジチオン酸イオン,n = 1 はトリチオン酸イオン,n = 2 がテトラチオン酸イオンであり,後二者において架橋の S や S—S をそれぞれ同族の O や O—O で置き換えるとピロ硫酸(二硫酸)イオンやペルオキソ二硫酸イオンになる〕.

8.7.2 硫酸,セレン酸,テルル酸

硫酸(sulfuric acid)H_2SO_4〔$(O=)_2S(OH)_2$〕はよく知られており,V_2O_5 を触媒として SO_2 を酸化して得た SO_3 を硫酸中で加水分解し,生じたピロ硫酸 $H_2S_2O_7$(二硫酸,発煙硫酸)を加水分解して得られる(式 8.28〜8.30).

亜硫酸イオン SO_3^{2-}

チオ硫酸イオン $S_2O_3^{2-}$

● S
○ O

テトラチオン酸イオン $S_4O_6^{2-}$

SO_3 を H_2SO_4 に溶かすのは,SO_3 と水との激しい反応を和らげるためである.硫酸の,この一連の製法を接触法という.

$$2\,SO_2 + O_2 \longrightarrow 2\,SO_3 \tag{8.28}$$

$$SO_3 + H_2SO_4 \longrightarrow \underset{\text{ピロ硫酸}}{H_2S_2O_7} \tag{8.29}$$

$$H_2S_2O_7 + H_2O \longrightarrow 2\,H_2SO_4 \tag{8.30}$$

硫酸と硫酸イオン SO_4^{2-} は還元されにくく，硫酸はかなり強い酸である（$pK_{a1} < 0$, $pK_{a2} = 2.0$）．ただし濃硫酸には酸化力と脱水作用があり，非水溶媒としても利用される．そのイオン積は 1.3×10^{-3} であり，水に比べかなり大きい．

セレン酸 H_2SeO_4（$pK_{a2} = 1.7$）は硫酸に似ているが，Te(VI) を含む対応するテルル酸は二塩基酸のオキソ酸 $Te(OH)_6$（$pK_{a1} = 7.7$, $pK_{a2} = 11.0$）である（酸性水酸化物とでもいうべきもの）．これは $(O=)_2Te(OH)_2 (= H_2TeO_4)$ の各 Te=O 結合に形式的に H_2O を付加させるとできあがる．酸解離すると $[Te(=O)(OH)_5]^-$ や $[Te(=O)_2(OH)_4]^{2-}$ となる．つまり Te は，他の重い p ブロックの元素，Sn, Sb, I などと同じように配位数を増やそうとする特徴を示している（9.6.4 項）．

8.7.3 そのほかの硫黄の酸とその陰イオン

図 8.8 に示すように，硫黄の酸の置換基を他のものに置き換えることによって多くの硫黄の酸が形式的に誘導される．たとえば硫酸から始めると，1 個の OH 基をヒドロペルオキソ基 OOH で置き換えるとモノペルオキソ硫酸（8.3.4 項）になる．OH 基をハロゲン，アミノ基 NH_2（あるいは有機置換した RNH 基），あるいは Me のような有機基で置換することもできる．チオ硫酸イオン $S_2O_3^{2-}$ は SO_4^{2-} と同じ構造をもつが，SO_4^{2-} の O が 1 個だけ同族の S で置き換わったものである（例題 8.6）．だから $S_2O_3^{2-}$ 中の二つの S は酸化数が異なる．

そのほかの硫黄のオキソ酸陰イオンには，図 8.9 に示した亜ジチオン酸イオン $S_2O_4^{2-}$ ($O_2S-SO_2^{2-}$) やピロ亜硫酸（二亜硫酸）イオン $S_2O_5^{2-}$ ($O_3S-SO_2^{2-}$) がある．この系列の次のものはジチオン酸イオン $S_2O_6^{2-}$ ($O_3S-SO_3^{2-}$) である．

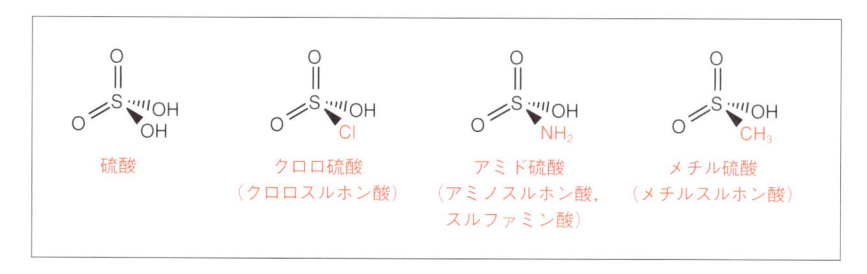

図 8.8 いくつかの硫酸の誘導体．

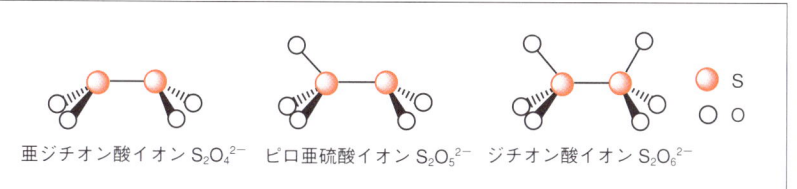

図 8.9 いくつかの硫黄のオキソ酸陰イオンの系統的な相互関係．なお，これらの配座は必ずしも正しく描かれてはいない．

> **例題 8.6**
>
> Q 次のイオン中の硫黄の酸化数はいくらか.
> (a) 亜ジチオン酸イオン,(b) ペルオキソ二硫酸イオン $[O_3S—O—O—SO_3]^{2-}$,
> (c) チオ硫酸イオン
>
> A (a) 亜ジチオン酸イオン $S_2O_4^{2-}$ では S—S 結合があり,これは酸化数には寄与しない.だから S の酸化数は +3 である.
> (b) このイオン $S_2O_8^{2-}$ の構造を無視して酸化数を計算すると,各 S は +7 の酸化数をもつことになる.これはこの族の最高の酸化数を超える.ペルオキソ二硫酸イオンには S—O—O—S 基(ペルオキソ基)がある.この O は -1 の酸化数をもつ(O—O は酸化数に寄与しない).だからこのイオン中の S は +6 の酸化数である.
> (c) チオ硫酸イオン $S_2O_3^{2-}$ では S の平均の酸化数は +2 になる.しかし,このイオン中には明らかに二種の異なるタイプの S がある.中心の S は SO_4^{2-} と同じように +6 の酸化数をもつと考えられる(チオ硫酸は硫酸の類似体である.例題 8.1).一方,末端の S は SO_4^{2-} の O と同じように -2 の酸化数である.こうして平均は +2 となる(平均にはあまり意味がない).

8.8 ポリカルコゲン陽イオン

ポリカルコゲン陽イオンには多くの例がある.カートネーションの傾向があまりない酸素は二酸素陽イオン O_2^+ を生成するだけであるが,そのほかの16族元素,とくに S と Se は一連のポリカルコゲン陽イオン(Zintl イオン)を生成し,そのいくつかを表 8.2 にあげてある.また S_4^{2+} と S_8^{2+} の構造が図 8.10 に示してある(14族元素の多原子陰イオンについては 6.9 節を,15族の多原子イオンについては 7.2 節を参照せよ).これらは非水溶媒中で強力な酸化剤を使って単体を酸化することによって得られる(たとえば式 8.31 と 8.32).

$$S_8 + 3 AsF_5 \xrightarrow{液体 SO_2} S_8^{2+}(AsF_6^-)_2 + AsF_3 \quad (8.31)$$

$$6 Te \xrightarrow{発煙硫酸} Te_6^{4+} \quad (8.32)$$

16族でも周期を下がると金属性が増してきて(IE が小さくなる),Te は最も酸化が進んだ陽イオン Te_6^{4+} を生成するが,周期の上にある S は IE が大きいので,S_{19}^{2+} のようにサイズは大きいが酸化の程度が低いクラスターを生成する.

他の多くの典型元素クラスターイオンと同様に,これらの構造を推定するのにウェード則(Box 5.1 と 6.9 節)が使える.なお,O_3^-,S_x^{2-} ($x=2 \sim 6$),Se_x^{2-} ($x=2 \sim 11$) や Te_x^{2-} ($x=2 \sim 5, 8$) のようなポリカルコゲン化物陰イオンも知

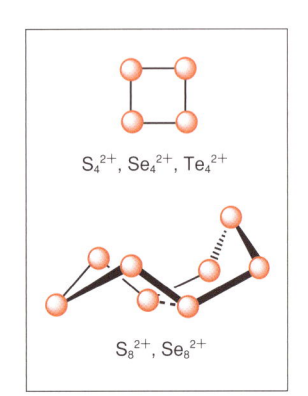

図 8.10 いくつかのポリカルコゲン陽イオンの構造.

$S_4^{2+}, Se_4^{2+}, Te_4^{2+}$

S_8^{2+}, Se_8^{2+}

式(8.31)で,AsF_5 は S を酸化する酸化剤としても,F^- が付加して生じる AsF_6^- 陰イオン(配位力がない)の供給源としても働いている.

表 8.2　重要なポリカルコゲン陽イオン

元素	重要な陽イオン
酸素 O	O_2^+
硫黄 S	S_4^{2+}, S_8^{2+}, S_{19}^{2+}
セレン Se	Se_4^{2+}, Se_8^{2+}, Se_{10}^{2+}
テルル Te	Te_4^{2+}, Te_6^{4+}

られている(8.3.5項参照).

例題 8.7

Q Se_4^{2+}イオンの構造を推定せよ.

A Seは16族で, 6個の価電子をもつ. 各Seは1組の孤立電子対をもつので(6.9節と例題6.7), 骨格結合に使える総電子数は$4 \times (6-2) - 2$(正電荷)$= 14$, つまりSEPの数は7である. 6頂点の八面体構造はSEP数が7であることに合うが, 四つのSe原子しかない. つまり2頂点が欠けた八面体となる(アラクノ). 八面体の向き合う2頂点を除くと正方形になる. したがってSe_4^{2+}は正方形構造である. Te_6^{4+}について同様の計算を行うと$6 \times (6-2) - 4 = 20$, SEP数は10となり, 9個の頂点をもつ三面冠三角柱から3頂点が欠けた三角柱構造をもつことになる.

この章のまとめ

1. 15族元素と同様, 16族元素の単体は非金属の酸素から金属性のポロニウムまで広い範囲にわたっている.

2. 酸素の酸化数は最高で$+2$までに制限される(これはOF_2中で実現される). 他の元素は族の最高の酸化数$+6$までの超原子価化合物(たとえばSO_3やSF_6)を生成する. 周期を下がると高い酸化数は次第に不安定になってくる. -2の酸化数ではオクテット則が満たされ, この酸化数はすべての16族元素にみられる.

3. 同じ元素が鎖状につながるカートネーションは, 炭素についで硫黄の化学でよく現れる.

4. 強いπ結合が, 酸素と他の多くの元素(C, N, Sなど)との間で生じる. 非金属の酸化物は, たとえばSO_3やP_4O_{10}のように酸性である(酸化数が低いとN_2O, NOやCOのように中性になる). 一方, 金属の酸化物は, たとえばNa_2Oのようにたいてい塩基性である(低い酸化数のCrOは塩基性, 中間の酸化数ではCr_2O_3のように両性, 酸化数が高いとV_2O_5, CrO_3, Mn_2O_7のようにMとOの間の共有結合性が増して酸性になる).

章末問題

8.1 次の化合物中の 16 族元素の酸化数はいくらか．
(a) H_2S, (b) OF_2, (c) $H_2S_2O_7$（ピロ硫酸），(d) S_2F_{10}, (e) H_2O_2（過酸化水素）

8.2 以下のそれぞれについて 16 族元素 X が何であるかを特定せよ．
(a) X は最大 +2 の酸化数をとる．
(b) X のオキソ酸とオキソ酸陰イオンでは X の配位数は 6 である．
(c) 酸化物 XO_2 と XO_3 は室温で，両方ともポリマー状である．
(d) X は陽イオン X_2^+ を生成する．
(e) X の同位体はすべて放射性である．

8.3 S—S 結合をもつ化合物のおもなタイプをまとめよ．

8.4 次の化合物はどのようにして合成すればよいか．反応式を示して説明せよ．
(a) $ZnBr_2 \cdot 2H_2O$ から出発して無水の $ZnBr_2$ をつくる．
(b) $PhC(=O)OOH$．
(c) 単体の硫黄から出発して H_2S_3 をつくる．

8.5 以下の物質のうち不安定なものはどれか．
(a) AlS_2, (b) CaS, (c) BaS, (d) K_2S_2, (e) CS_2

8.6 次の反応の生成物を予想して，反応式を完成せよ．
(a) $AgNO_{3(aq)} + H_2S_{(s)} \longrightarrow$
(b) $S_2O_3^{2-} + Br_2 \longrightarrow$

8.7 次の反応式を完成せよ．
(a) $H_2S + O_2 \longrightarrow SO_2 + H_2O$
(b) $H_2S + O_2F_2 \longrightarrow SF_6 + HF + O_2$

8.8 次の反応が進行するかどうかを，$E°$ 値を使って判断せよ．
(a) $SO_2 + 2H_2S \longrightarrow 3S + 2H_2O$
(b) $S_2O_3^{2-} + 2H^+ \longrightarrow SO_2 + S + H_2O$（酸性溶液中での $S_2O_3^{2-}$ イオンの不均化）
ここで

$S + 2H^+ + 2e^- \longrightarrow H_2S, \quad E° = +0.14\,V$
$SO_2 + 4H^+ + 4e^- \longrightarrow S + 2H_2O, \quad E° = +0.45\,V$
$S_2O_3^{2-} + 6H^+ + 4e^- \longrightarrow 2S + 3H_2O, \quad E° = +0.50\,V$
$2SO_2 + 2H^+ + 4e^- \longrightarrow S_2O_3^{2-} + H_2O, \quad E° = +0.40\,V$

参考文献

1) K. I. Gobbato, M. F. Klapdor, D. Mootz, W, Ploo, S. E. Ulie, H. Willner, H. Oberhammer, *Angew. Chem., Int. Ed. Engl.*, **34**, 2244 (1995).
2) M. Laing, *Educ. Chem.*, **1993**, 140.

さらなる学習のために

F. S. Rowland, *Angew. Chem., Int. Ed. Engl.*, **35**, 1786 (1996); M. J. Molina, *Angew. Chem., Int. Ed. Engl.*, **35**, 1778 (1996).
G. Rayner-Canham, J. Kettle, *Educ. Chem.*, **1991**, 49.
S. W. Dhawale, *J. Chem. Educ.*, **70**, 12 (1993).
B. Krebs, F. -P. Ahlers, *Adv. Inorg. Chem.*, **35**, 235 (1990).

9章 17族元素(ハロゲン)
―フッ素, 塩素, 臭素, ヨウ素とアスタチン―

この章の目的

この章では, 以下の四つの項目について理解する.
- フッ素の特異性(サイズが小さく, 電気陰性度が高いこと)
- 周期を下がるにつれて電気陰性度が減少し, 金属的な性質が増大すること
- ハロゲンのオキソ酸陰イオン, および関連した化学種の反応を酸化還元電位を使って合理的に説明すること
- 擬ハロゲン

9.1 序論と酸化数の概観

17族元素〔ハロゲン(halogen). 電子配置は $ns^2 np^5$〕は他のpブロック元素と同じように幅広い反応性を示す. その範囲は周期表中で最も電気陰性で最も反応活性なフッ素から, 反応性に乏しいヨウ素やアスタチンにまで及んでいる.

ハロゲン化物イオンでは Cl^- のように -1 の酸化数をとるが, 周期を下がると, この酸化数の状態は還元性を示すようになる. たとえば Cl^- は相手が非常に強い酸化剤である場合以外は還元性は示さない($1/2\, Cl_2$ に酸化されない) が, I^- は適度な還元剤である($1/2\, I_2$ に酸化される). このことは典型元素, たとえば14族元素のハロゲン化物の安定性の傾向に明白に反映されている. すなわち PbF_4 や $PbCl_4$ は適度に安定であるが, PbI_4 は還元性の I^- と酸化性の $Pb(IV)$ の組合せなので存在しない($PbI_4 \longrightarrow PbI_2 + I_2$ の反応が起こる. 88ページ訳者注1参照).

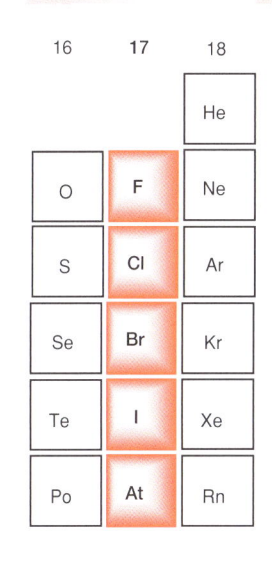

正の酸化数, $+1$, $+3$, $+5$, $+7$ はおもにオキソ酸陰イオンやハロゲン間化合物中の Cl, Br, I についてみられる(F にはない). 最大の酸化数をもつハロゲンの化合物は一般に O や F のような電気陰性な元素との化合物であることが多い. たとえば IF_7 や IO_4^- 中では, I は最高の酸化数 $+7$ をもつ. このように, 全体に電気陰性な17族(と18族)では, 下の周期ほどイオン化エネルギーが小さ

[I(ピリジン)₂]⁺ 陽イオンの構造

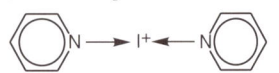

I⁺ 周りには5組の電子対があり，そのうちの3組（孤立電子対）が三角両錐の三角平面内にある．したがって直線構造である．

†1 訳者注　高い酸化数の化合物が $EX_n \longrightarrow EX_{n-2} + X_2$ のような還元的脱離をするとき，XとXの間の結合が弱いことはこの反応に不利に働く（88ページ訳者注1も参照）．O—Oも同様である．またOは−2の酸化数をとるので，中心原子が高い酸化数の状態でも配位座が少なくて済む（立体的に混み合わない）有利さもある．

くなり，サイズが大きいために大きな配位数がとれるので，13〜16族までとは違って，高い酸化数は下の周期の元素に現れやすい．Fはサイズが小さく，高い電気陰性度をもち，さらにF—F結合が弱いので[†1]，AuF_5, NiF_4, CrF_6, PtF_6 のように非常に高い酸化数の状態を安定化できる．

ヨウ素は（程度は劣るが臭素も），非水溶媒中でピリジンと$AgNO_3$との反応（式9.1）で[I(ピリジン)₂]⁺のような溶媒和した陽イオンを生成する（Iはハロゲン中ではIEが小さく，Iの酸化数は+1である）．ここでI_2は不均化している．

$$I_2 + AgNO_3 + 2\text{ピリジン} \longrightarrow [\text{I(ピリジン)}_2]^+ NO_3^- + AgI \quad (9.1)$$

9.2　17族元素の単体

17族元素（ハロゲン）はすべて天然に相当量存在するが，常に化合物として存在している．これらの単体は二原子分子X_2である．図1.11において最もエネルギーの高いσ_4^*だけが非占有になったものがX_2の分子軌道であるから，結合次数はσ_3を占有したことによる1である（例題3.1と比較せよ）．室温ではF_2とCl_2は気体（それぞれ黄色と薄緑色），Br_2は濃い赤色の液体，I_2は紫色の金属的な固体であり，重い原子になるにつれて分子間のファンデルワールス力が増大していることを示している．このような色の原因はπ_2^*軌道の電子がσ_4^*軌道へ遷移することによる（図1.11で，両軌道間のエネルギー差は下の周期ほど小さくなる）．Cl_2, Br_2, I_2では結合解離エネルギーは周期を下がると小さくなる（図9.1）．これは原子サイズが大きくなると軌道が広がり，軌道間の重なりが悪くなるからである．F_2の値が異常に小さいのは，Cl_2に比べF_2では原子間距離が短いので，F上の孤立電子対間の反発が大きいからである（例題7.4および105ページ欄外の記事を参照）．これがF_2がきわめて反応活性である主原因の一つである（もう一つは生成するE—F結合が一般に強いことである）．

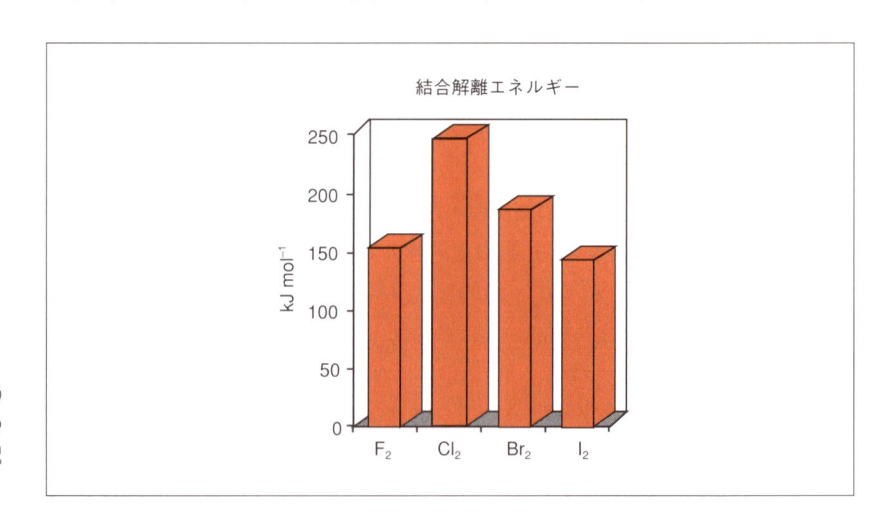

図9.1　ハロゲン分子X_2の結合解離エネルギー（値については105ページ欄外の記事参照）．

9.2.1 フッ素

フッ素(fluorine)は蛍石 CaF_2 やフッ素リン灰石 $CaF_2 \cdot 3Ca_3(PO_4)_2$ のような鉱物に含まれる．単体のフッ素 F_2 は無水のフッ化水素に溶解した KF を電気分解して得られる(式9.2)．同位体は ^{19}F だけである．

$$2HF + 2KF \longrightarrow 2KHF_2 \longrightarrow 2KF + H_2 + F_2 \tag{9.2}$$

9.2.2 塩素

塩素(chlorine)は，太古の海が蒸発してできた地下の多量の堆積物(岩塩 NaCl)として存在し，これから工業的に得られる．海水も比較的高濃度 (15000 ppm) の塩化物イオンを含んでいる．塩素の同位体には ^{35}Cl (75.77%) と ^{37}Cl (24.23%) がある．単体 Cl_2 は食塩の水溶液を電気分解して得られ，副生成物として NaOH ができる．また適当な塩化物を酸化しても Cl_2 を発生できる(章末問題9.4)．塩素の化合物は工業的にも，日用品としても多様な用途がある．

9.2.3 臭素

臭化物イオンは海水中に 30 ppm ほど含まれ，これを Cl_2 で酸化すると単体の臭素(bromine) Br_2 が得られる(式9.3)．Br の同位体には ^{79}Br (50.69%) と ^{81}Br (49.31%) がある．実験室では臭化物を適当な酸化剤で酸化すればよい．Br_2 は室温では非金属単体中で唯一の液体である．

$$Cl_2 + 2Br^- \longrightarrow 2Cl^- + Br_2 \tag{9.3}$$

9.2.4 ヨウ素

ヨウ素(iodine)は，天然にはヨウ素酸ナトリウム $NaIO_3$ として見いだされ，これを還元して単体のヨウ素 I_2 を得る．ヨウ化物イオン I^- はある種のかん水中に含まれ，これを Cl_2 で酸化すると I_2 が得られる(式9.3と比較のこと)．I_2 は金属光沢をもつ(また高圧下では導電性を示す)など，金属を思わせる性質をいくらか備えはじめている．これは下の周期の元素ほど電気陽性になり，結合が非局在化するからである．同位体は ^{127}I だけである．

9.2.5 アスタチン

アスタチン(astatine)の同位体はすべて放射性で，ウラン鉱石中に微量含まれている．アスタチンの同位体は普通 Bi を α 線で照射することによって得ている $[^{209}Bi + \alpha \, (^4He) \longrightarrow \, ^{211}At + 2\,^1n]$．こうして得た単体のアスタチンは(恐らく At_2 のかたちで) ^{209}At, ^{210}At, ^{211}At の同位体を含む．

フッ素はポリ(四フッ化エチレン)のような粘着性のないポリマーや，冷媒として利用されるフルオロカーボンを製造するのに使われている．なおポリ(四フッ化エチレン)は PTFE と略記され，焦げつかない鍋の加工に使われている．

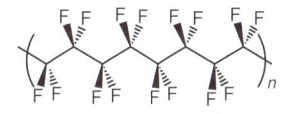

ポリ(四フッ化エチレン)の構造

最も寿命の長いアスタチンの同位体 ^{210}At の半減期(half-life)は 8.3 時間である．半減期とは，その核種の量が半分になるまでの時間である．

9.3 ハロゲンの単体の化学的性質

単体のハロゲンはどれも酸化剤であり,その反応性は周期を下がると低下する.F_2は単体のうちで最も反応活性であり,軽い希ガスである He, Ne, Ar 以外のすべての元素と自発的に反応して化合物を生成する.フッ素との反応はポリ(四フッ化エチレン)のような特別の容器中や,金属フッ化物の不動態膜を生成するニッケルのような金属容器中〔たとえばモネルメタル(Monel metal)製の容器中など〕,あるいは十分乾燥したガラスの容器中で行う必要がある.Cl_2とBr_2はF_2に比べ反応性は相当劣るが,それでもこれらは多くの元素と直接反応する.ところがI_2は四つのハロゲン中では最も不活性で,反応するには加熱を必要とすることが多い.

† 1 訳者注　式(9.4)と(9.5)は揮発性の酸の塩と不揮発性の酸との反応であり,さらに式(9.4)では$CaSO_4$が沈殿して系外にでる.HBr は,この方法ではつくれない(理由は 30 ページ訳者注 1 参照).HBr の場合は酸化力のないH_3PO_4を不揮発性の酸として使うことはできる.また式(7.15)の反応も使える.

9.4 ハロゲン化水素 HX とハロゲン化物塩 MX

Box 9.1　実験室での HX ガスの製法†1

$$CaF_2 + 濃 H_2SO_4 \longrightarrow CaSO_4 + 2\,HF \tag{9.4}$$

$$NaCl + 濃 H_2SO_4 \longrightarrow NaHSO_4 + HCl \tag{9.5}$$

$$2\,P_{(red)} + 3\,X_2 + 6\,H_2O \longrightarrow 2\,H_3PO_3 + 6\,HX \quad (X = Br, I) \tag{9.6}$$

† 2 訳者注　H—X の結合エネルギー($kJ\,mol^{-1}$)は,HF(570) > HCl(432) > HBr(366) > HI(298)の順に小さくなる.HX では結合が弱いほどプロトン酸として強い.ただし酸解離の場合では,H—X は H + X にではなく,$H^+ + X^-$に解離することに注意する.また HX はこの順に酸化されやすい($X^- \longrightarrow 1/2\,X_2 + e^-$の酸化電位 $E°$ はそれぞれ $-2.87, -1.36, -1.08, -0.54\,V$).

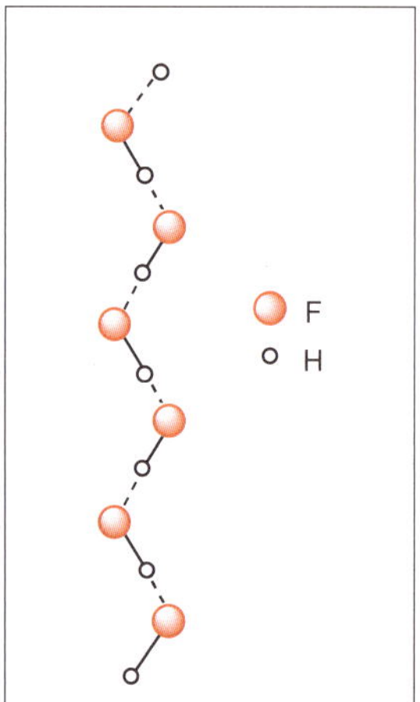

ハロゲン化水素 HX はすべてのハロゲンについて知られていて,その安定性は,周期を下がると軌道間の重なりが悪くなるので低下する(生成エンタルピー $\Delta_f H°$ の値については例題 2.5 参照)†2.HI は不安定で($\Delta_f H° = +26.5\,kJ\,mol^{-1}$),$1/2\,H_2 + 1/2\,I_{2\,(s)} \rightleftharpoons HI_{(g)}$ の平衡状態にある($K = 0.5$, $\Delta_f G° = +1.7\,kJ\,mol^{-1}$, $\Delta_f S° = 83\,J\,K^{-1}\,mol^{-1}$).HX の融点,沸点はともに周期を下がると上昇するが(31 ページ訳者注 3),HF は例外で,水素結合のために異常に高い沸点をもつ(図 2.2 と比較せよ).この水素結合は気体状態でも起こり,HF の蒸気は 60 °C までは六量体$(HF)_6$として存在する(だから沸点 19.5 °C は単分子の気体になるH_2Oに比べると高くない).固体状態では HF はジグザグのポリマー鎖構造$(HF)_n$となり,強い F⋯H⋯F の水素結合が形成されている(図 9.2).F⋯H⋯F 単位は H を中心として常に直線的であり,$K^+HF_2^-$のようないわゆるフッ化水素酸塩にもそのような単位がみられる.

HX は水に溶けて非常に強い酸性の水溶液を与える(式 9.7).

$$HX + H_2O \longrightarrow H_3O^+_{(aq)} + X^-_{(aq)} \tag{9.7}$$

HCl, HBr, HI は強酸であり,希薄水溶液では実質上,完全解離している(pK_a はそれぞれ $-7, -9, -10$).しかし HF は弱い酸である($pK_a = 3$).HF の水溶液には未解離の HF とともに,$H_2F_3^-$ や $H_3F_4^-$ のような$(HF)_n$のポリマー鎖をも

図 9.2　固体状態での HF の構造.

つ単位が含まれ，これらは強い水素結合で結ばれている．つまり水素結合はこの系で重要な役割を果たしているのである．HX が解離して生じるイオンの水和による安定化の順序が $F^- > Cl^- > Br^- > I^-$（サイズが小さいイオンのほうが水和が強い）であるのにもかかわらず，酸としての強さの順が $HF < HCl < HBr < HI$ であるのは，H—X の結合力[†3] が酸としての強さを支配するからである（7ページ訳者注1参照）．16族の H_2E の酸としての強さも同様である（表8.1）．

[†3] 訳者注　前ページの訳者注2を参照のこと．

Box9.2　擬ハロゲン

ハロゲン化物イオンと似た挙動をする-1価の多原子陰イオンが多く知られており，ハロゲンと同じような化合物を生成する．このような陰イオン X^-（単原子イオンではない）を擬ハロゲン化物イオン（pseudohalogen ion）と呼ぶ．中性の二量体 X_2 は擬ハロゲン分子である．たとえば CN の二量体 N≡C—C≡N はシアンまたはジシアンといい，$4CN^- + 2Cu^{2+} \longrightarrow (CN)_2 + 2CuCN$ の酸化反応によってつくられる．またチオシアン N≡C—S—S—C≡N も既知である．しかし，すべての擬ハロゲン化物イオンが擬ハロゲン分子を生成するとは限らない．たとえばアジ化物イオン N_3^-（7.3.2項）はよく知られた擬ハロゲン化物イオンであるが，二量体 $(N_3)_2$ は未知である．ハロゲンと擬ハロゲン間の化合物にはハロゲン化シアン X—CN と爆発性のアジ化ヨウ素 I—N_3 やチオシアン酸シアン NC—SCN がある．また，アジ化水素 HN_3（7.3.2項），シアン化水素（青酸ともよばれる）HCN，イソシアン酸 HNCO，イソチオシアン酸 HNCS はハロゲン化水素に対応する擬ハロゲン化水素ということになる．

重要ないくつかの擬ハロゲン化物イオン

アジ化物イオン（azide）	N_3^-
シアン化物イオン（cyanide）	CN^-
シアン酸イオン（cyanate）	NCO^-
チオシアン酸イオン（thiocyanate）	NCS^-

例題 9.1

Q　Ag^+ や Pb^{2+} とアジ化物イオンとの塩は，水に可溶であると予想されるか．

A　N_3^- は擬ハロゲンである．Ag^+ や Pb^{2+} のハロゲン化物は冷水には不溶であるから AgN_3 や $Pb(N_3)_2$ も水に不溶であると期待される．ハロゲン化物イオンは $F^- < Cl^- < Br^- < I^-$ の順に軟らかい塩基であるから（N_3^- は Br^- と同じく中間的な塩基），この順に Ag^+，Cu^+，Pb^{2+}，Hg^{2+} のような軟らかい酸に対して高い親和性を示す．Al^{3+} などの硬い酸に対しては，逆の順の親和性がある（HSABの原理．4.8節参照）．

AgN_3 や $Pb(N_3)_2$ は，他の金属アジ化物と同じように非常に爆発性である．NaN_3 は $3NaNH_2 + NaNO_3 \longrightarrow NaN_3 + 3NaOH + NH_3$ あるいは $2NaNH_2 + N_2O \longrightarrow NaN_3 + NaOH + NH_3$ の反応で合成され，爆発して N_2 ガスを生成するので，車のエアバッグに使われる．また防腐剤としての用途もある（ただし人体には有毒）．

9.5　ハロゲンの酸化物

ハロゲンはどれも（酸性）酸化物を生成し，Iの酸化物が最も安定である．Brの酸化物は不安定であることが多い（交互効果）．これらはすべて酸化剤である．

9.5.1 酸化ニハロゲン

F, Cl, Br は X_2O 型の化合物(酸化ニハロゲン,または二ハロゲン化酸素という)を生成する.OF_2 が最も安定で,フッ素の単体 F_2 と希薄な NaOH 水溶液との反応で合成される(式 9.8.式 9.13 と比較せよ).

$$2F_2 + 2OH^- \longrightarrow OF_2 + 2F^- + H_2O \tag{9.8}$$

しかし OF_2 は水をも酸素に酸化する(式 9.9)強力な酸化剤である.OF_2 をハロゲンと混合すると爆発するが,OF_2 と H_2 あるいは CO との混合物が反応するには火花が必要である.

$$OF_2 + H_2O \longrightarrow O_2 + 2HF \tag{9.9}$$

Cl_2O と Br_2O は酸化水銀(II)と Cl_2 または Br_2 との反応で合成される(式 9.10).

$$2Cl_2 + 2HgO \longrightarrow Cl_2O + HgCl_2 \cdot HgO \tag{9.10}$$

水に溶けると,それぞれ次亜塩素酸 HClO と次亜臭素酸 HBrO になる.そのほかの F の酸化物については 127 ページ欄外の記事を参照せよ.

> 電気陰性度の大きさは F > O > Cl > Br > I の順なので,OF_2 と Cl_2O のように,化学式では電気陽性な原子が先にくるように書く.

9.5.2 二酸化塩素

ClO_2 は高濃度にすると爆発する黄色の気体であり,酸性の溶液中で塩素酸カリウム $KClO_3$ を還元してつくられる.ClO_2 は屈曲構造の常磁性分子であり〔図 9.3(a)〕,二量化する傾向はほとんどない.Cl 上の不対電子が分子全体に非局在化しているからである[†1].しかし,固体状態では非常にゆるく結合した二量体を形成する.ただし,O_2N-NO_2 のようには結合できない.Cl 上の孤立電子対どうしが反発するからである.この二量体では分子内の Cl—O 結合(長さは約 147 pm)に比べ,分子間の Cl⋯O 結合(270.8 pm)は相当長い〔図 9.3(b)〕[1)].

> 二酸化塩素 ClO_2 は,商業的には漂白剤と消毒剤として重要である.
>
> †1 訳者注 ClO_2 では 19 番目の価電子(不対電子)は,分子面に垂直な p 軌道(C)と両端の O の p 軌道からなる非局在化した π^* 分子軌道(反結合的な組合せ)に収容されている.ところが,NO_2 では 17 番目の価電子(不対電子)は N 上の非結合的な(局在化した)sp または sp^2 混成軌道に収容されている.だから N—N 結合生成によって NO_2 は二量化する傾向を示す(式 7.9).

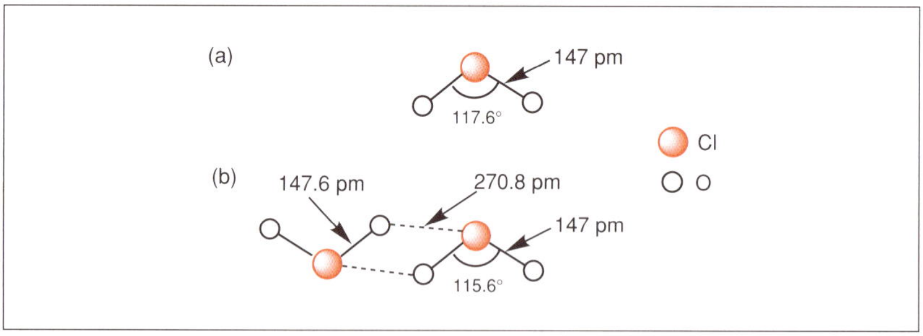

図 9.3 ClO_2 の構造.(a) 気体状態,(b) 固体状態.

9.5.3 塩素と臭素のそのほかの酸化物

塩素の酸化物はその多くが X—O—X 結合をもつという構造的な類似性をもっている(少し程度は劣るが臭素の酸化物もそうである).これは X が奇数の価電子をもつからである.このとき X は +1,+3,+5,+7 の酸化数をもつ.

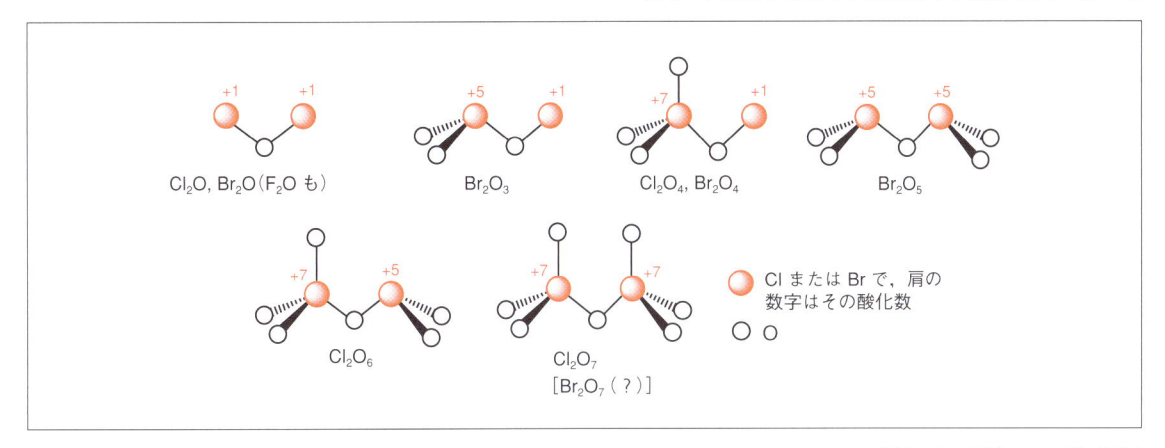

9.6 ハロゲンのオキソ酸とオキソ酸陰イオン

[図9.4: 2個のハロゲン原子をもつ塩素と臭素の酸化物の構造。Cl$_2$O, Br$_2$O (F$_2$Oも); Br$_2$O$_3$; Cl$_2$O$_4$, Br$_2$O$_4$; Br$_2$O$_5$; Cl$_2$O$_6$; Cl$_2$O$_7$ [Br$_2$O$_7$(?)]。○はClまたはBrで、肩の数字はその酸化数。○はO。]

図9.4 2個のハロゲン原子をもつ塩素と臭素の酸化物。なお図8.9と同様、ここでも配座は必ずしも正しくない。

このタイプの塩素と臭素の酸化物を選んで図9.4に示してある。これらのうちではCl$_2$O$_7$(O$_3$Cl—O—ClO$_3$)が最も安定で、これは塩素酸(VII)HClO$_4$(過塩素酸)の無水物である。Cl$_2$O$_6$(O$_2$Cl—O—ClO$_3$)は固体状態ではClO$_2^+$ ClO$_4^-$のようなイオン種として存在する。単量体ClO$_3$は過塩素酸塩素Cl—O—ClO$_3$(Cl$_2$O$_4$、図9.4)を熱分解すると生成する[2]。

臭素の酸化物は対応する塩素の酸化物に比べ不安定であるが、—O—Brや—O—BrO$_2$の単位からできたものは安定である。異性体も可能で、たとえばBrO$_2$の組成をもつ化合物にはO$_2$Br—BrO$_2$、OBr—O—BrO$_2$、Br—O—BrO$_3$(過臭素酸臭素)の三つの異性体がありうる。図9.4には、そのうちの一つの異性体Br—O—BrO$_3$の構造が示してある[3]。

9.5.4 ヨウ素の酸化物

ハロゲンの酸化物のうちヨウ素の酸化物は、とくに酸化数が高い場合に最も安定である(IEが小さいことと、サイズが大きいので大きな配位数をとることができるから)。ヨウ素(V)の酸化物I$_2$O$_5$は300℃以上でないと分解しないほど安定で、これはヨウ素酸HIO$_3$を加熱して得られる(HIO$_3$の)無水物である(式9.11)。I$_2$O$_5$(2個のIはOで架橋され、それぞれのIの周りには最近接の3個のO原子と1個の孤立電子対がある)はCOによって容易にI$_2$に還元される(5 CO + I$_2$O$_5$ ⟶ I$_2$ + 5 CO$_2$の反応でCOを分析できる)。ヨウ素の酸化物は、塩素や臭素の酸化物とは違って、ポリマー構造をもつ。サイズが大きいものは分子間力が大きく、大きな配位数がとれるからである。

$$2\,HIO_3 \rightleftarrows I_2O_5 + H_2O \tag{9.11}$$

9.6 ハロゲンのオキソ酸とオキソ酸陰イオン

各ハロゲンについて、一連のオキソ酸とその共役塩基のイオン(オキソ酸陰イオン)がよく知られている。ただし、すべてのハロゲンがこの一連の化合物を生

	酸化数	酸解離定数 K_a
HClO	+1	2.8×10^{-8}
HClO$_2$	+3	5.0×10^{-3}
HClO$_3$	+5	10^3
HClO$_4$	+7	10^7

図9.5 ハロゲンのオキソ酸の酸化数と命名法．孤立電子対も含めると各ハロゲン周りは四面体的な構造である．また HCIO は hypochlorous acid（陰イオンは hypochlorite），$HClO_2$ は chlorous acid（陰イオンは chlorite），$HClO_3$ は chloric acid（陰イオンは chlorate），$HClO_4$ は perchloric acid（陰イオンは perchlorate）という．

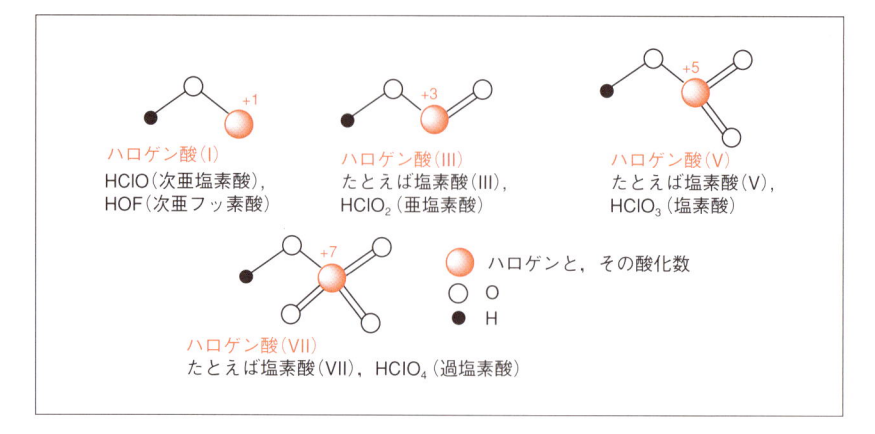

ハロゲン酸(I)
HCIO（次亜塩素酸），
HOF（次亜フッ素酸）

ハロゲン酸(III)
たとえば塩素(III)，
$HClO_2$（亜塩素酸）

ハロゲン酸(V)
たとえば塩素酸(V)，
$HClO_3$（塩素酸）

ハロゲン酸(VII)
たとえば塩素酸(VII)，$HClO_4$（過塩素酸）

○ ハロゲンと，その酸化数
○ O
● H

成するわけではない．電気陰性でサイズが小さい F のオキソ酸は HOF しかない（これも第2周期元素が示す特異な挙動の例であるが，HOF はオキソ酸というよりは H_2O の1個の H が F で置換されたものとみなせ，二置換された OF_2 も存在する．8.4.1項）．いろいろなハロゲンのオキソ酸の構造が図9.5に示してある．ハロゲンを一定としたとき，これらの酸の酸性度はハロゲン X の酸化数が大きくなると高くなる．ハロゲンの酸化数が同じである場合では，X が電気陰性であるほど酸性度が高くなる．

9.6.1 ハロゲン酸(I) HOX とハロゲン酸(I)陰イオン OX^-

フッ素のオキソ酸として知られているのはフッ素酸(I)（次亜フッ素酸）HOF だけであり，低温（-40℃）で氷をフッ素化して得られる（式9.12）．

$$F_2 + H_2O \longrightarrow HF + HOF \tag{9.12}$$

他のハロゲンも同じ挙動を示すが，こうして生成した HOX の安定性は F, Cl, Br, I になるにつれて劇的に低下する．ハロゲン酸(I) イオンはハロゲンと水酸化物水溶液との反応（これも不均化）で得られ，塩素の場合では式(9.13)の平衡は，相当右側に偏っている（例題9.2参照．式9.13と F_2 の場合の式9.8とを比較せよ）．

$$X_2 + 2OH^- \rightleftarrows XO^- + X^- + H_2O \tag{9.13}$$

しかし，ハロゲン酸(I)は不均化反応（67ページ先頭の欄外記事参照）を起こしてハロゲン化物イオン（-I）とハロゲン酸(V)陰イオン XO_3^- になる傾向を示す（式9.14）．

$$3XO^- \rightleftarrows XO_3^- + 2X^- \tag{9.14}$$

つまり

式(9.13)の平衡定数 K

X	K [a]
Cl	7.6×10^{15}
Br	2.7×10^{10}
I	50

a) X_2 が還元されやすいほど K の値が大きくなる．

式(9.14)の平衡定数 K

X	K
Cl	4.9×10^{26}
Br [a]	7.3×10^{14}
I	6.4×10^{22}

a) Br の値が小さいのは交互効果（100ページ訳者注2参照）のため，+5の高い酸化数が他のハロゲンに比べ不安定だからである．+7の酸化数はもっと不安定．

$$3 \times \text{ハロゲン酸(I)イオン} \longrightarrow \text{ハロゲン酸(V)イオン} + 2 \times \text{ハロゲン化物イオン(-I)}$$

の不均化反応が塩基性条件下で起こる（式9.14では$2\,ClO^-$からClO_2^-とCl^-が生成する段階が律速であり，こうして生じたClO_2^-とClO^-からClO_3^-とCl^-が生成する段階は前者に比べて速い）．

式(9.13)と(9.14)の平衡は右に偏っているが，実際に得られる生成物は反応の相対的速度に依存する．Cl_2を水酸化物水溶液に溶解するとClO^-が生成するが，ClO_3^-とCl^-への不均化(式9.14)は室温では非常に遅い（だから温めた水酸化物水溶液にCl_2を通じるとClO_3^-が得られる）．臭素では式(9.13)と(9.14)の反応はいずれも速いので，BrO^-，BrO_3^-，Br^-の混合物が得られる（その割合は温度に依存する）．ヨウ素では式(9.14)の反応が速いので，実際上I^-とIO_3^-だけが生成する．

9.6.2　ハロゲン酸(III) HXO_2 とハロゲン酸(III)イオン XO_2^-

塩素酸(III)(亜塩素酸ともいう)$HClO_2$は，その存在が確定している唯一の遊離のハロゲン酸(III)である（$HBrO_2$も恐らく存在する）が，不安定である．これに対して塩素酸(III)イオン（亜塩素酸イオンともいう）ClO_2^-と臭素酸(III)イオン（亜臭素酸イオンともいう）BrO_2^-はよく知られている[4]．$HClO_2$は，ClO_2と水酸化物イオンとの反応（式9.15．これも不均化）で生成する塩素酸(III)イオンClO_2^-にH^+を加えると得られる．

$$2\,ClO_2 + 2\,OH^- \longrightarrow ClO_2^- + ClO_3^- + H_2O, \quad E° = 1.66\,\text{V} \quad (9.15)$$

9.6.3　ハロゲン酸(V) HXO_3 とハロゲン酸(V)イオン XO_3^-

ハロゲン酸(V)はCl，Br，Iについて単離が可能で，ヨウ素酸(V)HIO_3が最も安定であり，これだけが固体状態で単離できる．ハロゲン酸(V)は対応するハロゲン酸(III)よりも酸化力は弱く（$E°$の値についてはBox 9.3と図9.6を参照），酸としては強い（酸化数が高いほど強い酸である．143ページ欄外の表を参照）．ハロゲン酸(V)塩MXO_3を加熱すると，MXとO_2とに分解する（O_2の発生法の一つ）．

9.6.4　ハロゲン酸(VII) HXO_4 とハロゲン酸(VII)イオン XO_4^-

Cl，Br，Iについてハロゲン酸(VII)が知られている．塩素酸(VII)(過塩素酸ともいう)$HClO_4$は強い酸化剤であるが，塩素のオキソ酸のなかでは塩素酸(V)(塩素酸)$HClO_3$についで酸化力が弱い（図9.6）．ただし速度論的なこと（反応速度）は別問題である．このように高い酸化数のハロゲン酸のほうが低いものより酸化力が強いとは限らないのは，高い酸化数のハロゲン酸では酸素からの強いπ

塩素酸(VII)の塩は過塩素酸塩と呼ばれることが多い．

供与によって電子不足がかなり解消されているからであろう（だからO上の電子密度が減少しH$^+$が解離しやすくなり，酸としては強くなる）．また立体的な混み合いがない場合では，不活性電子対効果のために高い酸化数の状態は第3周期元素(Cl)のほうが安定だからでもあろう．塩素酸(VII)イオン（過塩素酸イオンともいう）ClO$_4^-$は大きな陽イオンを結晶化するときの対イオンとして使える．しかし酸化されやすい（有機物を含む）陽イオンとClO$_4^-$イオンとの塩が爆発性をもつことについては多くの報告，逸話，警告がある．

　四面体構造のIO$_4^-$陰イオンを含むヨウ素酸(VII)（過ヨウ素酸ともいう）HIO$_4$とヨウ素酸(VII)塩（過ヨウ素酸塩ともいう）も知られているが，ヨウ素(VII)のオキソ酸とオキソ酸イオンには配位数がもっと大きいものが多い．[HO—I(=O)$_3$] (= HIO$_4$)の2個のI=OにH$_2$Oを1分子ずつ付加すると新たにI—OH結合が4個ができ[8.7.2項の[Te(OH)$_6$]参照]，配位数が6の[I(=O)(OH)$_5$] (= H$_5$IO$_6$)となる．これはオルト過ヨウ素酸と呼ばれる．さらに2分子間でI—O—I架橋を形成して二量体を生成することもある．したがって，この点でIはTeやSbのような重いpブロック元素に似ている(7.6.3項)．つまりヨウ素酸(VII)の酸性水溶液中では[I(=O)(OH)$_5$]と，これが適度に酸解離したイオン[I(=O)$_2$(OH)$_4$]$^-$や[I(=O)$_3$(OH)$_3$]$^{2-}$を含むいろいろな化学種が存在する（このように最も電気陰性な17族までくると，第5周期元素でもE=O結合をもつ傾向を示す）．強酸性にすると[I(=O)(OH)$_5$]のI=O基がプロトン化して[I(OH)$_6$]$^+$になる．[I(=O)(OH)$_5$]では，5個のプロトンのうち2個は容易に交換できる．[I(=O)(OH)$_5$]を加熱すると，二段階で水分子が失われる(式9.16)．

H$_5$IO$_6$ = I(=O)(OH)$_5$ の構造（178 pm, 189 pm）

[I$_2$O$_9$]$^{4-}$ 陰イオンの構造

[H$_2$I$_2$O$_{10}$]$^{4-}$ 陰イオンの構造

$$2\,H_5IO_6 \xrightarrow[-3H_2O]{80℃} H_4I_2O_9 \xrightarrow[-H_2O]{100℃} 2\,HIO_4 \tag{9.16}$$

[I$_2$O$_9$]$^{4-}$イオンを含む塩も知られていて，1個の三角面を共有した2個の八面体単位を含んでいる．一方，類似の[H$_2$I$_2$O$_{10}$]$^{4-}$イオンは1個の稜を共有した2個の八面体単位をもつ．このように重いpブロック元素のオキソ酸〔14族H$_2$[Sn(OH)$_6$], 15族H[Sb(OH)$_6$], 16族[Te(OH)$_6$], 17族[I(=O)(OH)$_5$]など〕には大きな配位数をとるものが多い．テルル酸塩はM[Te(=O)(OH)$_5$]やM$_2$[Te(=O)$_2$(OH)$_4$]であるが，過ヨウ素酸塩はM[I(=O)$_2$(OH)$_4$]ではなく，四面体の[IO$_4$]$^-$を含むM[IO$_4$]である場合が多い（Mは+1価イオン）．

　古くから知られている塩素酸(VII)イオンとヨウ素酸(VII)イオンとは対照的に，臭素酸(VII)は1968年まで合成できなかった．周期表の中間に位置する元素の異常性は第4周期のAs, Se, Brの化学において何度も登場してきた（5.1節で触れた不活性電子対効果，72ページ訳者注1と100ページ訳者注2参照）．これらの元素は遮蔽効率の悪い3d軌道が占められた直後にくる元素なので，高い酸化数が予想以上に不安定であることが，このような現象の原因である（交互効果）．臭素酸(VII)イオンは，最終的には臭素酸(V)イオンを塩基性溶液中で

9.6 ハロゲンのオキソ酸とオキソ酸陰イオン ◉ 147

F_2 で酸化することによって(式 9.17),臭素酸(VII)はこれをプロトン化することによって合成された.臭素酸(VII)塩は四面体の BrO_4^- イオンとしてのみ存在し,ヨウ素酸(VII)の場合とは違って,高い配位数の付加物を生成するという証拠はない.臭素酸(VII)($BrO_4^- \longrightarrow BrO_3^-$, $E° = 1.76\,V$)はヨウ素酸(VII)($E° = 1.60\,V$)よりも,また塩素酸(VII)($E° = 1.23\,V$)よりも,強い酸化剤である〔交互効果のため,高い酸化数の Br は不安定であり,ハロゲン酸(V)も同じ傾向を示す〕.

$$BrO_3^- + F_2 + OH^- \longrightarrow BrO_4^- + 2\,F^- + H_2O \tag{9.17}$$

Box 9.3　酸化還元電位を使ってハロゲン類の化学を合理的に解釈する

ハロゲンは広範なオキソ化合物を生成し,その反応性を理解するには標準酸化還元電位 $E°$ が非常に有用である.ここで $E°$ は(H^+ および H_2 の活量が 1 である標準状態での)標準水素電極電位($H^+ + e^- \rightleftharpoons 1/2\,H_2$)を 0 V としたときの相対値である(章末問題 8.8 の解答参照).酸性水溶液($[H^+] = 1$)と塩基性水溶液($[OH^-] = 1$)中での塩素の化合物(オキソ酸)の活量が 1 のときの $E°$ 値が図 9.6 に与えてある[†1].ただし $E°$ から判断できるのは熱力学的反応性であり,たとえ $E°$ から反応の自由エネルギー変化 $\Delta G°$ が負であると判断されても,速度論的に反応が進行しない(反応の活性化エネルギーが到達できないほど大きい)場合もあることに注意する.$E°$ の値からは反応速度(速度論的安定性あるいは不安定性)については,原理的には何も語れないのである.

酸性水溶液

$ClO_4^- \xrightarrow{+1.226} ClO_3^- \xrightarrow{+1.157} HClO_2 \xrightarrow{+1.673} HClO \xrightarrow{+1.63} Cl_2 \xrightarrow{+1.36} Cl^-$

上部:$ClO_3^- \xrightarrow{+1.458} HClO$
下部:$HClO_2 \xrightarrow{+1.442} Cl_2$

塩基性水溶液

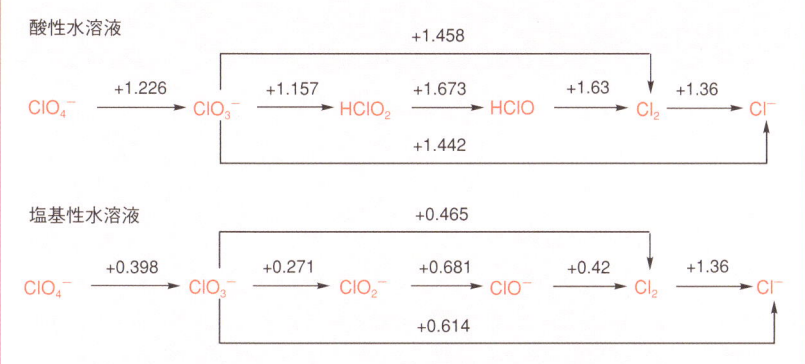

$ClO_4^- \xrightarrow{+0.398} ClO_3^- \xrightarrow{+0.271} ClO_2^- \xrightarrow{+0.681} ClO^- \xrightarrow{+0.42} Cl_2 \xrightarrow{+1.36} Cl^-$

上部:$ClO_3^- \xrightarrow{+0.465} ClO^-$
下部:$ClO_2^- \xrightarrow{+0.614} Cl_2$

図 9.6 酸性および塩基性水溶液中での,塩素を含む化学種の $E°$ (V)の値〔ラチマー図(Latimer diagram)という〕.

- $+7$ の酸化数の Cl をもつ ClO_4^- と $HClO_4$ は酸化剤としてのみ働く.
- 低い酸化数のもの(Cl^- を除く)は還元剤としても働くが,一般的には酸化剤として働くことが多い.たとえば ClO_3^- は Br^- イオンを酸化できる.

$$ClO_3^- + 6\,H^+ + 6\,e^- \longrightarrow Cl^- + 3\,H_2O, \quad E° = +1.442\,V$$

[†1] 訳者注　図 9.6 で,たとえば $ClO_3^-(Cl^{5+}) \longrightarrow Cl_2(Cl^0)$ の還元電位 $+1.458\,V$ を求めるには自由エネルギー変化 ΔG の加成性を利用する.上記の電位を $E°$ とすると,この反応($n = 5$)の ΔG は $\Delta G = -5 \times F \times E°$ である.$ClO_3^-(Cl^{5+}) \longrightarrow HClO_2(Cl^{3+}) \longrightarrow HClO(Cl^+) \longrightarrow Cl_2(Cl^0)$ の各段階の ΔG の総和は $-2 \times F \times (+1.157) - 2 \times F \times (+1.673) - 1 \times F \times (+1.63) = -7.29\,F$ である.両者は等しいので $-5\,F \times E° = -7.29\,F$ より,$E° = +1.458\,V$ となる.塩基性の場合の $ClO_3^- \longrightarrow Cl_2$ でも $-5\,F \times E° = -2 \times F \times (+0.271) - 2 \times F \times (+0.681) - 1 \times F \times (+0.42)$ より,$E° = +0.465\,V$ となる.

†1 訳者注 このことは一般的に成立する．酸化剤は高い酸化数をもった状態にあり，酸性なので塩基性溶液中では安定化する（反応前が安定化）．だから塩基性溶液中では酸化剤としての能力が低くなる．酸化剤が還元されて低い酸化数になると塩基性になるので，低い酸化数になったものは酸性溶液中で安定化する（反応後が安定化）．だから酸性溶液中では酸化剤としての能力が高くなる．還元剤については逆のことが成立するので（塩基性にすると反応後が安定化し，酸性にすると反応前が安定化する），還元剤は酸性よりも塩基性溶液中のほうが能力が高い．ただし以上のことは熱力学的な議論であって，反応速度とは無関係である．

酸性溶液中での $HClO_2 \longrightarrow HClO$ の反応では左辺の Cl は +3，右辺の Cl は +1 の酸化数なので左辺に $2e^-$ を加え，あとは全体の電荷と化学量論が合うように H^+（塩基性溶液では OH^-）と H_2O を適宜両辺に加える．だから $HClO_{2(aq)} + 2H^+_{(aq)} + 2e^- \longrightarrow HClO_{(aq)} + H_2O$, $E° = +1.673$ V である．

$$6\,Br^- \longrightarrow 3\,Br_2 + 6\,e^-, \quad E° = -1.077\ V$$

だから両者の和から

$$ClO_3^- + 6\,H^+ + 6\,Br^- \longrightarrow Cl^- + 3\,Br_2 + 3\,H_2O, \quad E° = +0.365\ V$$

となり，$E°$ が正なので $[\Delta G° = -nF \times E° = -96.5\,n \times E°\ (kJ\,mol^{-1})$．$n = 6$ は関与する電子数，F はファラデー定数]，自由エネルギー変化 $\Delta G° = -RT \ln K (= -211\ kJ\,mol^{-1})$ が負となり，この反応は標準状態で（熱力学的には）進行しうる．

● オキソ酸陰イオンは塩基性溶液中より酸性溶液中のほうが酸化力が強い（$E°$ の値がより大きな正の値であることからわかる）[†1]．例外は $Cl_2 \longrightarrow 2\,Cl^-$ の場合であり，両溶液中で $E°$ は同じである．これは，この半反応式に H^+ も OH^- も登場しないからである（HCl が強酸だから pH と無関係に，いつも Cl^- イオンとして存在する）．

● 多くのものは不均化を起こしやすい．たとえば $HClO_2$ では

$$HClO_2 + 2\,H^+ + 2\,e^- \longrightarrow HClO + H_2O, \quad E° = +1.673\ V$$

$$HClO_2 + H_2O \longrightarrow ClO_3^- + 3\,H^+ + 2\,e^-, \quad E° = -1.157\ V\ (還元反応を逆にしたので図 9.6 の電位の符号を逆にする)$$

なので両者の和から

$$2\,HClO_2 \longrightarrow HClO + ClO_3^- + H^+, \quad E° = +0.516\ V\ (n=2)$$

となるので（$E° > 0$），$HClO_2$ は酸性水溶液中では不安定であり，不均化する．

9.7 ハロゲン間化合物

9.7.1 電気的に中性なハロゲン間化合物

ハロゲン間化合物（interhalogen compound）には多様なものがあり，二種以上のハロゲンからなるもの，電気的に中性なもの，陽イオン性と陰イオン性のものがある．最も単純なものは異核二原子分子 X—Y であり，すべての組合せが知られている．これらはその成分となるハロゲンどうしを単に混合するだけで生成する（BrCl では $\Delta_f H°$ が正の小さな値なので平衡状態にある．$\Delta_f G = 1.0\ kJ\,mol^{-1}$, $K = 1.5$）．たとえば IBr では（式 9.18）

$$I_2 + Br_2 \longrightarrow 2\,IBr \tag{9.18}$$

であり，IF は親のハロゲン I_2 と F_2 に対して最も安定である（$\Delta_f H° = -94.5\ kJ\,mol^{-1}$）．つまり IF の結合エネルギー $280\ kJ\,mol^{-1}$ は $1/2\,I_{2(g)}$ と $1/2\,F_{2(g)}$ の結合エネルギーと $1/2\,I_{2(s)}$ の昇華熱の和 $151/2 + 158/2 + 62/2 = 185.5\ kJ\,mol^{-1}$ より相当大きい（両者の差 $185.5 - 280 = -94.5\ kJ\,mol^{-1}$ が生成エンタルピー）．電

異核二原子分子のハロゲン間化合物とその生成エンタルピー（$kJ\,mol^{-1}$），および結合エネルギー（$kJ\,mol^{-1}$）

	生成エンタルピー	結合エネルギー
IF	−94.5	280
BrF	−58.5	249
ClF	−53.6	253
ICl	−35.3	208
IBr	−10.5	175
BrCl	+14.6	215

電気陽性なハロゲンを先に書くことに注意．X—X の結合エネルギーについては 105 ページ欄外の記事を参照．

気陰性度差が大きいので $I^{\delta+}$—$F^{\delta-}$ の静電相互作用の寄与が相当あるからである．ハロゲンと擬ハロゲン間の化合物については Box 9.2 で述べた．

例題 9.2

Q 塩基性水溶液中で，Cl_2 が塩化物イオン Cl^- と塩素酸(I)イオン ClO^- に不均化する反応は熱力学的に有利であることを示せ．

A 関係する二つの半反応は図 9.6 より

$Cl_2 + 2e^- \longrightarrow 2Cl^-$,　　$E° = +1.36$ V

$Cl_2 + 4OH^- \longrightarrow 2ClO^- + 2H_2O + 2e^-$,　　$E° = -0.42$ V

ここで後者の反応は

$2ClO^- + 2e^- \longrightarrow Cl_2$,　　$E° = +0.42$ V

だから，電荷と化学量論が合うように両辺に OH^-（塩基性だから）と H_2O を適宜加える．これを逆にすれば上式を得る．両式を加え，2で割ると（電位は2で割ってはならない．$n = 1$）

$Cl_2 + 2OH^- \longrightarrow ClO^- + Cl^- + H_2O$,　　$E° = +0.94$ V

を得る（式 9.13 参照）．$E°$ が正なので（$\Delta G° = -nFE° = -96.5\, E° = -90.7$ kJ）反応は標準条件下で進行するであろう（章末問題 9.12）．$\log K = n \times E°/0.0592$ の関係より，$K = 7.6 \times 10^{15}$ となる（144 ページ欄外の一つ目の表を参照）．

例題 9.3

Q IF は容易に不均化して I_2 と IF_5 になる．この反応の反応式を完成し，$\Delta_f H°(IF_5) = -822$ kJ mol^{-1}，$\Delta_f H°(IF) = -94.5$ kJ mol^{-1} の値を使って，この反応が熱力学的に好ましい反応であることを示せ．

A 反応式は

$10\,IF \longrightarrow 4\,I_2 + 2\,IF_5$　　　　　　　　　　　　(9.19)

この反応の ΔH は，単体 I_2 の生成エンタルピー $\Delta_f H°(I_2)$ を定義によりゼロとして

$\Delta H = 2\Delta_f H°(IF_5) + 4\Delta_f H°(I_2) - 10\Delta_f H(IF)$
$= 2 \times (-822) + 4 \times (0) - 10 \times (-94.5)$
$= -699$ kJ mol^{-1}

だから，この反応は熱力学的に好ましい．

そのほかの中性のハロゲン間化合物には T 字型構造の EF_3 型（10 電子）と正方錐構造の EF_5 型（12 電子）とがあり（E = Cl，Br，I について既知だが，不安定なものもある），I については IF_7（7 組の電子対で，五角両錐構造）型もある．この

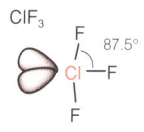

ClF_3

T 字型構造

孤立電子対を含む三角面内の Cl—F 結合が短い．また孤立電子対との反発を避けるように構造がひずんでいる．

BrF_5

正方錐構造

孤立電子対のトランス位の Br—F 結合（アキシアル）が短い．四角平面内（ベイサル）の Br—F 結合は孤立電子対との反発を避けるように反対側に反っている．

ような中心原子が高い酸化数をもつハロゲンの超原子価化合物は酸化物と同様，E が周期の下のもののほうが安定であり，結合は多中心結合で説明される．これらのタイプの化合物を合成する場合，単体を直接反応させるのが一般的である．

MeIF$_2$ や PhICl$_2$ のような有機誘導体もよく知られている（ハロゲンより電気陽性な Me，Ph 基は擬三角両錐のエクアトリアル位にある．114 ページ訳者注 2 参照）．PhICl$_2$ は結晶性の固体で，ヨウ化ベンゼンの CHCl$_3$ 溶液に Cl$_2$ を過剰に通じると得られる（式 9.20）．PhICl$_2$ は簡便に合成でき，扱いやすい酸化剤としてときどき用いられる．実際，ハロゲン間化合物はすべて強い酸化剤であり，そのうち最も反応活性なのは ClF$_3$ であり，単体の F$_2$ と同じくらい強力である．

$$\text{PhI} + \text{Cl}_2 \longrightarrow \text{PhICl}_{2\,(s)} \tag{9.20}$$

これらのハロゲン間化合物の構造は VSEPR 則（1.4 節）によって容易に予想できる．いくつかの例が例題や章末問題としてあげてある．

例題 9.4

Q 塩素を最も多く含むハロゲン間化合物は ICl$_3$ であり，これは二量体 I$_2$Cl$_6$ として結晶になる．VSEPR 則を使って I$_2$Cl$_6$ の構造を推定せよ．

A ルイス構造は下記の通りである．

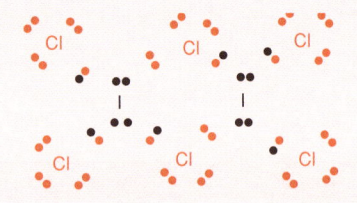

I$_2$Cl$_6$ のルイス構造（点は電子を表す）

I は七つの価電子をもち，三つの塩素原子から 3 電子を受け取るので合計で 10 電子，つまり 5 組の電子対をもつ．しかし，Cl：→I の供与結合があるので，これ 1 個当り 1 組の電子対を I に供与する．だから各 I は 6 組の電子対を八面体的にもつことになる．各 I は 2 組の孤立電子対をトランス位置にもち（反発が最小），分子は全体として平面構造になる（図 9.7．孤立電子対はみえない）．

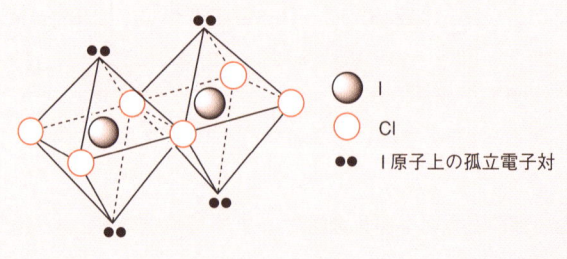

○ I
○ Cl
●● I 原子上の孤立電子対

図 9.7 I$_2$Cl$_6$ の構造．

9.7.2 陽イオン性と陰イオン性のハロゲン間化合物

陽イオン性と陰イオン性のハロゲン間化合物も多く知られている．いくつかの例を表9.1にあげてある．Fを含むイオン性のハロゲン間化合物は一般に，元の中性の化合物にF^-を付加させたり，元の化合物からF^-を取り除いたりすると得られる（たとえば式9.21と9.22のClF_3のように）．たとえば

F^-の付加：$ClF_3 + Cs^+F^- \longrightarrow Cs^+ClF_4^-$ (9.21)

F^-の除去：$ClF_3 + AsF_5 \longrightarrow ClF_2^+ AsF_6^-$ (9.22)

このような反応は対応する希ガスのハロゲン化合物（10章）からイオン性の化合物をつくるのと似ており，実際，ハロゲン間化合物は希ガスのハロゲン化合物と似かよった化学的性質をもつ．またイオン性のハロゲン間化合物は，酸化数の低いハロゲン間化合物を，たとえば強力な酸化剤KrF_2を使って（10.3.1項），激しく酸化することによっても得られる（式9.23）．

$ClF_5 + KrF_2 + AsF_5 \longrightarrow ClF_6^+ AsF_6^- + Kr$ (9.23)

この場合，ClF_7という化合物は存在しないが（Cl原子の周りに7個のF原子を配列することは立体的に困難だから），6配位のClF_6^+陽イオンを生成すればCl(VII)の酸化数も安定化される（中心には，相対的に電気陽性な原子が位置する）．

酸化とF^-イオンの除去は，F^+の付加と等価である．ただしF^+イオンそれ自身は，もちろん安定ではない．

表9.1 陽イオン性と陰イオン性のいくつかのハロゲン間化合物

酸化数	+1	+3	+5	+7
陽イオン		ClF_2^+	ClF_4^+	ClF_6^+
		ICl_2^+	BrF_4^+	BrF_6^+
			IF_4^+	IF_6^+
（構造）		（屈曲）	（シーソー型）	（八面体）
陰イオン	$BrCl_2^-$	ClF_4^-	BrF_6^-	
	ICl_2^-	BrF_4^-	IF_6^-	IF_8^-
	IBr_2^-	ICl_4^-		
	I_3^-			
（構造）	（直線）	（正方形）	（八面体/五角錐）	（正方逆プリズム）

IOF_5や$[IOF_6]^-$などのタイプの酸化ハロゲン化物はハロゲン間化合物と類似性があり，Xeにも同様の酸化ハロゲン化物がある（10.5節）．

例題 9.5

Q 二成分系のフッ化物と自分で選んだ適当な試薬から出発して，以下の化合物をどのようにして合成するか．
(a) $[NO]^+[IF_8]^-$，(b) $[ClF_2]^+[RuF_6]^-$

A (a) $[IF_8]^-$はIF_7にF^-を付加させてつくる．だからF^-の供給源はNOFがよい（7.4.1項）．

$$\text{NOF} + \text{IF}_7 \longrightarrow [\text{NO}]^+[\text{IF}_8]^-$$

(b) $[\text{ClF}_2]^+$ は ClF_3 から F^- を脱離させてつくる．RuF_5 は F^- を引き抜く適当な試薬である（Ru^{5+} は d^3 配置）．

$$\text{ClF}_3 + \text{RuF}_5 \longrightarrow [\text{ClF}_2]^+[\text{RuF}_6]^-$$

例題 9.6

Q ClF_6^+ と ClF_6^- はいずれも八面体構造であるという事実を説明せよ．

A ClF_6^+ は Cl の原子価殻に 6 組の電子対をもつので，VSEPR 則によって八面体構造であると予想される（結合次数 4）．ClF_6^- は 7 組の電子対をもつので（1 組は孤立電子対），八面体になるにはその孤立電子対が Cl の 3s 軌道に収容されて（不活性電子対）立体的に不活性となっているものと思われる（結合次数 3）．このような現象は重い p ブロック元素について，孤立電子対が不活性になれば対称性の高い構造（八面体や正方逆プリズム）になる場合にみられることが多い（1.4.6 項）．孤立電子対が不活性でなければ，アキシアル位の 1 頂点が孤立電子対で占められた五角両錐構造（孤立電子対を無視すれば五角錐構造で，五角平面内が多中心結合），あるいは XeF_6 のように揺動的な構造になる（図 10.2）．$[\text{XeF}_5]^-$（14 電子）は五角両錐の上下に孤立電子対が位置する五角平面構造である．

9.7.3 ポリヨウ化物陰イオン

ポリヨウ化物陰イオンは実験室でよくみかけるハロゲン間化合物の一つのタイプであり，I_2 と適当なヨウ化物塩とを適当な割合で混合することによって得られる．そのうちで三ヨウ化物イオン I_3^- が最もよく知られている（式 9.24）．

$$\text{I}_2 + \text{I}^- \rightleftarrows \text{I}_3^- \tag{9.24}$$

直線構造の I_3^- イオン（章末問題 9.10）は I_2 を含む酸化還元滴定の際によく登場する．この滴定では生成した I_2（これは水にわずかしか溶けない）をすべて可溶な I_3^- に変換するために，過剰の I^- イオンを加える．高校あるいは大学の学部の化学で非常によく使われる式（9.25）は，実際には式（9.26）のように表すほうが正確である．

$$\text{I}_2 + 2\,\text{S}_2\text{O}_3^{2-} \longrightarrow 2\,\text{I}^- + \text{S}_4\text{O}_6^{2-} \tag{9.25}$$

$$\text{I}_3^- + 2\,\text{S}_2\text{O}_3^{2-} \longrightarrow 3\,\text{I}^- + \text{S}_4\text{O}_6^{2-} \tag{9.26}$$

三ヨウ化物の塩 M^+I_3^- の溶解度は陽イオン M^+ のサイズに依存し，溶液から I_3^- イオンを沈殿させるにはサイズの大きい Me_4N^+ や Ph_4As^+ のような陽イオンを加

えることが多い．対陽イオンは，図 9.8 に示すように，I_3^- イオンの固体状態での構造にも大きな影響を与える．つまり相対的に小さな Cs^+ イオンは I_3^- イオンをひずませるが，大きな Ph_4As^+ ではそのようなことは起こらない．

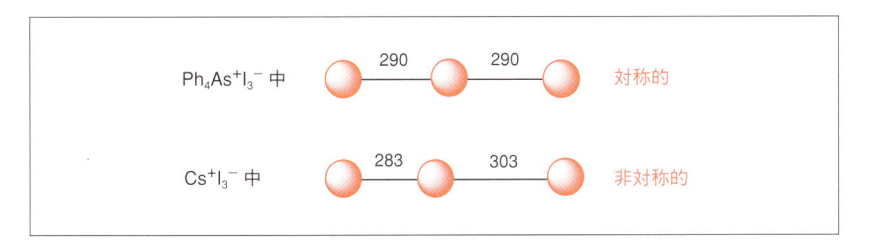

図 9.8　二種の異なる塩中での I_3^- イオンの構造（数値は pm 単位での結合距離）．

3.5 節で述べたように，固体状態では大きな陽イオンは大きな陰イオンを安定化することを思い出すこと（水和の弱いイオンどうしからなる塩は溶解度が低い．37 ページ訳者注 2 参照）．

もっと長いポリヨウ化物イオン，たとえば I_5^-，I_7^-，I_9^- なども固体状態では知られている（構造は対イオンにもよるが直線構造ではない）．これらは I^- イオンにそれぞれ 2，3，4 mol の I_2 を加えると得られる．このようなカートネーションの傾向がみられるのは I の分極率が高いからである．なお，Br_5^+ や I_5^+ のようなポリハロゲン陽イオンも知られている．

例題 9.7

Q $[Ph_4As]^+[I_7]^-$ を合成するにはどの化合物を，どのような割合で反応させればよいか．

A $[Ph_4As]^+$ の供給源は $[Ph_4As]^+I^-$ でよかろう．I_7^- イオンをつくるには 3 mol の I_2 が必要である（6 個の I を供給）．だから $[Ph_4As]I$ と I_2 を 1：3 のモル比で反応させればよい．

9.8　アスタチンの化学的性質

アスタチンは放射性であり，量が少ないために，この元素の化学的性質はトレーサーによる研究で調べられている．すなわちヨウ素に極微量のアスタチンを加え，その放射能を検出することによって化学的な性質を追跡するのである．

アスタチンはヨウ素と同様，少なくとも四つの酸化数（-1，0，+1，+5 と，恐らく +3）の状態で化合物を生成する．ただしヨウ素 I とは違って，アスタチン At は +7 の酸化数はとらないようである．-1 の酸化数では At^- イオンが生成し，高い酸化数の状態としては AtO^-，AtO_2^-，AtO_3^- イオンが存在するようである．At_2 と思われる単体（このことはまだ証明されていない）は揮発性で，CCl_4 のような非極性溶媒に可溶であり，SO_2 のような還元剤を使うと At^- イオンに還元される．

アスタチンが +7 の酸化数をとらないのは，不活性電子対効果と交互効果のせいである．At の性質は，同族の F，Cl，Br，I の性質を，周期表での At の位置に外挿したときに期待されるものに一致している．

例題 9.8

Q アスタチン At の化学的性質をトレーサー法(I_2を使う)で研究するとき，単体の At を出発物質に使うとすれば，AtO_3^-をつくり，これが実際に存在することを確かめるには，どのような試薬を使ったらよいか．

A 単体の At を I_2 で希釈し，強力な酸化剤(たとえば酸性にした $NaClO_3$)で酸化する．同じ条件下では I_2 はヨウ素酸イオン IO_3^- に酸化される．ヨウ素酸バリウムは水に不溶なので，水に可溶なバリウム塩〔たとえば $Ba(NO_3)_2$〕をヨウ素酸の溶液に加えると $Ba(IO_3)_2$ の沈殿が生じる．もし At が同様に振る舞えば，その沈殿は放射能をもつであろう．

この章のまとめ

1. ハロゲンの化学のおもな特徴はハロゲン化物陰イオン X^- を生成することと，強い E—X 結合をもつ共有結合性化合物を生成することである．
2. 多くのハロゲン間化合物が知られており，これらには電気的に中性であるもの，陽イオン性のもの，陰イオン性のものがある．これらは中心原子がヨウ素で，その周りの原子が F のとき最も安定である(I—F 結合は比較的強い)．
3. フッ素は非常に反応活性な元素であり，他の元素との化合物中でその元素の高い酸化数の状態を安定化することができる．
4. フッ素以外では広範なオキソ酸とその陰イオンが生成する．これらの化合物はすべて強い酸化剤である．

章末問題

9.1 次の化合物やイオン中の 17 族元素の酸化数はいくらか．
(a) $HClO_4$，(b) ClF_4^-，(c) Cl_2O，(d) $HClO_3$，(e) 次亜塩素酸イオン ClO^-

9.2 以下のそれぞれについて元素 X が何であるかを特定せよ．
(a) X はこの族の元素のうちで，最も強い X—X 結合をもつ．
(b) X はオキソ酸陰イオン XO_n^- を生成し($n = 1, 2, 3, 4$)，フッ化物 XF_n を生成する ($n = 1, 3, 5, 7$)．
(c) X はすべての元素のうちで，最も電気陰性である．
(d) X はその上とその下の元素に比べ，生成する酸化物の数も少なく，その酸化物の安定性も劣る．

9.3 17 族元素の性質を示す次の値は Cl, Br, I の順に並べたとき，どのように変化するか．その理由も述べよ．
(a) 単体の蒸発エンタルピー，(b) X_2 分子の結合エネルギー，(c) 第一イオン化エネルギー，(d) 原子半径

9.4 次の反応式を完成せよ．
(a) $Cl_2 + IO_3^- \longrightarrow IO_4^-$ （塩基性溶液中）
(b) $KMnO_4 + KCl + H_2SO_4 \longrightarrow MnSO_4 + K_2SO_4 + H_2O + Cl_2$

9.5 液体の BrF_5 も液体の AsF_5 も導電性は低いが，両者の混合液体はそれぞれに比べてずっと導電性がある．なぜかを説明せよ．

9.6 ハロゲン化物 BCl_3, $SiCl_4$, CCl_4, SF_6, PCl_5 のうちで，容易に加水分解するのはどれか．

9.7 次の化合物はどのようにして合成するか．
(a) $Cs^+[ClF_4]^-$, (b) $Cs^+[BrF_6]^-$

9.8 Cl_2O_6 は固体状態では $ClO_2^+ClO_4^-$ にイオン化している（9.5.3項）．このようにイオン性固体として結晶化する分子性の気体の他の例を，本書の別の章で見つけよ．

9.9 単体のアスタチンから At^- イオンをつくり，このイオンが存在することを確認するにはどのような試薬を使えばよいか．

9.10 I_3^- イオンが直線構造であると推定されることを VSEPR則（1章）を使って示せ．

9.11 シアン化物イオンは擬ハロゲン化物イオン（Box 9.2）であり，ハロゲン化物イオン（たとえば Cl^- イオン）と共通の性質をもつ．たとえば Cl_2 と同じ二原子分子シアン（ジシアンともいう）$(CN)_2$ を生成する．この仮定に基づいて，次の反応の生成物を予想せよ．
(a) $(CN)_2 +$ 過剰の NaOH 水溶液 $\longrightarrow$
(b) $Ag^+ + CN^-_{(aq)} \longrightarrow$
(c) $I_2 + (CN)_2 \longrightarrow$
(d) $(CN)_2 + H_2 \longrightarrow$
(e) $(CN)_2 +$ 還元剤 $\longrightarrow$

9.12 $E°$ の値（図 9.6）を用いて，Cl_2 は標準条件下では，塩基性水溶液では不均化を起こすが，酸性水溶液では不均化を起こさないことを示せ．

参考文献

1) A. Rehr, M. Jansen, *Angew. Chem., Int. Ed. Engl.*, **30**, 1510(1991); A. Rehr, M. Jansen, *Inorg. Chem.*, **31**, 4740(1992).
2) H. Grothe, H. Willner, *Angew. Chem., Int. Ed. Engl.*, **33**, 1482(1994).
3) T. R. Gilson, W. Levason, J. S. Ogden, M. D. Spicer, N. A. Young, *J. Am. Chem. Soc.*, **114**, 5469(1992); D. Leopold, K. Seppelt, *Angew. Chem., Int. Ed. Engl.*, **33**, 975(1994).
4) W. Levason, J. S. Ogden, M. D. Spicer, M. Webster, N. A. Young, *J. Am. Chem. Soc.*, **111**, 6210(1989).

さらなる学習のために

K. Seppelt, *Acc. Chem. Res.*, **30**, 111(1997).

10章 18族元素(希ガス)
—ヘリウム，ネオン，アルゴン，クリプトン，キセノンとラドン—

この章の目的
この章では，以下の三つの項目について理解する．
- Xe は他の希ガスに比べ反応性が高いこと
- Xe と O や F のような電気陰性な元素との化合物の安定性
- フッ化物イオンの供与体および受容体としての，希ガスのフッ化物の反応性

10.1 序論と酸化数の概観

希ガス(rare gas．18族元素のこと)は閉殻の電子配置 $ns^2 np^6$ をもち，非常に大きなイオン化エネルギーをもつという特徴があるので(表10.1)，長い間これらの元素の化合物は合成できないと考えられていた．ところが最初の Xe の化合物が1962年，Bartlett により合成され，それ以来 Xe の化学はかなりの広がりをみせている．さらに Kr の化合物もいくつか報告されている．希ガスの化学に関する初期の歴史的発展についてはいくつかの総説があるので参考にされたい[1]．

表10.1 希ガスの原子量，第一イオン化エネルギー，沸点，ファンデルワールス半径

元素	原子量 (g mol^{-1})	第一 IE (kJ mol^{-1})	沸点 (K)	ファンデルワールス半径(pm)[a]
He	4.0	2379	4.2	(140)
Ne	20.2	2081	27.1	157.8
Ar	39.9	1527	87.3	187.4
Kr	83.8	1357	121.3	199.6
Xe	131.3	1170	166.1	216.7
Rn	222.0	1043	208.2	—

a) 固体状態でのデータは S. S. Batsanov, *J. Chem. Soc., Dalton Trans.*, **1998**, 1541 から引用した．固体は He (圧力によって変化)以外は立方最密構造．

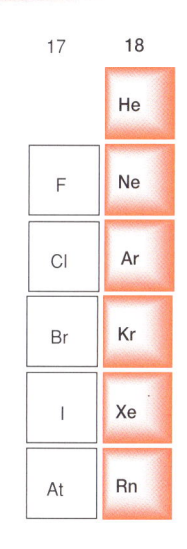

希ガス(rare gas)は貴ガス(noble gas)とも不活性ガス(inert gas)とも呼ばれるが，これらの名称のうちとくにどれかが適当であるとはいえない．なぜなら Xe には広範な化学があるので貴ガス(あるいは不活性ガス)とはいえないし，Ar は空気中に CO_2 の30倍も含まれているので希ガスでもない(Ar は N_2, O_2 についで三番目に多く含まれている．ただし他の希ガスは希少である).

希ガス(Xe)の化合物の多くは17族の重いほうの元素，とくに周期表で左隣のヨウ素の化学的性質と類似点をもっている．また多くの希ガス化合物では中心の希ガス原子の原子価殻に比較的多くの電子対があるが(オクテットを超えるので超原子価化合物である)，これらの構造を解釈したり推定したりする際には1.4節で述べたVSEPR則は有効な手段となる．

希ガス(単原子分子)は閉殻の電子配置をもつので，化合物を生成するためには電子を次の殻へ昇位する必要がある．昇位する電子数によって酸化数は+2，+4，+6，+8となるが，これらの酸化数をもつ希ガスの化合物はすべて合成されている．原子サイズが大きくなるにつれて外側の電子は容易に取り除くことができるようになるので，希ガスの第一イオン化エネルギーは周期表を下にいくほど小さくなる．だからXeには多くの化合物があり(それでも相手は電気陰性なFやOなどに限られる)，Krではわずかしかなく，Arではまったく知られていない(Rnのイオン化エネルギーはもっと小さいが，放射性なので扱いにくい)．このことは，17族元素の酸化物やハロゲン化物では下の周期のものが高い酸化数をとりやすいことと類似している．これらの希ガスの化合物はすべて強い酸化剤であるとともに，フッ化物は強力なフッ素化剤でもある．電気陽性な金属のイオンと陰イオン性の希ガスとの(Cs^+Ne^-のような)化合物の生成も興味ある可能性であるが，まだ単離されていない[2]．

類似の例題3.2や例題4.1と比較せよ．

Csの第一イオン化エネルギーについては図3.1と2ページ欄外の二つ目の表を参照．

例題 10.1

Q ボルン・ハーバーサイクルと以下の熱力学データを使って，Cs^+Ne^-の生成エンタルピー $\Delta_f H°$ を計算し，これが安定な化合物であるかどうかを考察せよ．

過程	ΔH (kJ mol^{-1})
$Cs_{(s)} \longrightarrow Cs_{(g)}$	+76〔昇華熱(融解熱+蒸発熱)〕
$Cs_{(g)} \longrightarrow Cs^+_{(g)}$	+378〔第一IE〕
$Ne_{(g)} \longrightarrow Ne^-_{(g)}$	+29〔電子親和力〕
$Cs^+_{(g)} + Ne^-_{(g)} \longrightarrow Cs^+Ne^-_{(s)}$	−567〔格子エネルギー(計算値．3.4節)〕

A 未知量 $\Delta_f H°$ を使ってボルン・ハーバーサイクルを完成させる．

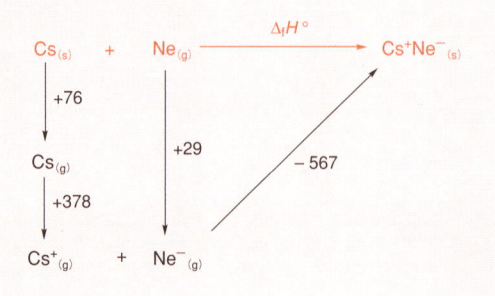

$$Cs_{(s)} + Ne_{(g)} \xrightarrow{\Delta_f H°} Cs^+Ne^-_{(s)}$$

（+76，+29，+378，−567 のサイクル図）

こうして $\Delta_fH° = 76 + 378 + 29 - 567 = -84$ kJ mol^{-1} となり，生成エンタルピーは小さいが負なので，この化合物は安定であろう[†1]．

10.2　18 族元素の単体

10.2.1　天然における存在

希ガス元素はすべてきわめて反応不活性な単原子分子として存在し，分子間力が弱いので沸点は非常に低い（表 10.1）．宇宙ではヘリウム（helium）He が水素についで多く存在しているが，大気中ではアルゴン（argon）Ar が最も多く，その 0.93% を占める（図 7.2）．^{40}Ar（99.6%）が ^{40}K の崩壊（電子捕獲 + β 壊変）によって供給されてきたからである．He，ネオン（neon）Ne，クリプトン（krypton）Kr，キセノン（xenon）Xe は空気中の微量成分で，He 以外は液体空気を分別蒸留して得られる（He は天然ガスから回収するのが安上がり）．ラドン（radon）Rn の同位体はすべて放射性であり，天然では ^{226}Ra や U のような重い放射性同位体が崩壊する際に生成する[3]．

10.2.2　希ガスの包接化合物

1920 年代と 1930 年代には，希ガス（とくに Ar, Kr, Xe）と水やポリフェノールのような水素結合性の化合物との間で生成する物質に深い関心がもたれた．これらの物質はのちに希ガスの化合物ではなく，包接化合物（clathrate compound．クラスレート化合物ともいう）であることがわかった．これらの包接化合物では，ホスト化合物を希ガス雰囲気下で結晶化したとき，そのホストどうしが水素結合することによって生成する格子中の空孔に希ガスがゲストとして閉じ込められている（水中で Cl_2 や SO_2 ガスがゲストとなった包接化合物も知られている）．

Xe と水との間では，ほぼ Xe(H_2O)$_n$（$n = 5$ または 6）の組成をもつ包接化合物が生成し，その融点は 24°C である．図 10.1 にはダイヤモンド様の構造をもつ

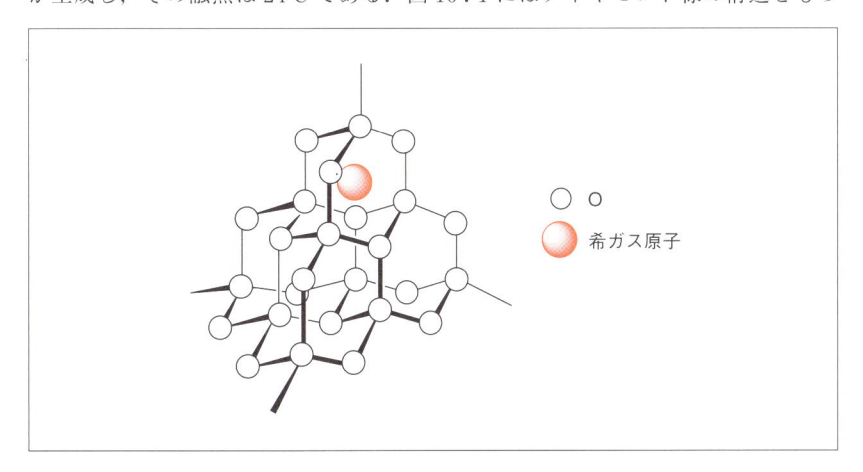

希ガスは低温用冷媒として，また不活性雰囲気をつくるために使われる（とくに Ar）．液体の Xe はきわめて反応不活性な溶媒として応用されている．

ウランの同位体は放射壊変によって α 粒子（^{4}He^{2+}）を放出する．たとえば ^{238}U → → → ^{206}Pb + 8α + 6β．β 線は電子線である．

[†1] 訳者注　このことは系の無秩序さの変化を示すエントロピー変化 ΔS（125 ページ訳者注 3 と 4 参照）にも依存する（$\Delta G = \Delta H - T\Delta S$）．この反応では固体と気体から固体が生成しているので，エントロピー（無秩序さ）は減少している（$T\Delta S < 0$）．これよりも $\Delta H < 0$ の寄与が上回れば $\Delta G < 0$ となって，反応は自発的に起こることになる（速度論的安定性がなければ）．なお Ne の EA については 116 kJ mol^{-1} というデータもある．これを採用すると $\Delta_fH° = +3$ kJ mol^{-1} となる．

○ 希ガス原子

図 10.1　氷の格子中の空孔に希ガス原子が包接されている様子を示した図．よくわかるようにするため，水分子の水素原子は省いてある．

た氷のなかに希ガス原子が包接された様子が図式的に示してある．このような物質を融解すると希ガスが抜けていく．

10.3 希ガスのハロゲン化物

ハロゲン化物は希ガスの化合物のなかで最も重要なものである．Fは最も電気陰性な元素であり，非常に酸化力のある希ガスの化合物を安定化することができる．だからこれらのハロゲン化物の大半はXeのフッ化物であり，わずかにKrのフッ化物があるに過ぎない．Rnは希少かつ放射性（しかも短寿命）であることからその研究は阻まれているが，若干の化学的性質は知られている．

希ガスが生成する最も重要な化合物は，そのフッ化物である．高い酸化数のハロゲンの化合物が，電気陰性なFやOとの化合物であるのと同じ理由である（138ページ訳者注1，および88ページ訳者注1）．これらの結合はs, p軌道による多中心結合によって説明される．構造はVSEPR則で解析できる．

10.3.1 二フッ化クリプトン

Krについて知られているハロゲン化物は二フッ化クリプトンKrF_2だけであり，F_2とKrの混合気体中で電気放電することで合成される．KrF_2は強力なフッ素化剤であり，XeF_2よりも反応活性である．たとえばKrF_2はXeをXeF_6にまで酸化するし，金属のAuを$[AuF_6]^-$にまで酸化する（式10.1と10.2）．

$$3\,KrF_2 + Xe \longrightarrow XeF_6 + 3\,Kr \qquad (10.1)$$

$$7\,KrF_2 + 2\,Au \longrightarrow 2\,KrF^+AuF_6^- + 5\,Kr \qquad (10.2)$$

10.3.2 キセノンのフッ化物

Bartlett[5]は，PtF_6がO_2をO_2^+に酸化でき，O_2の第一イオン化エネルギー（1164 kJ mol^{-1}）とXeのそれ（1170 kJ mol^{-1}）とが非常に近いことから，XeとPtF_6との反応を検討した．これに比べ，他の希ガス（放射性のRnを除く）はXeよりかなり大きな第一イオン化エネルギーをもっている（表10.1）．

キセノンのフッ化物"$XePtF_6$"は最初に合成された希ガスの化合物であり，Xeと，強力な酸化剤であるPtF_6との反応で得られた．これはのちに$[XeF]^+[PtF_6]^-$と$[XeF]^+[Pt_2F_{11}]^-$の混合物であろうということになった[4]．この合成が希ガスの化学の研究の先駆けとなり，現在でも活発な研究が続いている．

XeF_4の合成条件はXe + 5F_2，400℃，5 atm．XeF_6の合成条件はXe + 20F_2，300℃，50 atmである．

条件を変えてやれば，XeはF_2との反応で三種の中性のフッ化物XeF_2，XeF_4，XeF_6を生成する．XeF_2の最も単純な合成法は，乾燥したガラスの管球にF_2とXeを詰め，日光にさらすことである．そうすると無色のXeF_2の結晶が管球壁に析出する．日光に当てると比較的弱いF—F結合が解離してF原子が生成する．これがXeと反応するのである．Xeに対してF_2のモル比を大きくし，温度と圧力を上げて反応させるとXeF_4とXeF_6が合成できる．XeF_2とXeF_4は，図10.2に示すように，VSEPR則から予想される通りの構造（それぞれ直線と正方形）をもっている．XeF_6は7組の電子対をもっているので，球対称で立体的に不活性なs軌道に1組の孤立電子対を収容すれば八面体構造となり，その電子対が立体的に活性であればひずんだ八面体構造あるいは五角錐構造になるはずである．実際には，気体状態ではXeF_6の構造は揺動的(fluxional)であり，ひずんだ八面体のXeF_6分子の三つのF原子がつくる三角面（8個ある）の一つの中心に孤立電子対が向いた構造（孤立電子対を含めると面冠八面体構造で，キャップの位置に孤立電子対がある構造）の間で相互変換をしている（図10.2）．

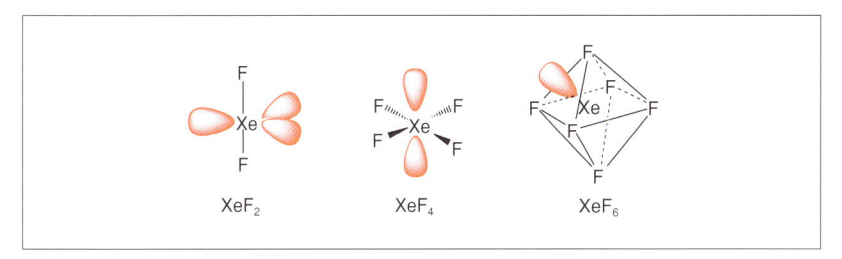

図 10.2 孤立電子対の位置がわかるように示した Xe のフッ化物の構造.

　Xe のフッ化物はすべて強力なフッ素化剤であるとともに，いろいろな化合物を酸化することができる酸化剤でもある．多くの場合，XeF_2 は非常に選択性のある酸化剤として働く．つまり式(10.3)と(10.4)に例を示すように，XeF_2 は典型元素化合物の中心のヘテロ原子(As や P など)を酸化(フッ素化)できるが，中心原子に結合した有機置換基(メチル基やフェニル基など)は酸化できない.

$$Me_3As + XeF_2 \longrightarrow Me_3AsF_2 + Xe \tag{10.3}$$
$$Ph_2PH + XeF_2 \longrightarrow Ph_2PHF_2 + Xe \tag{10.4}$$

XeF_2 は水を酸素に酸化する(式 10.5)こともでき，XeF_4 は白金を PtF_4 に酸化する(式 10.6)ことができる．

$$2H_2O + 2XeF_2 \longrightarrow O_2 + 4HF + 2Xe \tag{10.5}$$
$$XeF_4 + Pt \longrightarrow PtF_4 + Xe \tag{10.6}$$

10.4　希ガスのフッ化物と F^- イオンの受容体あるいは供与体との反応

　希ガスのフッ化物が，五フッ化物 MF_5 のような強い F^- イオンの受容体(M = As, Sb, Bi, Ta, Ru, Pt)，つまりルイス酸と反応することはよく知られている．このような反応によって XeF_2 は最も多くの化合物を生成し，ついで XeF_6 が，その次に XeF_4 が多くの化合物を生成する．KrF_2 も XeF_2 と同じように多くの化合物を生成する．場合によっては F^- イオンがルイス酸 MF_5 に完全に移動してしまい，Xe のフッ化物陽イオンができることもある（たとえば XeF_2 が XeF^+ 陽イオンになる．ただし，この陽イオンはたとえばニトリル RCN のような溶媒によって溶媒和を受けている．10.6 節）．しかしほとんどの場合，F^- は部分的に移動するだけで，Xe—F—M のような架橋をもった化合物が生成する〔図 10.3(a)〕．XeF^+ 陽イオンを還元剤と反応させたり，Xe 雰囲気下で HF

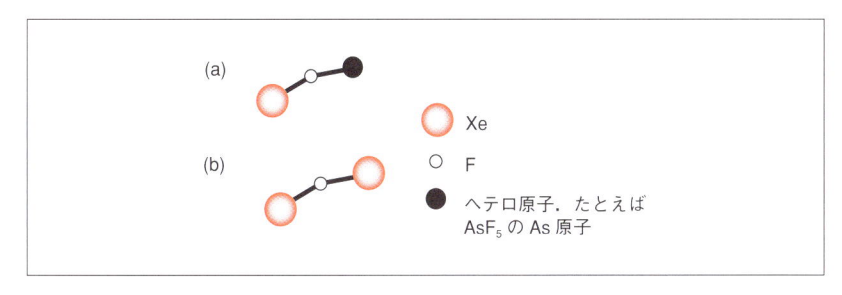

図 10.3　Xe を含むフッ素架橋のタイプ.

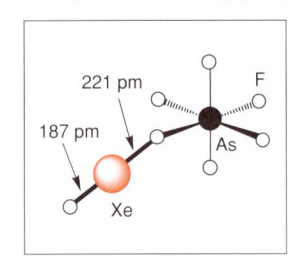

図 10.4 [XeF]⁺[AsF₆]⁻ の構造.

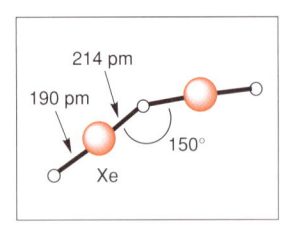

図 10.5 [Xe₂F₃]⁺ 陽イオンの構造.

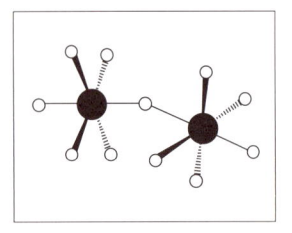

図 10.6 [Sb₂F₁₁]⁻ 陰イオンの構造.

と SbF_5 との混合物と XeF^+ を反応させると，その F^- イオンを失って緑色の $[Xe_2]^+$ 陽イオンになる[6]．

　希ガスのフッ化物を MF_5 と反応させると，反応させる MF_5 の量に応じて多種の陽イオンと陰イオンが生成する．1:1 の比にしたときに生成する化合物の例をあげると，固体の XeF_2 が液体の AsF_5 と反応すれば(式 10.7)，$[XeF]^+$ 陽イオンと $[AsF_6]^-$ 陰イオンとの間に F 架橋をもつ塩が生成する(図 10.4)．

$$XeF_{2(g)} + AsF_{5(l)} \longrightarrow [XeF]^+[AsF_6]^-_{(s)} \tag{10.7}$$

　希ガスのフッ化物と MF_5 の比が 2:1 の場合では，$[Xe_2F_3]^+$ のように Xe—F—Xe 架橋〔図 10.3(b)〕をもつ陽イオンの付加物を生成する傾向がある．実例には $[Xe_2F_3]^+[AsF_6]^-$ がある．この $[Xe_2F_3]^+$ 陽イオン(図 10.5)は別の見方をすれば，"XeF_2" という溶媒で溶媒和された XeF^+ 陽イオンであるとも考えられる．希ガスのフッ化物と MF_5 の比が 1:2 の化合物は $[M_2F_{11}]^-$ 陰イオン(たとえば図 10.6 の $Sb_2F_{11}^-$)を含むことが多い．この $[M_2F_{11}]^-$ 陰イオンが F 架橋によって希ガスのフッ化物陽イオン(たとえば XeF^+)に結合している．希ガスのフッ化物はそれ自身 F^- の受容体としても働き，1 個ないし 2 個の F^- がこれに付加する．例には F^- が XeF_4 に付加して五角平面構造の $[XeF_5]^-$ 陰イオンになったもの〔章末問題 10.7(a)の解答〕，あるいは加える F^- の量によって XeF_6 が $[XeF_7]^-$ または $[XeF_8]^{2-}$ になったようなものもある．

> **例題 10.2**
>
> **Q** 次の問いに答えよ．
> (a) $[XeF_3]^+[AsF_6]^-$ はどのようにして合成すればよいか．
> (b) 化学量論が $KrF_2·2SbF_5$ である化合物の実体は何か．
>
> **A** (a) これを合成するには XeF_4 と AsF_5 との反応で，F^- が Xe から As へ移動すればよい．
> (b) ここで F^- が KrF_2 から SbF_5 へ移動し，その F^- が 2 個の SbF_5 を架橋し $Sb_2F_{11}^-$ が生じると考えられる．だからこの化合物は $[KrF]^+[Sb_2F_{11}]^-$ であると考えるのが妥当である．

10.5 キセノンと酸素との化合物

　キセノンと酸素との化合物は一般に XeF_4 や XeF_6 を加水分解すると得られる．式(10.5)で示したように，XeF_2 を加水分解すると水が酸素に酸化され，Xe ガスになる．ところが XeF_4 を加水分解すると，一部は Xe ガスになるが，一部は三酸化キセノン XeO_3 となって溶液中に残る．この反応では XeF_4 中の Xe(IV)が Xe(0)(単体の Xe)と Xe(VI)(XeO_3 中の Xe)に不均化している(式 10.8)．

$$6\,XeF_4 + 12\,H_2O \longrightarrow 4\,Xe + 2\,XeO_3 + 24\,HF + 3\,O_2 \tag{10.8}$$

XeO_3 は XeF_6 を加水分解しても得られる(式 10.9).

$$XeF_6 + 3\,H_2O \longrightarrow XeO_3 + 6\,HF \tag{10.9}$$

XeO_3 は非常に爆発しやすい白色の固体で,水に可溶であるが,水中でイオン化しないようである.しかし強塩基性溶液中では XeO_3 は弱酸として振る舞い,OH^- を加えるとキセノン酸(VI)陰イオン $[XeO_3(OH)]^-$ になる(式 10.10).

$$XeO_3 + OH^- \longrightarrow [XeO_3(OH)]^- \tag{10.10}$$

このキセノン酸(VI)陰イオンは水溶液中では不安定で,不均化して Xe ガスとキセノン酸(VIII)陰イオン XeO_6^{4-} になる(式 10.11).これは +8 の酸化数をもつ Xe(VIII) を含んでいる.

$$2\,XeO_3(OH)^- + 2\,OH^- \longrightarrow XeO_6^{4-} + Xe + O_2 + 2\,H_2O \tag{10.11}$$

キセノン酸(VIII)陰イオンの溶液を酸性にすると,四酸化キセノン XeO_4 となり,これも +8 の酸化数の Xe(VIII) を含んでいる.XeO_4 は非常に不安定ですぐに分解し,Xe ガスと O_2 になる(しばしば爆発的に分解する).

Xe のフッ化酸化物もよく知られている.たとえば Xe(VI) の化合物である $XeOF_4$ は,XeF_6 を部分的に加水分解すると得られるが(式 10.12),この反応よりは XeF_6 と硝酸ナトリウムとの反応(式 10.13)や,XeF_6 と POF_3 との反応(式 10.14)のほうがやりやすい.というのは,これらの反応では爆発性の XeO_3 が発生するようなことがないからである.

$$XeF_6 + H_2O \longrightarrow XeOF_4 + 2\,HF \tag{10.12}$$
$$XeF_6 + NaNO_3 \longrightarrow XeOF_4 + NaF + FNO_2 \tag{10.13}$$
$$XeF_6 + POF_3 \longrightarrow XeOF_4 + PF_5 \tag{10.14}$$

XeF_6 と Na_4XeO_6 とを反応させると,フッ化酸化物 $XeOF_4$ と XeO_3F_2 とが生成する.XeO_2F_2 も知られている.

例題 10.3

Q Xe のフッ化物と同様に(10.4 節),Xe のフッ化酸化物も F^- の受容体や供与体と反応させると,それぞれフッ化酸化物の陽イオンと陰イオンを生成する.次のイオンの合成法を考え,VSEPR 則を用いてその構造を推定せよ.
(a) $[XeO_2F]^+$,(b) $[XeOF_3]^+$.

A (a) $[XeO_2F]^+$ は,AsF_5 のような適当な F^- の受容体を使って,XeO_2F_2

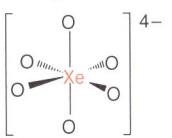

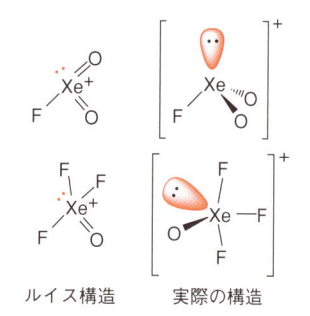

からF⁻を取り除けばできる．

$$XeO_2F_2 + AsF_5 \longrightarrow [XeO_2F]^+[AsF_6]^-$$

この化合物ではXeの8個の価電子と，2OとFとのσ結合分の3電子を加え，2個のXe=Oのπ結合分の2電子を差し引き，さらに+1の電荷分の1を差し引くと合計8電子，つまり4組の電子対がある．だから，これらの電子対は四面体的に配列する．このうち1組は孤立電子対なので，このイオンは三角ピラミッド構造(1組の孤立電子対を頂点にもつ四面体構造)である．

(b) $[XeOF_3]^+$は$XeOF_4$からF⁻を取り除けばできる．

$$XeOF_4 + SbF_5 \longrightarrow [XeOF_3]^+[SbF_6]^-$$

Xeは8個の価電子をもち，Oと3Fとのσ結合分の4電子を加え，1個のXe=Oのπ結合分の1電子を差し引き，+1の電荷を考慮すると総価電子数は10，つまり5組の電子対がある．だから5組の電子対は三角両錐構造の頂点を占め，1組の孤立電子対とXe=Oのπ結合はいずれも立体的に混み合っていない三角平面内(エクアトリアル位)にある(シーソー型構造)．また$F_{(ax)}$－Xe－$F_{(ax)}$結合角はXe=Oや孤立電子対との反発を緩和するように180°より狭くなる．

そのほかのXeと酸素との化合物はXeF_2, XeF_4, XeF_6と強いオキソ酸XOHとの反応で，1個あるいは2個以上のF⁻を酸素と置換すれば得られる(式10.15)．使うオキソ酸にはCF_3SO_3H, $MeSO_3H$, CF_3CO_2H, FSO_3HあるいはTeF_5OHがあり，結果的にHFが脱離する(式10.15)．

$$\begin{aligned} F-Xe-F + XOH &\longrightarrow F-Xe-OX\,(+HF) \\ &\longrightarrow XO-Xe-OX\,(+HF) \end{aligned} \quad (10.15)$$

あるいは，たとえば式(10.16)のように単にF⁻を交換しても類似の生成物が得られる(B－O結合よりB－F結合のほうが強い．5.5.1項)．

$$XeF_6 + 2\,B(OTeF_5)_3 \longrightarrow Xe(OTeF_5)_6 + 2\,BF_3 \quad (10.16)$$

これらはフッ化物と似た構造をもち，たとえばXO－Xe－OXとXeF_2は，いずれも直線構造(3組の孤立電子対が三角平面内にある三角両錐構造)である．

10.6　酸素，フッ素以外の元素との結合をもつキセノンとクリプトンの化合物

キセノンXeの化学についての初期的な研究によって，サイズが小さく，電子求引的な原子(つまりフッ素Fと酸素O)がXeに結合しているような化合物は存在可能であることがわかったが，最近ではFより電気陰性度が低い元素とXeとの化合物を合成しようとする気運が高まってきた．そのような化合物を安定化す

るには電子求引性な基，とくに F と結合した置換基が必要となってくることが多い．たとえば非常に電子求引的なアミド $[(FSO_2)_2N]^-$ は Xe との化合物 $FXeN(SO_2F)_2$ を生成する．これは直線構造の F—Xe—N の骨格をもつ．XeF^+ や KrF^+ のような陽イオン種も，$[(C_2F_5CN)XeF]^+$ や $[(HCN)KrF]^+$ のように，ニトリルに溶媒和された化学種として単離されている[7]．

Xe—C 結合をもつ化合物には $[C_6F_5Xe]^+$ のような五フッ化フェニル基をもったものがある．これはホウ素原子から五フッ化フェニル基を Xe へ転移させれば得られる（式 10.17）．

$$XeF_2 + B(C_6F_5)_3 \longrightarrow [C_6F_5Xe]^+[C_6F_5BF_3]^- + [C_6F_5Xe]^+[(C_6F_5)_2BF_2]^- \quad (10.17)$$

$[R—C≡C—Xe]^+$ 型のアルケニル基をもつ化合物もつくられている．ここで R はエチル基やトリメチルシリル基 $SiMe_3$ のようにフッ素置換基をもたない基である．このように Xe の有機化学には，これから開拓されるべき広い分野がある．

これに比べ，これら以外の元素と Xe とが結合した化合物は少ない．$[C_6F_5Xe]^+$ 陽イオンと Cl^- との反応では C_6F_5XeCl が生成し，Me_3SiCl との反応では $[(C_6F_5Xe)_2Cl]^+$ が生成することが知られている[8]．

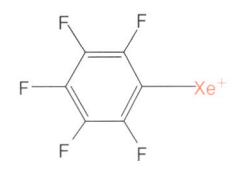

五フッ化フェニルキセノンの陽イオン $[C_6F_5Xe]^+$

フェニル基の五つの H をすべて F に置き換えたものはパーフルオロフェニル (perfluorophenyl) 基という．

$[C_6F_5Xe]^+$ は MeCN 溶液中では溶媒和されて $[C_6F_5Xe(NCMe)]^+$ となっている．これは期待通り C—Xe—N の直線構造をもつ．

この章のまとめ

1. 18 族元素で広範な化学があるのは Xe だけであり，その化学は二元フッ化物 XeF_2, XeF_4, XeF_6 から始まり，次のように分類される．
   - フッ素化剤としての反応
   - 加水分解反応
   - F^- を他の陰イオンと交換する反応
   - F^- の供与体あるいは受容体との反応
2. Xe と F, O, C, N, Cl との間に結合をもつ化合物がすべて存在することが十分確認され，これらの化合物は同定されている．
3. Rn と Kr の化合物もわずかながら知られている．これらでは 18 族元素は +2 の酸化数をもち，Kr の化合物は対応する Xe の化合物より反応活性である．

章末問題

10.1 次の化合物中の Xe の酸化数を求めよ．
(a) $[XeO_2F_3]^-$, (b) $[F(XeOF_4)_3]^-$, (c) $[Bu^t—C≡C—Xe]^+$, (d) $O_2Xe(OTeF_5)_2$

10.2 以下のそれぞれについて 18 族元素 X が何であるかを特定せよ．
(a) X は色のついた照明に使われる不活性気体である．

(b) Xは希ガスのなかでは最も存在量が多い．
(c) Xの化合物では，Xは+2の酸化数のみをとる．
(d) Xは放射性の気体である．

10.3 XeF_2 がフッ素化剤として過剰に存在する場合，次の反応の生成物を推定し，反応式を完成せよ．
(a) $C_6F_5I + XeF_2 \longrightarrow$
(b) $Ph_2S + XeF_2 \longrightarrow$ 硫黄(IV)の化合物
(c) $S_8 + XeF_2 \longrightarrow$

10.4 最近合成された次の化合物を合成するための可能な反応を考えよ．
(a) $Kr(OTeF_5)_2$ (初めて合成された Kr—O 結合をもつ化合物)．
(b) $[XeOF_5]^-$ (五角錐構造をもつ陰イオン)．

10.5 Xeから純粋な XeF_4 を合成するために改良された合成法では，強力な酸化剤 O_2F_2 を用いる．この反応では副生成物が O_2 であるとして，この反応式を完成せよ．

10.6 以下のデータと例題10.1のデータを使って，Cs^+Xe^- と K^+Ne^- の生成エンタルピー $\Delta_f H°$ を求め，その値について考察せよ．

過程	ΔH (kJ mol^{-1})
$K_{(s)} \longrightarrow K_{(g)}$	+90 〔昇華熱〕
$K_{(g)} \longrightarrow K^+_{(g)}$	+421 〔第一 IE〕
$Xe_{(g)} \longrightarrow Xe^-_{(g)}$	+43 〔第一電子親和力〕
$Cs^+_{(g)} + Xe^-_{(g)} \longrightarrow Cs^+Xe^-_{(s)}$	−457 〔格子エネルギー〕
$K^+_{(g)} + Ne^-_{(g)} \longrightarrow K^+Ne^-_{(s)}$	−613 〔格子エネルギー〕

10.7 VSEPR則(1.4節)を使って，以下の事実を説明せよ．
(a) $[XeF_5]^-$ イオンは平面構造である．
(b) $[(C_6F_5Xe)_2Cl]^+$ イオン(10.6節)は屈曲した Xe—Cl—Xe 骨格をもつ．

参考文献

1) J. H. Holloway, *Chem. Br.*, **1987**, 658 ; P. Laszlo, G. J. Schrobilgen, *Angew. Chem., Int. Ed. Engl.*, **27**, 479 (1988).
2) G. H. Purser, *J. Chem. Educ.*, **65**, 19 (1988).
3) J. D. Lee, T. E. Edmonds, *Educ. Chem.*, **1991**, 152.
4) F. O. Sladky, P. A. Bulliner, N, Bartlett, *J. Chem. Soc (A)*, **1969**, 2179.
5) N. Burtlett, *Proc. Chem. Soc.*, **1962**, 218.
6) T. Drews, K. Seppelt, *Angew. Chem., Int. Ed. Engl.*, **36**, 273 (1998).
7) W. Koch, *J. Chem. Soc., Chem. Commun.*, **1989**, 215.
8) H. -J. Frohn, T. Schroer, G. Henkel, *Angew. Chem., Int. Ed. Engl.*, **38**, 2554 (1999).

さらなる学習のために

J. H. Holloway, E. G. Hope, *Adv. Inorg. Chem.*, **46**, 51 (1999).
J. H. Holloway, *Chem. Br.*, **1987**, 658.
G. M. R. Grant, *Chem. Br.*, **1994**, 388.

11章 12族元素
─亜鉛，カドミウムと水銀─

この章の目的

この章では，以下の三つの項目について理解する．
- 12族元素とs, pブロックの典型元素との類似点と相違点
- 12族元素の化学では+2の酸化数が優勢であること
- Hgは硫黄の配位子と強い親和性をもつこと

11.1 序論

12族元素のZn, Cd, Hgは形式的にはdブロック元素の一部を占めるが，遷移金属よりもむしろ典型元素と共通した性質をもっているので，典型元素の議論のなかで考察することが多い[†1]．これら三つの元素は$(n-1)d^{10}ns^2$の電子配置をもち，その族の酸化数は2個のs電子を失って生じる+2である．ただし，Hg(IV)がHgF$_4$として得られるかもしれないと推測されている[1]．多くの場合，ZnとCdの化合物の性質は対応するMgの化合物に似ており，しばしば両者は同じ構造をもつ．Hgの化合物はもっと共有結合性があり，配位数も少ない．Hgでは+1の酸化数もよく知られているが，ZnやCdでは+1の酸化数は非常に不安定である．

Znはいくつかの点でBe(とMg)に似ている．たとえばZn^{2+}イオンのほうがBe^{2+}イオンよりサイズが大きいので生成する錯体の配位数は異なるが(Znは4，5，6の配位数をとるが，Beでは最大の配位数は4である)，両者は同程度の第一および第二イオン化エネルギーをもつ．だから，たとえばZnとBeは酸とも塩基とも反応し(両性)，両者はM$_4$O(O$_2$CMe)$_6$型の塩基性酢酸塩を生成する(図4.3)．単体のZnとCdは2族のBeやMgと同じく六方最密構造，Hgはひずんだ立方最密構造である(11族金属は立方最密構造)．

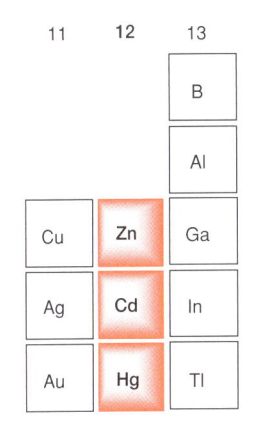

	11	12	13
			B
			Al
	Cu	Zn	Ga
	Ag	Cd	In
	Au	Hg	Tl

イオン化エネルギー(kJ mol^{-1})

	第一 IE	第二 IE
Zn	+913	+1740
Cd	+874	+1638
Hg	+1013	+1816
Be	+906	+1763

†1 訳者注　2族元素(電子配置はs^2)と12族元素(s^{2}d^{10})は2個のs電子を放出して+2価イオンになるなど，いくつかの類似点がある．しかしd電子の遮蔽効率が低いので12族元素のほうが有効核電荷が大きく(電気陰性)，2族元素より共有結合を好む傾向があり(d^{10}電子の分極)，錯体も生成しやすい．1族金属(ns^1)と11族元素[(n-1)d^{10}ns^1]のCu, Ag, Auについても同様の傾向がある(11.4節)．

11.2　12族元素の単体

亜鉛(zinc)Zn, カドミウム(cadmium)Cd, 水銀(mercury)Hg はカルコゲン, つまり S, Se, Te に対して高い親和性をもつ(HSABの原理. 4.8節と124ページの訳者注1参照). たとえば, これらの元素は硫化物の鉱物として天然には濃縮されて存在するので, その硫化物からこれらの元素が容易に取り出される. Zn のおもな鉱石はせん亜鉛鉱 ZnS であり(Zn の一部が Fe で置き換わったものが多い), しばしば Cd を含んでいる. Hg は辰砂(「しんしゃ」と読む)HgS として天然に存在する(11族の鉱石については, Cu は黄銅鉱 $CuFeS_2$, Ag は輝銀鉱 Ag_2S). これらの硫化物を空気中で焙焼すると, ZnS と CdS は酸化物 ZnO と CdO になる(式11.1). 一方, HgS は 400℃以上にすると不安定になって, 分解して金属単体になる(式11.2). ZnO(と CdO)は炭素によって金属単体に還元される(式11.3). これらの金属は準閉殻の s^2d^{10} 電子配置をもつのでMとMの間の結合が弱く, 融点, 沸点が低い. Zn-Cu の合金は真ちゅう(brass), Cu-Sn の合金は青銅(bronze), Hg の合金はアマルガム(amalgam. 式2.2)と総称される.

$$2\,ZnS + 3\,O_2 \longrightarrow 2\,ZnO + 2\,SO_2 \tag{11.1}$$

$$HgS + O_2 \longrightarrow Hg + SO_2 \tag{11.2}$$

$$ZnO(CdO) + C \longrightarrow Zn(Cd) + CO \tag{11.3}$$

11.3　12族元素の単体の化学的性質

12族金属の反応性は下の周期になるにつれて低下する. つまり12族金属では有効核電荷が大きいのでそのイオン化エネルギーは比較的大きいが(第一 IE は s^2d^{10} の準閉殻配置を崩すことになるから大きく, 準閉殻の電子配置 d^{10} になる第二 IE は比較的小さい. 167ページの表参照), サイズの小さい Zn^{2+} と Cd^{2+} イオンの水和エネルギーは Hg^{2+} に比べ大きいので, その還元電位は非常に負に大きい値である(表11.1). つまり逆反応に相当する酸化電位が非常に大きい正の値であるのは, $M_{(s)} \longrightarrow M^{2+}_{(aq)} + 2\,e^-$ の反応で, これらの小さな M^{2+} イオンが水和によって強く安定化するからである. だからこれらの金属は酸化力のない酸にも溶ける(式11.4).

$$Zn_{(s)} + 2\,H^+_{(aq)} \longrightarrow Zn^{2+}_{(aq)} + H_{2\,(g)} \tag{11.4}$$

表11.1　25℃での Zn^{2+}, Cd^{2+}, Hg^{2+} の標準還元電位

反応	$E°$ (V)
$Zn^{2+} + 2\,e^- \longrightarrow Zn$	-0.76
$Cd^{2+} + 2\,e^- \longrightarrow Cd$	-0.40
$Hg^{2+} + 2\,e^- \longrightarrow Hg$	$+0.86$

Zn, Cd, Hg は準閉殻の電子配置 $d^{10}s^2$ をもち, 遮蔽効率が低い d/f 電子のために有効核電荷が大きいので, 貫入効果のために原子核に強く引きつけられた s 原子価軌道は金属結合に有効に使われない(しかも d, s 軌道は占有されている). その結果, これらの金属原子間の結合力は弱く, 融点も沸点も金属にしては低くなる. この傾向は Hg においてとくに著しく, Hg は室温で液体(融点 −38.9℃)である特異な金属であり, 容易に単原子の気体になる(沸点 357℃). 融点が低い金属には, そのほかに Cs (28.5℃)と Ga(29.8℃. 章末問題 5.2(d)参照)がある.

	融点 (℃)	沸点 (℃)	融解熱 (kJ mol^{-1})
Zn	420	907	7.3
Cd	320	767	6.4
Hg	−38.9	357	2.3
Cs	28.5	705	2.1
Ga	29.8	2403	5.6

これに対して，サイズの大きい Hg は HNO_3 のような酸化力のある酸にしか溶けない．イオン化の過程 $M_{(s)} \longrightarrow M^{2+}_{(aq)} + 2e^-$ を $M_{(s)} \longrightarrow M_{(g)}$, $M_{(g)} \longrightarrow M^{2+}_{(g)} + 2e^-$, $M^{2+}_{(g)} \longrightarrow M^{2+}_{(aq)}$ の三つの過程に分けて考えると（ヘスの法則），最初の過程（昇華熱）は融点や沸点から予想されるように，Hg の場合が最も楽である．しかし二番目の過程（イオン化）と三番目の過程（水和）が Hg の場合に最も不利なので（Hg^{2+} はサイズが大きいので水和エネルギーが小さい．それでも Hg^{2+} は共有結合性が強いので，ほぼ同じサイズの Ca^{2+} よりは水和エネルギーは大きい），結果的に Hg の酸化電位が負に最も大きくなる（酸化されにくい）のである．

　一般に IE は同じ族で周期を下がると減少する（1.2 節）はずであるが，この場合では s 電子が抜ける第一と第二 IE はともに典型元素としては例外的に Hg ＞ Zn ＞ Cd の順である．第 6 周期の Hg では 4f，5d 電子の遮蔽効率が低く，そのため核近くにまで分布がある（つまり 貫入効果 の大きい）6s 軌道のエネルギーが予想以上に低くなるからである．同じく s 電子が抜ける 11 族元素の第一 IE も Au ＞ Cu ＞ Ag の順であり（13 族でも Tl ＞ Ga ＞ In），これらは酸化力のない酸には溶けない（Au は酸化力のある酸にも溶けないが王水に溶けるのは，安定な錯体 $[AuCl_4]^-$ を生成するからである）．Hg の左隣の Au は 1 電子を受け取ると Hg と同じ安定な $6s^2 5d^{10}$ 電子配置になるので Au の第一電子親和力（－223 kJ mol^{-1}）は金属にしては大きく，条件を整えてやれば Au^- イオンを生成することができる（液体アンモニア中の $Cs^+ Au^-$）．同じ理由で 11 族（$s^1 d^{10}$）の Cu や Ag も金属にしては大きな電子親和力をもつ．

11.4　12 族元素のハロゲン化物

　この族の金属とハロゲンのすべての組合せについて，ハロゲン化物が知られている．これらのフッ化物はイオン結合性で，高い融点をもつ．つまり ZnF_2 はルチル型構造（図 6.8）で結晶になり，CdF_2 と HgF_2 は蛍石型構造（図 4.2）をもつ．ZnF_2 と CdF_2 は MgF_2 ほどではないが，水に溶けにくいという点で MgF_2（ルチル型構造）に似ている．Zn と Cd の塩化物，臭化物，ヨウ化物はおもにイオン結合的であるが，Cd と重いハロゲンとの組合せになると共有結合性が増してくる（軟らかい酸と軟らかい塩基の組合せだから）．これに比べ，非常に軟らかい酸である Hg のハロゲン化物 HgX_2 は HgF_2 を除いてみな共有結合性の固体で，水にはわずかしか溶けず，Hg^{2+} イオンと X^- イオンにはほとんど解離しない．Hg^{2+} とハロゲン化物イオンとの結合が共有結合性を強く帯びているからである．また 11 族の CuX はせん亜鉛鉱型構造，AgX は X ＝ I（せん亜鉛鉱型構造）以外は NaCl 型構造であり，フッ化物以外は共有結合性で溶解度は低い．

　これとは対照的に，Hg^{2+} と同じ第 6 周期で 2 族の Ba^{2+} のハロゲン化物はイオン結晶で，水に易溶性で，完全解離する．一般に，N 族元素と 10 ＋ N 族元素は

同じ組成の化合物を生成することが多い．たとえば KCl と CuCl，$CaCl_2$ と $ZnCl_2$，$ScCl_3$ と $GaCl_3$，$TiCl_4$ と $GeCl_4$，VF_5 と AsF_5，CrF_6 と SeF_6，MnO_4^- と BrO_4^-，OsO_4 と XeO_4 などである．しかし同じ周期で比べると $10+N$ 族元素のほうが有効核電荷が大きく，原子価軌道のエネルギーが低いので，化合物の性質（とくに結合性）は両者間でかなり異なっている．たとえば CuCl（せん亜鉛鉱型構造）や AgCl（NaCl 型構造）は共有結合性のため水に溶けにくいが，KCl（NaCl 型構造）や RbCl（同）はイオン結合性で水によく溶ける．また Mg と Zn，Cd の化合物は類似するが，ZnS と CdS だけは難溶性である．

11.5　12 族元素のカルコゲン化物と関連化合物

Zn から Cd，さらに Hg になるにつれて，13，14，15 族の重い p ブロック元素（Ga, In, Ge, Sn, Pb, As, Sb, Bi）と同様に（5.8.1 項，6.8 節，7.5 節），カルコゲン S, Se, Te と安定な化合物を生成する傾向が増してくる[†1]．これらのカルコゲン化物は，式（11.5）のように単体どうしを直接反応させるか，M^{2+} イオンの水溶液と H_2S，H_2Se，H_2Te（あるいは Na_2S のような塩）とを反応させてつくることができる（式 11.6）．

$$Hg + S \longrightarrow HgS, \quad \Delta H = -58 \sim -54 \text{ kJ} \tag{11.5}$$

$$Cd(NO_3)_2 + H_2S \longrightarrow CdS + 2 HNO_3 \tag{11.6}$$

ZnS は，せん亜鉛鉱型構造（低温）とウルツ鉱型構造（高温）の二つの結晶構造をもつ．せん亜鉛鉱型構造（図 11.1）はダイヤモンドの構造（図 6.2）と関連していて（ZnS の原子をすべて C に置き換えるとダイヤモンド型構造になる），n 個の S 原子が立方最密格子をつくり，その $2n$ 個の四面体間隙の半分を n 個の Zn 原子が占めている．ウルツ鉱型構造（図 11.2）では n 個の S 原子が六方最密格子をつくり，やはりその $2n$ 個の四面体間隙の半分を n 個の Zn 原子が占めている．いずれも Zn と S の周りは四面体 4 配位（4：4）である．CdS や CdSe はウルツ鉱型構造である（8.3.2 項）．HgO は直線型の O—Hg—O 単位がつながったジグザグ構造であり，HgS にはせん亜鉛鉱型構造と（ひずんだ）NaCl 型構造とがある．3.5 節，4.4 節と 8.3.2 項参照．

[†1 訳者注]　軟らかいルイス酸と軟らかいルイス塩基とは共有結合によって安定な化合物を生成するのである（4.8 節および 124 ページ訳者注 1 参照）．この種の化合物は 12 族と 16 族の組合せなので II - VI 化合物半導体として有用なものがある（III - V 化合物半導体については 5.8.1 項）．11 族の Cu^+，Cu^{2+} や Ag^+ も軟らかい酸であり，カルコゲン化物陰イオンに対して高い親和性をもつ．

ZnS はテレビのスクリーンに使われる重要な蛍光体である．

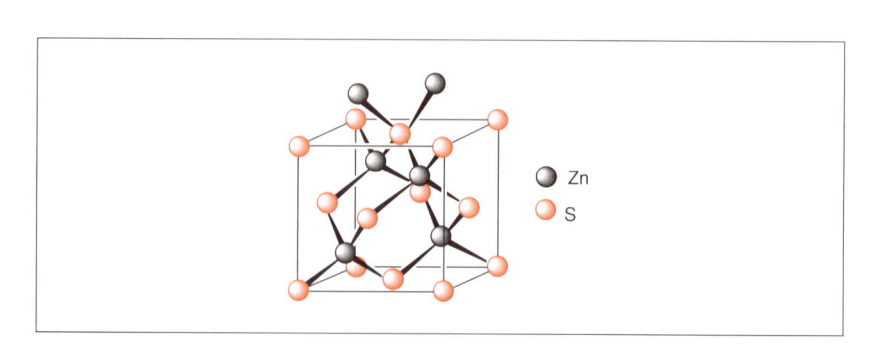

図 11.1　ZnS のせん亜鉛鉱型構造．

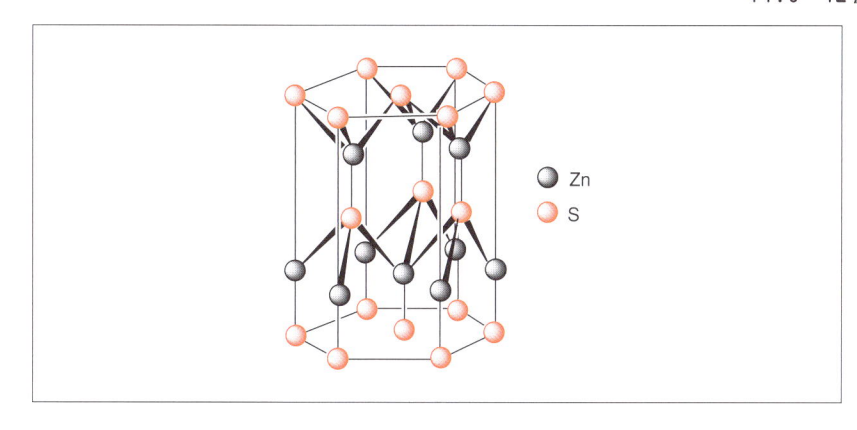

図 11.2 ZnS のウルツ鉱型構造.

Hg は(程度は劣るが Cd と Zn も)チオレート配位子 RS⁻ に対して非常に高い親和性をもっている(軟らかい酸と軟らかい塩基の組合せ). 実際, チオール RSH はまさにこの理由でメルカプタン〔mercaptan. これは mercury(水銀)-capture(捕獲)からの命名である〕という慣用名をもっている. Zn, Cd, Hg のチオレート錯体は生体系で非常に重要であり, たとえば酵素中では Zn は S 含有のアミノ酸であるシステインの S 原子に結合していることが多い. また, ほ乳類の肝臓中にあるシステイン含量の多いメタロチオネインというタンパクは, これらの重金属の解毒を担っているらしい.

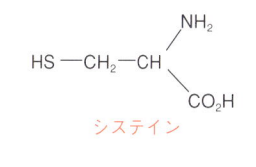

システイン

11.6 　12 族元素と酸素との化合物

12 族金属は, 加熱すると酸素と直接反応する. しかし 400 ℃ を超えると, HgO は分解して Hg と O_2 に戻ってしまう. ZnO は Zn が四面体配位のウルツ鉱型構造(図 11.2)をとるが(せん亜鉛鉱型構造もある), CdO では Cd のサイズが大きいので NaCl 型構造(図 3.4)のほうが Cd 原子をうまく収容できる(MgO も NaCl 型). ただし O より S や Se のほうがサイズが大きいので, CdS と CdSe はウルツ鉱型構造(4 配位)をとる(前節参照). HgO の構造については 11.5 節で述べた. Cu_2O と Ag_2O でも M は直線 2 配位で, O 周りは四面体型 4 配位である.

ZnO は両性で, 酸にも塩基にも溶ける. 塩基を過剰に加えると, 水和した亜鉛酸陰イオン $[Zn(OH)_x(H_2O)_y]^{(x-2)-}$ が生成する. また $Na[Zn(OH)_3]$ や $Na_2[Zn(OH)_4]$ のような固体の塩が, 結晶として単離できる. これに比べて CdO は両性ではない(弱塩基性). しかし, 類似のカドミウム酸陰イオンも少量は生成する. というのは, $Cd(OH)_2$ は熱い濃厚な KOH 溶液に溶けるからである. ただし, カドミウム酸塩は単離できない. HgO は塩基性酸化物である. M^{2+} イオンの溶液に OH⁻ を加えると $Zn(OH)_2$ や $Cd(OH)_2$ は沈殿するが, $Hg(OH)_2$ は存在しないで, その代わり黄色の HgO が生成する(式 11.7 と 11.8). Ag^+ も Ag_2O を与える. Zn と Cd の水酸化物はアンモニア水に溶けて $[Zn(NH_3)_4]^{2+}$ のようなアンモニアの錯体(アンミン錯体)を生成する〔Cu^+ と Ag^+ はそれぞれ [Cu

Zn は酸素に対して比較的高い親和性をもつが, Hg はそうではなく, 硫黄に対して高い親和性を示す. O は硬い塩基, S や Se は軟らかい塩基であり, Zn^{2+} は中間の酸, Cd^{2+} と Hg^{2+} は軟らかい酸である(4.8 節).

$$Zn^{2+} + 2\,OH^- \longrightarrow Zn(OH)_2 \tag{11.7}$$

$$Hg^{2+} + 2\,OH^- \longrightarrow HgO + H_2O \tag{11.8}$$

三つの金属すべてについて硝酸塩，硫酸塩，過塩素酸塩などの多様なオキソ酸塩が知られている．その多くは酸化物とオキソ酸とを反応させ，結晶化すれば容易に得られる（たとえば式11.9）．

$$ZnO + 2\,HClO_4 + 5\,H_2O \longrightarrow Zn(ClO_4)_2 \cdot 6\,H_2O \tag{11.9}$$

Zn と Cd の炭酸塩はサイズの小さい Zn^{2+} と Cd^{2+} イオンの分極効果のために熱に対して不安定で，分解して酸化物になる（式11.10）．サイズが小さい Zn^{2+} と Cd^{2+} は酸化物になったとき，格子エネルギーをかせげるからである．このように，これらの二つの炭酸塩は Mg の炭酸塩に似ている（式4.6）．

$$CdCO_3 \longrightarrow CdO + CO_2, \quad \Delta H = 99.5\,kJ \tag{11.10}$$

例題 11.1

Q $Zn(NO_3)_2$ と $MgSO_4$ とは，どのようにすれば区別できるか．

A NaOH 水溶液を加えると，いずれも白い沈殿〔$Mg(OH)_2$ と $Zn(OH)_2$〕が生じるが，$Zn(OH)_2$ は過剰の OH^- を加えると溶け，澄んだ無色の溶液になる（両性）．あるいは $Ba(NO_3)_2$ の水溶液を加えると，$MgSO_4$ の場合は $BaSO_4$ の沈殿が生じる．

11.7　12 族元素の配位化合物の生成

錯体の生成については 11.6 節も参照せよ．2 族元素の錯体生成については 4.8 節参照．

12 族元素が配位化合物（錯体）を生成するのは，典型元素よりは遷移金属に類似した特性である．つまり，この族の元素が両者の中間的な性格をもっていることを示している（対応する 2 族元素は錯体を生成する傾向が比較的小さい）．同様に 11 族元素 Cu，Ag，Au も 1 族元素より錯体を生成する能力が相当高い．12 族元素の錯体では四面体 4 配位が普通であり，これらの錯体は多種の供与性配位子との間で生成される．例には陽イオン錯体 $[Zn(NH_3)_4]^{2+}$，$[HgCl_2(PPh_3)_2]$ や $[Zn(ピリジン)_2Cl_2]$ のような中性錯体，$[Zn(CN)_4]^{2-}$ や $[CdI_4]^{2-}$ のような陰イオン錯体がある．Cd の錯体は 6 配位の場合のほうが安定であることが多い．これらの金属と強酸との塩〔たとえば $Zn(ClO_4)_2$ や $Cd(BF_4)_2$〕の水和物の多くは，アクア錯体 $[Zn(H_2O)_6]^{2+}$ イオンや $[Cd(H_2O)_6]^{2+}$ イオンを含んでいることが多い．

ピリジン

†1 訳者注　次ページに示す．

Hg^{2+} は Cd^{2+} や Zn^{2+} に比べ，低い配位数をとる傾向が強い[†1]．Hg^{2+} は有機金

属誘導体 R_2Hg や $RHgX$ （X はハロゲン）のように2配位直線構造をとることが多いが，4配位も少なくない．たとえば四面体構造の無色の $[HgI_4]^{2-}$ は赤色の HgI_2 を KI 溶液に溶解すると得られる（式 11.11）．

$$HgI_2 + 2I^- \longrightarrow [HgI_4]^{2-} \tag{11.11}$$

Zn，Cd や Hg も2族の Mg と同様に，RMX や R_2M 型の有機金属錯体を生成し，アルキル化剤として働く．これらは共有結合性を帯びている．なお11族元素でも $[CuR_2]^-$，$[AgAr_2]^-$，$[AuMe_2]^-$ などの有機金属錯体が知られている．

> **例題 11.2**
>
> **Q** 12族金属の+2価イオンの錯体の構造を予想するのに VSEPR 則（1.4節）が使えるか．例をあげて説明せよ．
>
> **A** 12族の M^{2+} イオンはd軌道が完全に占有されている（s^2d^{10} の配置から2個のs電子が抜けて準閉殻の d^{10} になっている）．だから VSEPR 則が構造の推定に使える．たとえば $[Zn(NH_3)_4]^{2+}$ では，Zn^{2+} は 4s，4p 軌道に価電子をもたないが，NH_3 配位子から2電子ずつ供与を受けるので合計8電子，つまり4組の電子対がある．だからこれらは四面体的に配列する（sp^3 混成）．同様に，PhHgCl では2組の価電子対があるので直線構造になる（sp 混成）．11族の M^+ イオン（d^{10}）の錯体についても同様である．たとえば直線構造（sp 混成）の $[Ag(CN)_2]^-$，正三角形構造（sp^2 混成）の $[Cu(CN)_3]^{2-}$，正四面体構造（sp^3 混成）の $[Cu(CN)_4]^{3-}$ などがある．

11.8　12族元素の低原子価の化合物

11族の Cu^+ や Ag^+ はよく知られているが（水溶液中では $2Cu^+ \longrightarrow Cu^{2+} + Cu$ や $3Au^+ \longrightarrow Au^{3+} + 2Au$ の不均化が可能であることに注意），12族では Cd_2^{2+} と Zn_2^{2+} という化学種は知られているものの不安定である．つまり，これらは無水の条件下でのみ生成し，水があると不均化して金属単体と Cd^{2+} または Zn^{2+} になる．これに対して Hg_2^{2+} は安定で，この族の1価の化学種としては最もよく知られている．Hg_2^{2+} は不対電子をもたず反磁性である．Hg^+ イオン（電子配置は $[Xe]4f^{14}5d^{10}6s^1$）は1個の不対電子をもち常磁性だから，6s 軌道（あるいは sp 混成軌道）どうしが重なって Hg—Hg 結合生成（二量化）が起こり，電子が対になって Hg_2^{2+} が生成している．式（11.12）のように Hg_2^{2+} と Hg^{2+} との間には平衡があって，その平衡定数 $[Hg_2^{2+}]/[Hg^{2+}]$ は約170である（単体 Hg の活量は1だから，平衡定数の式には登場しない．$\log K = (0.920 - 0.788)/0.0592 = 2.23$）．

$$Hg^{2+} + Hg \rightleftharpoons Hg_2^{2+} \tag{11.12}$$

前ページ訳者注　サイズが大きい $d^{10} Hg^{2+}$ は大きい配位数をとることができるはずであるが，実際には逆で，小さい配位数をとることが多い．同様の現象は11族の $d^{10} Ag^+$ や $d^{10} Au^+$ についてもみられる．周期を下がると nd 軌道と $(n+1)s$ 軌道のエネルギー差が小さくなり，$(n+1)s$ 軌道が nd 軌道に混入しやすくなって2配位の直線構造の sp/pd_{z^2} 混成のほうが4配位の四面体構造（sp^3/sd^3 混成）よりも配位子と強く結合できるようになるからである．

ラチマー図は

$Cu^{2+} \xrightarrow{0.153V} Cu^+ \xrightarrow{0.521V} Cu,$

$Au^{3+} \xrightarrow{1.41V} Au^+ \xrightarrow{1.68V} Au,$
$Ag^{2+} \xrightarrow{1.98V} Ag^+ \xrightarrow{0.799V} Ag,$
$Hg^{2+} \xrightarrow{0.920V} Hg_2^{2+} \xrightarrow{0.788V} Hg,$

なので，Ag^+ と Hg_2^{2+} だけは不均化しない．

常磁性と反磁性の議論については 1.5 節を参照せよ．

だから，Hg(I)塩の水溶液中ではHg^{2+}イオンが0.5%以上存在している．Hg^{2+}と安定な錯体を生成したり，不溶な化合物を生成したりする配位子（たとえばCN^-）を加えてHg^{2+}イオンを系から除いてやれば，式(11.13)のように不均化が完結する．

$$Hg_2^{2+}{}_{(aq)} + 2\,CN^-{}_{(aq)} \longrightarrow Hg_{(l)} + Hg(CN)_{2(s)} \tag{11.13}$$

例題 11.3

Q 次の熱力学データを使って，Hg_2Cl_2は$HgCl_2 + Hg$への不均化に対して安定である（不均化しない）ことを示せ．

$\Delta_f H°(Hg_2Cl_2) = -265 \text{ kJ mol}^{-1}$, $\Delta_f H°(HgCl_2) = -224 \text{ kJ mol}^{-1}$

A $Hg_2Cl_2 \longrightarrow HgCl_2 + Hg$ の反応に対して

$\Delta H = \Delta_f H°(HgCl_2) + \Delta_f H°(Hg) - \Delta_f H°(Hg_2Cl_2)$
$\qquad = -224 + (0) - (-265)$
$\qquad = +41 \text{ kJ mol}^{-1}$

となる．$\Delta H° > 0$ だから，この不均化は熱力学的に好ましくない反応である（ちなみに $\Delta G° = +32 \text{ kJ mol}^{-1}$）．

例題 11.4

Q 遷移元素がもつ次の性質のうち，Znが示すのはどれか．
(a) 多様な酸化数，(b) 有色のイオンの生成，(c) 錯イオンの生成，(d) 常磁性イオンの生成

A Znと遷移金属との間の唯一の類似点は，錯イオンを生成することである（11.7節）．Znは遷移金属とは違って占有されたd殻（準閉殻の$s^2 d^{10}$）をもち，反磁性の無色のZn^{2+}を生成する．酸化数も+2以外はとらない．

この章のまとめ

1. 12族元素は，カルコゲンとの間で安定な共有結合性の化合物を生成する（11.5節）という点で，典型元素金属，とくに重いpブロック金属との間に多くの類似性をもっている．また，ZnはBeと類似しているところがある（両性）．ただし同じ周期で比べると，12族元素と2族元素とは化合物中の結合性が異なる．後者の方が共有結合的．
2. Hgは以下の多くの点で特異な元素である．つまり単体は常温で液体であり，低い配位数をとる傾向を示し，硫黄の化合物に対して高い親和性をもっている．

章末問題

11.1 次の化合物あるいはイオン中の Hg の酸化数を求めよ．
(a) HgSe, (b) HgI_4^{2-}, (c) Hg_2^{2+}, (d) $[HgCl_2(PPh_3)_2]$

11.2 以下のそれぞれについて X が何であるかを特定せよ．
(a) 酸化物 XO は加熱すると分解する．
(b) 有機金属化合物 Me_2X は水に対して安定である．
(c) 酸化物 XO は濃厚な NaOH 水溶液に溶ける．

11.3 Zn は両性的な挙動を示し，Zn 金属は酸にも塩基にも溶けて H_2 ガスを発生する．また，塩基性溶液中では $[Zn(OH)_4]^{2-}$ を生成する．液体アンモニア（7.3.1項）中での Zn と酸または塩基との反応は，水中での対応する反応と同じである．Zn 金属と(a) 塩酸，(b) 過剰の NaOH 水溶液，(c) 液体アンモニア中での NH_4Cl，(d) 液体アンモニア中での過剰の $NaNH_2$，とのそれぞれの反応式を完成せよ．

11.4 Zn，Cd，Hg は S と Se に対して高い親和性をもつ．そのほかの p ブロック元素のうちで，硫化物として天然に存在するものは何か．

11.5 次の反応の生成物を推定し，反応式を完成せよ．
(a) $Hg_2^{2+} + Na_2S \longrightarrow$
(b) $CdCl_{2(aq)} + Na_2CO_{3(aq)} \longrightarrow$

参考文献

1) D. M. Kaupp, M. Dolg, H. Stoll, H. G. von Schnering, *Inorg. Chem.*, **33**, 2122 (1994).

12章 代表的なポリマー性の典型元素化合物

この章の目的

この章では，以下の三つの項目について理解する．
- 典型元素が形成するポリマーの多様性
- ケイ酸塩とポリリン酸塩の構造的特徴
- 典型元素からなる重要な合成ポリマーの合成法

12.1 序論

現代社会では多種多様なポリマーが利用されている．これらには天然のものもあれば，人工的に合成されたものもあり，性質もさまざまである．歴史的には，合成ポリマーは有機化合物に基づいたものが多く，合成無機ポリマーの発展は相当遅れていた．たとえばケイ酸塩のようなポリマー性の無機物質(陶器，磁器など)のいくらかは大昔から存在しているが，面白い性質をもった新規の無機ポリマーを合成しようとする気運が高まったのは最近である．これらの無機ポリマーのいくつかの特性には，有機ポリマーの特性を補うものがある．

この章の目的は，重要なタイプのポリマーについて解説し，天然のポリケイ酸塩と代表的な合成ポリマーの両方について述べることである．ポリマーとしては，ここでは実質的に共有結合によってできあがった物質を考える．だからイオン性の物質は除外することになるが，ケイ酸塩とポリリン酸塩は重要なので含めることにする．

そのほかの無機ポリマーには硫黄(8章)，炭素(6.2.1項)，窒化ホウ素(5.8.2項)，ホウ酸塩(5.7.1項)，電子不足化合物(4.3と4.7節，5.6.1項)がある．

12.2 ポリリン酸塩

NaH_2PO_4 や Na_2HPO_4 のような酸性リン酸塩は P—OH 基をもつので，加熱すると脱水縮合が起こる．その結果，式(12.1)で図式的に示すように，P—O—P 結合が形成される．

$$\text{P—O—H} + \text{H—O—P} \longrightarrow \text{P—O—P} + \text{H}_2\text{O} \tag{12.1}$$

環状のポリリン酸イオンはメタリン酸イオンとも呼ばれる（12.3.3 項のメタケイ酸イオンと比較せよ）．オルトリン酸はリン酸 H_3PO_4 を意味し，メタリン酸は環状，直鎖状にかかわらず，縮合したリン酸を総称することもある．

最も簡単な場合としては，リン酸一水素ナトリウム Na_2HPO_4 を加熱すると**ピロリン酸陰イオン（二リン酸陰イオン）** $[P_2O_7]^{4-}$（図 12.1）が生成する．リン酸二水素ナトリウム NaH_2PO_4 を加熱すると，各 P 原子は 2 個の P—OH 基をもつので環状の**ポリリン酸陰イオン** $[(PO_3^-)_n]^{n-}$ ができる．ここで n は通常，3 か 4 であるが 10 までは可能である．三メタリン酸陰イオン $[P_3O_9]^{3-}$ と四メタリン酸陰イオン $[P_4O_{12}]^{4-}$ の構造が図 12.2 に示してある．

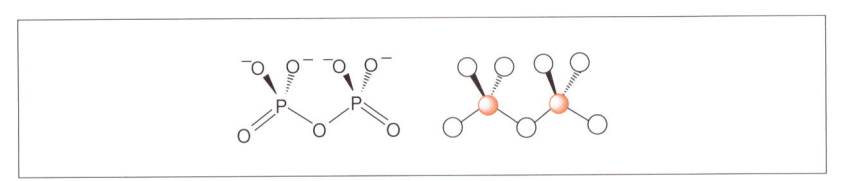

図 12.1 ピロリン酸陰イオン（二リン酸陰イオン）の構造．

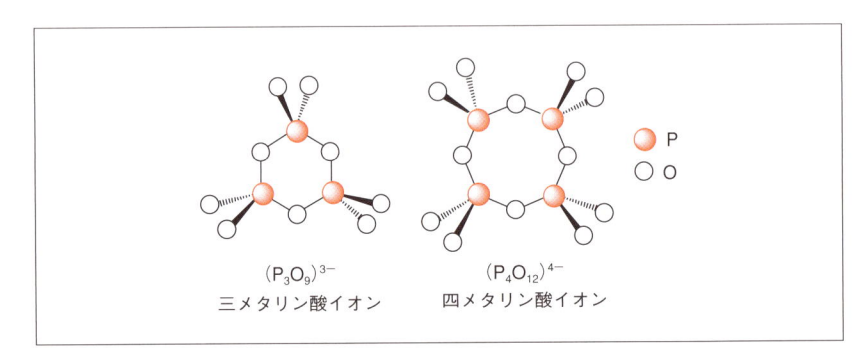

図 12.2 環状のポリリン酸イオン $[P_3O_9]^{3-}$ と $[P_4O_{12}]^{4-}$ の構造．

ポリリン酸イオンは生体系で重要である（ATP，ADP など）．

$(P_3O_9)^{3-}$ 三メタリン酸イオン　　$(P_4O_{12})^{4-}$ 四メタリン酸イオン

$[(PO_3^-)_n]^{n-}$ の長鎖をもつ直線状のポリリン酸イオン（polyphosphate）は両端に $-O-PO_3^{2-}$ 基をもち，HPO_4^{2-} と $H_2PO_4^-$ との混合物を加熱することによっても得られる．環状の三メタリン酸イオン $[P_3O_9]^{3-}$ を OH^- イオンと加熱すると，P—O—P 基の一つが加水分解して直鎖状の三リン酸イオン $[P_3O_{10}]^{5-}$（図 12.3）になる．このナトリウム塩は硬水を軟水にするため，洗剤に添加されている．

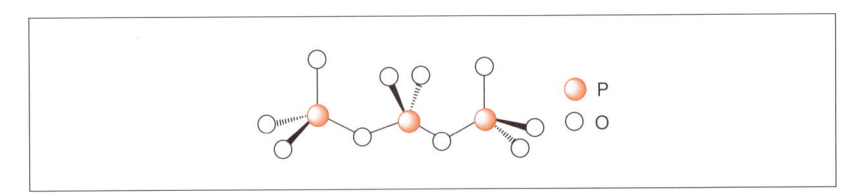

図 12.3 直鎖状の三リン酸陰イオン $[P_3O_{10}]^{5-}$ の構造．

例題 12.1

Q 五リン酸イオン $[P_5O_{16}]^{7-}$ をつくるには，Na_2HPO_4 と NaH_2PO_4 をどのようなモル比で混合して加熱するのが理想的であろうか．

A 五リン酸イオンは 2 個の末端の $-PO_3^{2-}$ 基をもつ．それぞれは Na_2HPO_4

によって導入される．残った内側の 3 個の P 原子は互いに 2 個の酸素原子を共有する．だから 3 等量の NaH_2PO_4 が必要になる．つまり，NaH_2PO_4 と Na_2HPO_4 の理想的なモル比は 3：2 である．

ポリリン酸イオン中のリン酸部分を表すのに，図 12.2 や図 12.3 のように示す以外に，リン酸部分を四面体の骨格単位で表す方法がある（図 12.4）．たとえば四メタリン酸イオン $[P_4O_{12}]^{4-}$ は図 12.5 のように示される．このような骨格で表すやり方は，ケイ酸塩の場合に広く用いられている（12.3 節）．

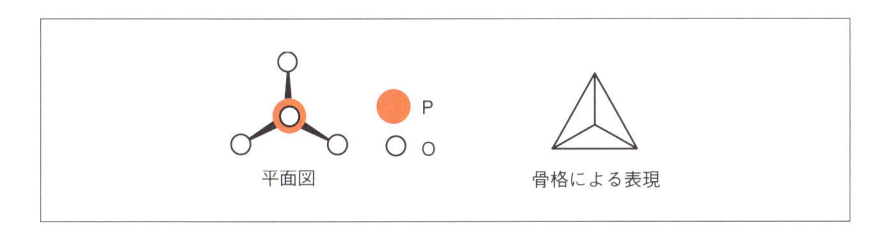

図 12.4 PO_4 の四面体単位．

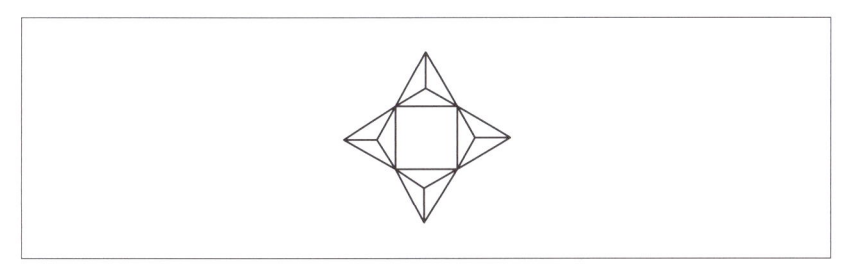

図 12.5 四メタリン酸イオン $[P_4O_{12}]^{4-}$ の骨格による表現．

例題 12.2

Q 三リン酸陰イオンの骨格による表現を示せ．

A 三リン酸陰イオンは，三つのつながった PO_4 の四面体からなる直鎖状の陰イオンである．

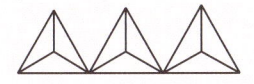

例題 12.3

Q リン酸から誘導されるポリマーには多くのものがあるが，過塩素酸からはポリマーはできないし，硫酸では縮合ポリマーがわずかに知られているだけである．なぜか．

A ポリマー生成においては，2 個の E―OH 基から水が脱離して E―O―E

結合が生成するものと考えられる（式 12.1）．過塩素酸 $HClO_4$ では，2 分子の $HClO_4$ から H_2O が脱離すると Cl—O—Cl 結合が生成することになる．こうしてできた Cl_2O_7 分子（七酸化二塩素，9.5.3 項）は，これ以上ポリマー化できない．硫酸 H_2SO_4 は 1 分子当り 2 個の OH 基をもつので〔$(O=)_2S(OH)_2$〕，縮合して，理論上は末端が OH 基になった —S—O—S—O— の鎖状のポリマーになるはずである．しかし 3 分子の硫酸が縮合して六員環を生成すると，これは三酸化硫黄 SO_3 がとる構造の一つ（三量体，図 8.7）になってしまうだけである．実際には，5 個の S 原子からなるポリ硫酸鎖までが知られている．

既知のポリ硫酸イオンのうち最長の鎖をもつもの

ところがリン酸 H_3PO_4 は 3 個の OH 基をもち，これらの二つが縮合すると直鎖状および環状のポリリン酸ができる．これはまだ 1 個の P—OH 基（ポリリン酸塩では 1 個の P—O⁻ 基）をもつので，各ポリマーは独立した化合物として存在する．

> リン酸の 3 個の OH 基がすべて縮合すると，ウルトラリン酸塩と呼ばれる物質が得られる．

12.3 ケイ酸塩

12.3.1 概要

ケイ酸塩(silicate)の構造化学はきわめて多様で，これらの物質は岩石のおもな成分となる鉱物として非常に重要である．

ほとんどすべてのケイ酸塩は SiO_4 の四面体から構成されており，リン酸塩の場合と同様に骨格構造で表すことが多い．極端な温度と圧力の条件下で生成する鉱物のなかには，八面体の Si 骨格をもっためずらしい例もある（たとえば SiO_2 の変態の一つであるスティショフ石）．ポリリン酸イオンの場合と同様，SiO_4 の四面体単位が通常 1 個から 4 個までの頂点を共有してつながり，大きなポリケイ酸陰イオン(polysilicate anion)を生成する．末端の各酸素原子は負電荷をもつが，架橋の各酸素原子は中性である．ポリケイ酸陰イオンの負電荷は対陽イオンによって中和されている．天然の鉱物中では，この対陽イオンはたとえば Mg^{2+} と Fe^{2+} のような，似たサイズの陽イオンの混合物であることが多い．

ポリケイ酸イオンは SiO_4 の四面体がどのように結合するかによって，いくつかのタイプに分類される．12.3.2 項から 12.3.5 項では，これらについて解説する．

> 地殻の約 74% はケイ酸塩からなる．

例題 12.4

Q ケイ酸塩の鉱物中で，一つの対イオンを他の対イオンに置き換えるときには，理想的には両対イオンが同じ電荷であり，サイズは 10% 以上異ならないことが必要である．以下のような置換は，容易に起こるかどうかを考えよ．なお括弧内に示した，これらのイオン半径は配位数が 4 のときの値である．

(a) Mg^{2+} (72 pm) を Fe^{2+} (78 pm) で置き換える．
(b) Na^+ (102 pm) を Li^+ (76 pm) で置き換える．

A (a) 両イオンは同じ電荷であり，半径も近いので置換はできる．(b) 両イオンは同じ電荷をもってはいるが，Na^+ のイオン半径は Li^+ よりも 10% 以上大きいので置換はできない．

12.3.2 簡単なケイ酸塩 ── オルトケイ酸陰イオンとピロケイ酸陰イオン ──

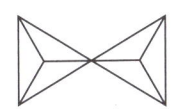

オルトケイ酸陰イオン (orthosilicate anion) SiO_4^{4-} は簡単な四面体構造である (図 12.6)．地球のマントルの主成分であると信じられている鉱物であるカンラン石 (苦土カンラン石 Mg_2SiO_4，鉄カンラン石 Fe_2SiO_4) は独立した SiO_4 の四面体単位を含んでいる．準宝石のガーネット (ざくろ石) は $(M^{2+})_3(M^{3+})_2(SiO_4^{4-})_3$ の組成をもち，これも独立した SiO_4 の四面体単位をもつ．

オルトケイ酸陰イオン SiO_4^{4-} ピロケイ酸陰イオン $Si_2O_7^{6-}$

図 12.6 オルトケイ酸イオンおよびピロケイ酸イオンの構造．

ピロケイ酸陰イオン (pyrosilicate anion) $Si_2O_7^{6-}$ は，ピロリン酸イオンと同様，1 個の酸素原子を共有した 2 個の四面体骨格からなるが (図 12.6)，比較的まれである．

12.3.3 環状および直鎖状のポリケイ酸イオン

SiO_4 の四面体骨格が互いに 2 個の頂点 (O) を共有すると，一般式 $[SiO_3^{2-}]_n$ をもつ環または直鎖が生成する．環状のポリケイ酸イオンは環状のポリリン酸イオン (12.2 節) の類似体であり，その環は一般に 3，4，または 6 個の SiO_4 の四面体骨格をもつ．各四面体骨格は 2 個の共有した頂点をもつ．たとえばヘキサメタケイ酸イオン $[Si_6O_{18}]^{12-}$ (図 12.7) は，各 SiO_4 単位が 2 頂点を共有した 6 個の SiO_4 骨格からなる．

このタイプのケイ酸イオンは，歴史的にメタケイ酸イオンと呼ばれてきた．

図 12.7 ヘキサメタケイ酸イオン $[Si_6O_{18}]^{12-}$ の構造．これは緑柱石 $Be_3Al_2Si_6O_{18}$ に含まれ，緑柱石の宝石形はエメラルドである．

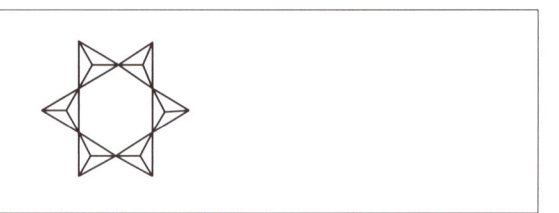

図 12.8 のようなケイ酸骨格の鎖状構造は輝石（pyroxene．ピロキセンともいう）類の鉱物に見いだされる．固体状態で SiO_4 の四面体単位を配列するには，いく通りかのやり方があるので，いろいろな鉱物ができる．その一例が透輝石 $CaMg(SiO_3)_2$ である．

図 12.8 ピロキセン鉱物中のケイ酸イオンの鎖状構造．$[SiO_3^{2-}]_n$

ピロキセン類とは違って，角セン石類は OH 基をもった水和鉱物となっていることが多い．

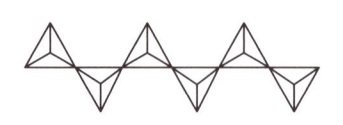

もう一つのタイプのポリケイ酸イオンには 2 個のピロキセン直鎖が結合した構造の角セン石（amphibole．アンフィボールともいう）類の鉱物がある．各 SiO_4 の四面体骨格が二つまたは三つの頂点を共有する（図 12.9）ので，これらは $[(Si_4O_{11})^{6-}]_n$ の二重鎖を含んでいる．石綿（asbestos．アスベストともいう）類の鉱物が角セン石類の例で，透セン石 $Ca_2Mg_5(Si_4O_{11})_2(OH)_2$ がその実例である．

図 12.9 角セン石類の鉱物にみられるケイ酸イオンの二重鎖構造．$[(Si_4O_{11})^{6-}]_n$

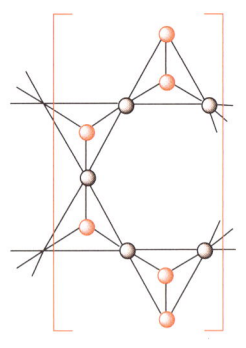

$(Si_4O_{11}{}^{6-})$ の繰返し単位

- 架橋の酸素（Si–O–Si）で，電荷に無関係
- 末端の酸素（Si–O⁻）で，−1 の電荷を寄与する

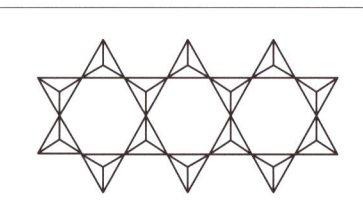

例題 12.5

Q 角セン石類のケイ酸骨格の組成式は $[(Si_4O_{11})^{6-}]_n$ であることを示せ．

A 角セン石の構造では二種の四面体単位がある．つまり 2 個の頂点を共有しているものと，三つの頂点を共有しているものである．このケイ酸骨格は二重鎖だから，繰返しの単位はその二種の単位をそれぞれ 2 個含んでいなければならない．4 個の Si 原子と $\{2O + (2O)/2\} \times 2 + \{O + (3O)/2\} \times 2 = 11$ 個の O 原子があるので，繰返し単位は Si_4O_{11} である．このうち 6 個の酸素は末端にあり，残りは架橋しているので全体の電荷は −6 である．したがって $[(Si_4O_{11})^{6-}]_n$ が正しい組成式である．

12.3.4 層状のポリケイ酸塩

各四面体単位 SiO_4 が隣の四面体単位と三つの頂点を共有すると，$[(Si_4O_{10})^{4-}]_n$ の組成式をもつ層状のポリケイ酸イオンが生成する（図 12.10）．これらの層内での結合は非常に強いが，層間の結合は弱い．だから，これらの化合物は薄い層に剥がれやすい．滑石（talc．タルクともいう）$Mg_3(OH)_2Si_4O_{10}$ では，図 12.11 に図式的に示すように，対陽イオンが一つおきのケイ酸層の間に位置しているだけである．この構造においては Mg^{2+} と OH^- イオンが 2 枚の $[(Si_4O_{10})^{4-}]_n$ の層間に挟まれたサンドイッチがあり，これらのケイ酸層-金属-ケイ酸層のサンドイッチが重なっているとみなせる．サンドイッチ間の結合は弱いファンデルワールス力によるものなので，滑石は非常に軟らかい物質である．

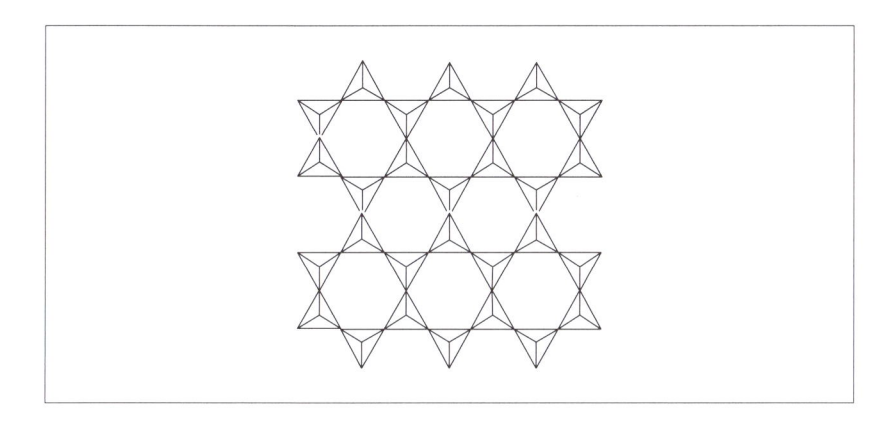

図 12.10 滑石，雲母，粘土鉱物中のケイ酸層．$[(Si_4O_{10})^{4-}]_n$

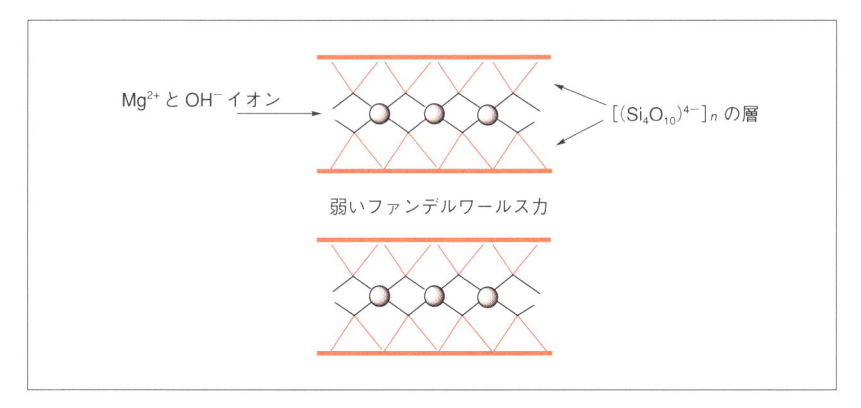

図 12.11 滑石中の層状のポリケイ酸イオンの構造．

一部の Si 原子が Al に置き換わった物質はアルミノケイ酸塩（aluminosilicate）と呼ばれる（12.3.5 項）．一般式は $(M_2O)_x(Al_2O_3)_y(SiO_2)_z$ である．

層状構造をもった重要なポリケイ酸塩の鉱物に関連した物質には，$[(Si_4O_{10})^{4-}]_n$ の層中の四つの Si のうち，一つが Al 原子で置き換わったものがある．電荷のバランスをとるために，余分な +1 の陽イオンが必要になる．このような鉱物には金雲母 $KMg_3(OH)_2(Si_3AlO_{10})$ のような雲母（mica）類がある．雲母類では，余分な陽イオン〔金雲母では K^+ イオン，Li の鉱石であるリン雲母（紅雲母）では Li^+ イオン〕がケイ酸イオン層の間にあり，これらがイオン的な相互作用によって層と強く結合している．ただし「強く」といっても，滑石の場合の弱いファンデルワ

ールス力による結合に比べての話であるから，雲母はやはり薄い層に剥がれやすい．

ポリケイ酸の層状構造をもつ，このような粘土鉱物には，そのほかにスメクタイトやカオリナイトがある．

12.3.5 網目構造のケイ酸塩物質

SiO_4 の四面体単位が四つの頂点をすべて共有すれば，三次元の網目構造になる．一部の Si 原子を Al 原子で置き換えれば(12.3.4項)，負電荷を網目構造に導入することは容易にできる．網目構造をもつこのようなアルミノケイ酸塩のうち，商業的に重要なものはゼオライト(zeolite．沸石ともいう)である．人工的につくられたゼオライトにも，天然のゼオライトにも非常に多種類のものが知られている．多くのゼオライトの基本的な構成単位の一つは方ソーダ石のかご (sodalite cage．図 12.12)である．これを図に表すときには，他のポリケイ酸塩の場合のように結合した四面体単位の網目によってではなく，Al と Si 原子の位置を示すことによって描くのが一般的である．方ソーダ石のかごの四角面または六角面で連結することによって，規則正しい大きな空孔と溝をもった三次元の網目構造ができあがる．ゼオライト A は方ソーダ石のかごを四角面で連結すると生成する(図 12.13)．小さい分子であればその空孔に入ることができるが，大きい分子は排除される．このためゼオライトは分子ふるい(molecular sieve)と呼ばれることが多い．骨格が負電荷を帯びているので(Si を Al で置き換えたために生じる負電荷)，格子中に陽イオンが含まれる．だからゼオライトはイオン交換体(ion-exchange material)としても使われる．たとえばゼオライトが洗剤によく添加されているのは，硬水中の Ca^{2+} (と Mg^{2+})イオンが吸着されて軟水になるからである(式 12.2)．

$$Na_2[ゼオライト]_{(s)} + Ca^{2+}_{(aq)} \longrightarrow Ca[ゼオライト]_{(s)} + 2Na^+_{(aq)} \quad (12.2)$$

もう一つの重要なアルミノケイ酸塩には，主要な造岩鉱物である長石類がある．

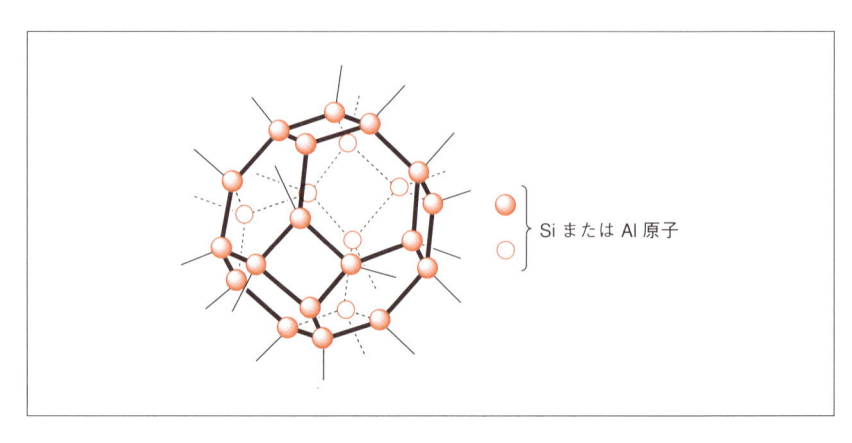

図 12.12 多くのゼオライト中の基本的な構成単位の一つである方ソーダ石のかご．

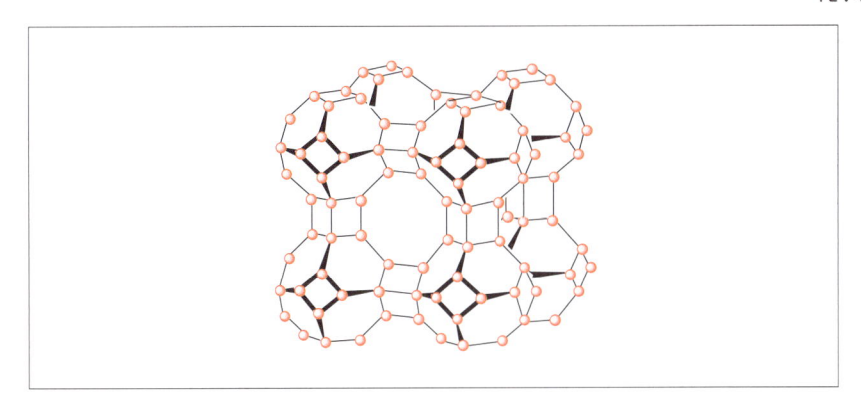

図 12.13 ゼオライト A の構造.方ソーダ石のかごどうしが連結して構成される.

12.4 シリコーンポリマー

$(R_2SiO)_n$ の組成をもつ有機シリコーンは最も重要な合成樹脂であり,無機骨格からできている.これらは,たとえば Me_2SiCl_2 のようなジクロロジアルキルシランを加水分解してつくられる(スキーム 12.1).そのモノマー単位である $Me_2Si=O$ は対応する炭素の類似体(アセトン $Me_2C=O$)に比べ非常に反応活性なので,シリコーンは強い Si—O 結合をもつポリマー構造をもっている.

Me_2SiCl_2 は,次の反応でつくる.

$$Si + 2MeCl \xrightarrow[300°C]{Cu} Me_2SiCl_2$$

反応条件によっては,$(Me_2SiO)_3$ のような環状のシロキサン **12.1** を得ることもできる.樹脂の鎖長は,反応混合物に R_3SiCl を適宜加えることによって調整できる.つまり R_3SiCl を加えると,末端の $Si-O-SiR_3$ を生成するので(スキーム 12.1)連鎖が停止し,結果的に樹脂の粘度が下がる.同様に $RSiCl_3$ を加えると,シリコーン鎖に側鎖が導入され,結果的に樹脂の粘度が上がり溶解度が下がる.このようにして,シリコーンポリマー(silicone polymer)の物理的性質を必

スキーム 12.1 シリコーンポリマーの合成.

12.1

要に合わせて調節できる．

シリコーン樹脂は丈夫な物質で，温度や加水分解に対して安定であるから潤滑剤，密閉剤，油圧用の油，化粧品，車や家具の磨き粉，医療用組織，コンタクトレンズなどを含む多様な用途がある．

12.5 ポリホスファゼン

PCl_5 と NH_4Cl とを塩素化した炭化水素の溶媒中で，130℃くらいで一緒に加熱すると，環状のホスファゼンの混合物 $(Cl_2P=N)_n$（n = 3 または 4）が生成する（7.7.1 項）．条件によっては $Cl_4P-(N=PCl_2)_n-N=PCl_3$ 型の直鎖状の化合物もできる．環状の三量体は平面六員環構造 **12.2** をもつ．しかし四量体 **12.3** は，折れ曲がった八員環構造である．三量体と四量体の双方において，P—N 結合はすべて等価である．このことは占有された N の p 軌道と，P 上の空のアクセプター軌道（恐らく P の 3d 軌道）との間で非局在化した π 結合が起こっていることを示唆する[†1]．

環状の三量体 **12.2** をもっと強く加熱するとポリマー化して，**12.4** に示すゴム状のポリホスファゼン (polyphosphazene) $(Cl_2P=N)_n$ になる．この P—Cl 結合は加水分解を受けやすいが，アルコキシド OR^- のような求核剤によって置換されて **12.5** を与え，アミド NR_2^- によって置換されると **12.6** を与える．さらにそのほかのいろいろな官能基によって置換され，多様な性質をもった安定なポリマーになる．

P=N 基は Si—O 基と等電子 (isoelectronic) なので，ホスファゼン類は 12.4 節で述べたシロキサン類と等電子である．たとえば **12.2** に示した三量体 $(Cl_2P=N)_3$ は **12.1** の $(Me_2SiO)_3$ と等電子である．ポリホスファゼンポリマーと，その対応するシロキサンポリマーはそれぞれ弾力性のある P—N 結合と Si—O 結合をもつので，低温でも弾力性のあるゴムのような性質を保つ．

例題 12.6

Q (a) SiO_2，(b) Ge と，それぞれ等電子のポリマーを生成すると期待される典型元素の組合せは何か．

A (a) Al は Si より 1 電子少なく，P は 1 電子多い．だから $2 \times SiO_2$（つまり"Si_2O_4"）は $AlPO_4$ と等電子である．このような物質（アルミノリン酸塩）はよく知られており，SiO_2 のように複雑な構造（多くの変態）をもっている．
(b) Ga は Si より 1 電子少なく，As は 1 電子多い．だから GaAs（ガリウムヒ素）は Si と等電子である．Si と同様に，GaAs は (III-V) 半導体である（5.8.1 項）．

[†1] 訳者注 P—N—P 間での三中心二電子の π 結合が起こっている．このとき P は 3d 軌道ではなく空の σ* 反結合性軌道を使うものと思われる．P 上の置換基が電気陰性であるほど σ* 軌道のエネルギーが低いので，この π 結合は起こりやすい．実際，八員環の $(Cl_2P=N)_4$ は折れ曲がり構造であるが，電気陰性な F を置換基にもつ八員環の $(F_2P=N)_4$ は π 結合に好都合なように平面構造をとる．

この章のまとめ

1. 典型元素からなる多くのポリマー性物質が知られている．例には天然のもの（たとえばポリケイ酸塩）と人工のもの（たとえばポリホスファゼンやシリコーン）がある．Si—O と P=N 結合が強いことが，ポリケイ酸塩やシリコーンとポリホスファゼンがそれぞれ安定であることの原因になっている．
2. SiO_4 の四面体単位がポリケイ酸塩の基本構成単位であり，これらの単位が酸素原子をいろいろな様式で共有して連結される．Si 原子の一部を Al で置き換えるとアルミノケイ酸塩になるが，関連したケイ酸塩とは異なった性質を示す．
3. 無機物質を基にした多くのポリマーには広い実用的な用途があり，興味のある，また有用な新規物質を見いだすような研究が進行中である．

章末問題

12.1 ポリリン酸塩の合成における脱水縮合とは何か．

12.2 テトラメタケイ酸陰イオンを骨格による表現で描け．

12.3 12.3節と例題12.5を参考にして，ピロキセンのケイ酸塩骨格の組成式が $(SiO_3^{2-})_n$ であることを示せ．

12.4 ポリケイ酸塩の鉱物中で，以下のような置換は容易に起こると期待されるであろうか．
(a) K^+（イオン半径 138 pm）を Rb^+（152 pm）で置き換える．
(b) Ca^{2+}（100 pm）を Ba^{2+}（135 pm）で置き換える．

12.5 雲母と滑石とでは，その層状のポリケイ酸塩の構造に，おもにどのような相違があるか．また，その相違は両者の物理的性質にどのように反映されているか．

12.6 SO_3 と SeO_2 の多量体構造を描け．

12.7 次の操作で生成するポリマーの構造を描け．
(a) Et_3SiCl を含む $Me(Et)SiCl_2$ を加水分解する．
(b) $[N=PMeCl]_n$ を強く加熱する．

さらなる学習のために

I. Manners, *Angew. Chem., Int. Ed. Engl.*, **35**, 1602 (1996).
D. P. Gates, I. Manners, *J. Chem. Soc., Dalton Trans.*, **1997**, 2525.
N. H. Ray, "Inorganic Polymers," Academic Press, New York (1978).
B. M. Lowe, *Educ. Chem.*, **1992**, 15.

さらなる学習のために

一般の無機化学の参考書

1) F. A. Cotton, G. Wilkinson, C. A. Murillo and M. Bochmann, "Advanced Inorganic Chemistry," 6th Edn., Wiley-Interscience, New York (1999). 原著第4版だが, 以下の邦訳がある；中原勝儼訳, 『コットン・ウィルキンソン 無機化学（上, 下）』, 培風館 (1987, 1988).
2) K. M. Mackay, R. A. Mackay and W. Henderson, "Introduction to Modern Inorganic Chemistry," 5th Edn., Blackie, London (1996).
3) D. F. Shriver and P. W. Atkins, "Inorganic Chemistry," 5th Edn., Oxford University Press, Oxford (2010). 原著第5版だが, 以下の邦訳がある；玉虫伶太, 佐藤弦, 垣花眞人訳, 『シュライバー 無機化学（第4版）（上, 下）』, 東京化学同人 (2008).
4) J. E. Huheey, E. A. Keiter and R. L. Keiter, "Inorganic Chemistry," 4th Edn., HarperCollins, New York (1993). 原著第3版だが, 以下の邦訳がある；小玉剛二, 中沢浩訳, 『ヒューイ 無機化学（上, 下）』, 東京化学同人 (1984, 1985).
5) C. E. Housecroft and E. C. Constable, "Chemistry — An Integrated Approach," Longman, Harlow, U. K. (1997).
6) D. E. Lee, "Concise Inorganic Chemistry," 5th Edn., Chapman & Hall, London (1997). 原著第3版だが, 以下の邦訳がある；浜口博, 菅野等訳, 『リー 無機化学』, 東京化学同人 (1982).
7) N. N. Greenwood and A. Earnshaw, "Chemistry of the Elements," 2nd Edn., Butterworth-Heinemann, Oxford (1997).
8) D. M. P. Mingos, "Essentials of Inorganic Chemistry," Oxford University Press, Oxford (1995).
9) D. W. Smith, "Inorganic Substances," Cambridge University Press, Cambridge (1990).

数冊からなるシリーズものの参考書

1) "Encyclopedia of Inorganic Chemistry," ed. R. B. King, Wiley, New York (1994).
2) "Comprehensive Inorganic Chemistry," ed. J. C. Bailar, H. J. Emeléus, R. S. Nyholm and A. F. Trotman-Dickenson, Pergamon Press, Oxford (1974).

3) "Comprehensive Coordination Chemistry," ed. G. Wilkinson, R. D. Gillard and J. A. McCleverty, Pergamon Press, Oxford (1987).

雑多な主題を扱った参考書

1) G. Aylward and T. Findlay, "SI Chemical Data," 4th Edn., Wiley, Brisbane (1998).
2) J. Emsley, "The Elements," Clarendon Press, Oxford (1989).
3) J. D. Woollins, "Inorganic Experiments," VCH, Weinheim (1995).

典型元素の化学についての参考書

1) A. G. Massey, "Main Group Chemistry," Ellis Horwood, Chichester (1990).
2) C. E. Housecroft, "Cluster Molecules of the p-Block Elements," Oxford University Press, Oxford (1994).
3) J. D. Woollins, "Non-metal Rings, Cages and Clusters," Wiley, Chichester (1988).

固体化学（ケイ酸塩を含む）についての参考書

1) U. Müller, "Inorganic Structural Chemistry," Wiley, Chichester (1993).
2) A. F. Wells, "Structural Inorganic Chemistry," 5th Edn., Oxford University Press, Oxford (1984).
3) D. M. Adams, "Inorganic Solids," Wiley, New York (1974).
4) M. T. Weller, "Inorganic Materials Chemistry," Oxford University Press, Oxford (1994).

有機金属化学についての参考書

1) C. Elschenbroich and A. Salzer, "Organometallics," VCH, Weinheim (1989).
2) "Comprehensive Organometallic Chemistry," ed. G. Wilkinson, F. G. A. Stone and E. W. Abel, Pergamon Press, Oxford (1982); "Comprehensive Organometallic Chemistry II," ed. G. Wilkinson, F. G. A. Stone and E. W. Abel, Elsevier, Oxford (1995).

周期性と周期表についての参考書

1) D. M. P. Mingos, "Essential Trends in Inorganic Chemistry," Oxford University Press, Oxford (1998).
2) N. C. Norman, "Periodicity and the s- and p-Block Elements," Oxford University Press, Oxford (1997).

工業化学についての参考書

1) T. W. Swaddle, "Inorganic Chemistry: an Industrial and Environmental Perspective," Academic Press, San Diego (1997). 以下の邦訳がある；石原浩二，高木秀夫，矢野良子訳,「無機化学——基礎・産業・環境」，東京化学同人（1999）.

2) W. Büchner, R. Schliebs, G. Winter and K. H. Büchel, "Industrial Inorganic Chemistry," VCH, Weinheim (1989).

章末問題の解答

【1章】

1.1 同じ周期で右に進むと有効核電荷が増大してイオン化エネルギー(IE)は一般に増大する．(a) Be．(b) N (1.5節．p³配置は交換エネルギーによる特別の安定性をもつ)．(c) N (1.5節)．(d) Se⁺ (中性原子からよりも陽イオンから電子を奪うことのほうが相当難しい)．(e) K (IE は同じ族で周期を下がると小さくなる)．典型元素での例外は Al < Ga, In < Tl, Sn < Pb, Ag < Cu < Au, Cd < Zn < Hg であり，遷移金属では第3遷移金属が最大の第一 IE をもつことが多い．遮蔽効率の低い 4f 軌道が占有されたあとなので，有効核電荷が大きいためである．しかし結合力は下の周期の遷移金属のほうが強いので，高い酸化数をとることができる．章末問題 5.3 (a) の解答も参照．

1.2 (a) S は 6 個の価電子をもち，6 F との σ 結合の寄与である 6 電子を加えると 12 電子，つまり 6 組の電子対がある．だから分子の構造は正八面体．
(b) Se は 6 個の価電子をもち，2 F との σ 結合の寄与を加えると 8 電子，つまり 4 組の電子対がある．構造は屈曲構造で，2 個の σ 結合と 2 組の孤立電子対をもつ．Se 上に 2 組の孤立電子対があるので F—Se—F 結合角 < 109.5°(正四面体角)と予想される．
(c) C が中心原子で，構造は下の図の通りである．

$$\text{HO}-\text{C}\begin{matrix}\text{O}^-\\ \| \\ \text{O}\end{matrix}$$

C は 4 個の価電子をもち，3 O との 3 個の σ 結合による寄与(3 電子)もある．O 上の負電荷は関係ないが，1 個の C=O の π 結合があるので 1 電子を差し引く．その結果 6 電子，つまり 3 組の電子対になるので構造は平面三角形構造である．下の図に示した共鳴混成体を考えると O—C—O 結合角は 120° より少し広くなり，HO—C—O 角は 120° より少し狭くなるであろう．

$$\left[\text{HO}-\text{C}\begin{matrix}\text{O}\\ \| \\ \text{O}\end{matrix}\right]^-$$

(d) Xeは8電子，1個のOと4個のFとのσ結合で5電子の寄与．Xe=Oのπ結合があるので1電子を差し引くと12電子，つまり6組の電子対となる．だから構造は1頂点を孤立電子対が占める八面体である．孤立電子対と二重結合はXeの原子価殻内でより大きな空間を占めるので（Fよりも），孤立電子対とXe=Oは八面体のトランス位を占め，F—Xe—FとO—Xe—F結合角はほぼ90°であると思われる．

(e) Pが中心原子で5電子もつ．3Fと2Clとの5個のσ結合で5電子，合計10電子，つまり5組の電子対がある．だから三角両錐構造で，電気陰性なFがアキシアル位（三中心四電子結合）を，Clが相対的にエクアトリアル位（sp^2混成）を好むので，下図のような構造となる．これを置換基の位置選択性という（Box 1.3および114ページ訳者注2参照）．

6組の電子対をもつBrF_5などは，八面体の1頂点を孤立電子対が占める正方錐構造（9.7.1項）となり，これとの反発を避けるように平面内（ベイサル）の4個のFは孤立電子対の反対側に反る．この場合では四角平面内のトランス位にあるFどうしを結ぶF—Br—F結合が三中心結合になり（2組ある），軸方向がsp混成となる（一方が軸方向のFとの結合に使われ，もう一方が孤立電子対を収容する）．だから四角平面内の結合のほうが弱く，電気陰性な置換基は四角平面内に位置するような位置選択性を示す．6組の電子対のうち2組が孤立電子対である場合（たとえばXeF_4）は八面体のトランス位が，孤立電子対で占められた正方形の構造（2組の三中心結合）となる（図10.2）．

(f) 中心のSは6電子もち，2FとClとの3個のσ結合で3電子の寄与，全体が+1の正電荷をもつので合計8電子，4組の電子対がある．だから四面体の1頂点が孤立電子対で占められた三角ピラミッド構造である．

(g) ルイス構造は下記の通りである．

一方のSを中心原子と考えれば，そのSは価電子6，1個のSと2個のOとのσ結合で3電子の寄与，O上の負電荷は無関係であるが，1個のS=Oのπ結合分の電子を差し引くと計8電子，つまり4組の電子対になる．だから各S周りは四面体的で，その1頂点が孤立電子対で占められる三角ピラミッド構造となる．共鳴によってすべての酸素は等価になるので，各S—Oは部分的な二重結合性を帯び，O—S—O結合角は109.5°より狭くなる．図8.9参照．

最後に少し面倒な問題に触れておく．いま，オゾンO_3を考える．中心のOは6電子，両端の2個のOとはσとπ結合ができるので，電子対は$(6+2-2)/2=3$個となり（sp^2），中心のOは1組の孤立電子対をもつ．したがってO=O=Oとなり（屈曲構造），結合角は120°より狭くなる（実測は117.5°）．ところが中心のOの周りの総価電子数は10となり，オクテットを超える．また実測のO—O結

合距離は 128 pm で，O=O の 121 pm，HO—OH の 147 pm の中間となっている．オクテット則に合わせるには O_3 は O=O$^+$—O$^-$ と $^-$O—O$^+$=O の共鳴混成体と考える．そうすると O_3 の O と O の間は 1.5 重結合とみなせ，結合距離は単結合と二重結合の中間になる．O_3 と等電子の NO_2^- では，その負電荷を一方の O にもたせると，その O は π 結合はできないので $^-$O—N=O と O=N—O$^-$ の共鳴混成体（屈曲構造をしており，結合角は 115°）となる．結合距離 124 pm は N—O 単結合の 140 pm と N=O 二重結合の 121 pm の中間である．同じような問題は SO_2（10 電子），SO_3（12 電子），SO_2Cl_2（12 電子），XeO_3（14 電子），SO_4^{2-}（12 電子）などにおいても生じる．

1.3 BF_3 は 3 組の結合電子対をもち，F—B—F 角が 120°の平面三角形構造である．そのほかの分子は中心原子の原子価殻に 4 組の電子対をもつので正四面体構造（CF_4）か，孤立電子対と結合電子対との反発のために結合角が 109.5°よりも狭い構造である（SF_2, PF_3, H_2S）．だから BF_3 だけが 109.5°より広い結合角（120°）をもつ．

1.4 O_2^{2+} では図 1.11 の $π_2^*$ 分子軌道が空である．だから結合次数は 3（1σ＋2π）である（$^+$:O≡O:$^+$）．これは :N≡N:（および CO と NO$^+$）と等電子である．

1.5 (a) 反結合的（逆位相の重なり）．(b) 非結合的（同位相の重なりと逆位相の重なりが相殺される）．

【2 章】

2.1 H は電気陰性な原子と結合するときには，HCl，H_2O，NH_3 の場合のように＋1 の酸化数をもつ．相手が電気陽性な原子である場合には，NaH や CaH_2 のように－1 の酸化数をもつ．

2.2 (a) I（HI の生成エンタルピーは例題 2.5）．(b) C（CH_4, H_2C=CH_2, HC≡CH）．(c) B（BH_4^-．対応する Al の化合物は反応活性．5.6.3 項）．(d) O（H_2O）．

2.3 2.4.1 項と 2.4.2 項から，E—H 結合をもつ化合物で E の電気陰性度が 1.2 より小さい場合には（H の電気陰性度は 2.1），この結合はイオン結合的であり，E の電気陰性度が 4.0 から 1.5 の場合では共有結合的であることを思い出すこと．

(a) CsH は非常に電気陽性な元素 Cs（電気陰性度 0.8）からできているので，これはイオン結合的，Cs$^+$H$^-$ である．

(b) P は非金属（電気陰性度 2.2）だから PH_3 は共有結合性である．

(c) B も同様に非金属（電気陰性度 2.0）だから B_2H_6 は共有結合的である．

(d) $NaBH_4$ はイオン結合的な固体 Na$^+$[BH_4]$^-$ であるが，[BH_4]$^-$ 中の B—H 結合は(c)と同様に共有結合的である．

(e) Cl は電気陰性な非金属（電気陰性度 3.2）だから HCl は共有結合的だが，H—Cl 結合は H$^{\delta+}$—Cl$^{\delta-}$ のように分極している（イオン結合性 20% 程度）．

2.4 H_2S_2 は H_2O_2 よりも分子量は大きいが，後者では強い H⋯O⋯H の水素結合がある．液体が沸騰するには，これらの分子間力に打ち勝つ必要がある．だから H_2O_2（沸点 152℃）は H_2S_2（〜70℃）より沸点が高い．これは H_2O（沸点 100℃）と H_2S（－60.7℃）の関係と同じ状況である（程度の差はある）．なお D_2O の融点，沸点は H_2O より少し高く，それぞれ 3.81℃ と 101.42℃ である．

【3章】

3.1 (a) 0（定義により）．(b) +1（PF_6^- 陰イオンをもつ）．(c) +1（O_2^- イオンを含む）．(d) この化合物は塩 $[Na(18-クラウン-6)]^+Na^-$ だから，酸化数はそれぞれ +1 と -1 である（45 ページ訳者注 1 参照）．

3.2 (a) Li（1 族金属の反応性は周期を下がると高くなる）．(b) K，Rb または Cs（サイズが大きいイオンでは過酸化物，超酸化物が安定）．$XClO_4$ 塩は X のサイズが大きいと難溶性（37 ページ訳者注 2 参照）．(c) Na（海水，岩塩）．(d) Li（対角関係）．3.10 節参照．

3.3 (a) 周期を下がると原子のサイズは増大する．主量子数が 1 ずつ大きい殻（エネルギー準位）を価電子が占めるからである（核引力が弱い）．Cs では原子価電子 6s は原子核から離れて存在し，内殻を占有する電子によって遮蔽されているので IE が小さい．だから容易にイオン化する．
(b) 同様に Cs^+ イオンは Li^+ より相当サイズが大きく，電荷密度は Li^+ よりかなり低い．だから水とのイオン-双極子相互作用も相当弱い．したがって Cs^+ の水和エネルギーは Li^+ より小さい．水和イオンの pK_a は $Li^+ = 14.4$，$Cs^+ > 15$．ハロゲン化物イオンの水和も同様の傾向を示し，F^-，Cl^-，Br^-，I^- イオンの水和エネルギーはそれぞれ -474，-340，-321，-268 kJ mol^{-1} である．イオンサイズを考慮すると，ハロゲン化物イオンのほうがアルカリ金属イオンより水和が少し強いようである．

3.4 (a) Li 金属を水に溶かすと LiOH ができる．

$$2Li + 2H_2O \longrightarrow 2LiOH + H_2$$

この LiOH 水溶液に CO_2 を通じるとよい．

$$2LiOH + CO_2 \longrightarrow Li_2CO_3 + H_2O$$

Li_2CO_3 は水に難溶（100 g の水に 1.3 g 溶ける）だから析出してくる．
(b) 乾燥したジエチルエーテルを溶媒として，ブロモベンゼン PhBr と Li 金属とを反応させる．

$$PhBr + 2Li \longrightarrow PhLi + LiBr$$

(c) Li 金属を無水の液体アンモニアに溶かすと，溶媒和した $Li^+(e^-)_{(solv)}$ ができる．これに遷移金属化合物の触媒を加えると，$LiNH_2$ に変換される（式 3.9）．つまり

$$2Li + 2NH_3 \longrightarrow 2LiNH_2 + H_2$$

あるいは，(b) で合成した PhLi の溶液に無水の NH_3 ガスを通じると

$$PhLi + NH_3 \longrightarrow PhH + LiNH_2$$

となる（NH_3 はベンゼンよりは強い酸であるから，弱い酸の塩は，それより強い酸と反応して弱い酸と強い酸の塩を生じる）．

3.5 (d) の文章が間違っている．K の最大の酸化数は +1 であり，K_2O_2 は $(K^+)_2(O_2^{2-})$ と表され，$(K^{2+})_2(O^{2-})_2$ ではない．KO_3 はオゾン化物 $K^+O_3^-$ である（3.5 節）．

3.6 これらの塩はすべて M^+Br^- 型だから，格子エネルギーはイオン半径が大きくなると減少する（Box 3.1）．だから構成イオンの半径の和が最も大きい CsBr が最も小さい格子エネルギーをもち，したがって最も低い融点をもつと期待される．なお CsCl 型の CsBr 以外は NaCl 型構造であり，LiBr の融点は格子エネルギーによる予想に反して最も低い 550 ℃ である（塩化物も LiCl の融点が最低）．

3.7 Li$_2$CO$_3$, LiNO$_3$, Li$_2$O$_2$, (Li$_2$SO$_4$). オキソ酸塩は対陽イオンのサイズが小さいほど熱的に不安定である（分解生成物の酸化物が大きな格子エネルギーをもつ）．なお LiNO$_3$, NaNO$_3$, MgCO$_3$ は M の配位数が 6 の方解石型構造（NaCl型；6 O が M を囲む），KNO$_3$, SrCO$_3$, BaCO$_3$ は M が 9 O（6 CO$_3$）で囲まれたアラレ石型構造（NiAs 型）であり，CaCO$_3$ では両方がある．

3.8 (a) $r_+/r_- = 149/220 = 0.68$ より，NaCl 型構造が予想される．(b) $r_+/r_- = 102/220 = 0.46$ より，やはり NaCl 型構造．(c) $r_+/r_- = 74/218 = 0.34$ より，せん亜鉛鉱型構造が予想される．実際には，Cs を除くハロゲン化アルカリと CsF は NaCl 型構造をとる．CsCl, CsBr, CsI, NH$_4$Cl, NH$_4$Br は CsCl 型，NH$_4$F はウルツ鉱型，NH$_4$I は NaCl 型．

【4 章】

4.1 (a) 定義によりゼロ．(b) +2（エチニド陰イオン C$_2^{2-}$ を含む）．(c) +2（H$_2$O 配位子は中性）．

4.2 (a) Ba（2 族金属の硫酸塩は周期を下がると溶解性が低下し，水酸化物は溶解性が増す．4.3 と 4.4 節）．(b) Be（各族の最初の元素は，それ以降の元素とは性質が異なることが多い．7 ページ訳者注 2 と 61 ページ訳者注 1 参照）．(c) Mg（RMgX はアルキル化に使われるグリニャール試薬である）．

4.3 塩の分解は，その結果生成する化合物（通常は酸化物）が大きな格子エネルギーをもつとき助長される．BeCO$_3$ と BeSO$_4$ では，熱分解によって BeO が生成する．BeO は電荷が大きく，サイズが小さいイオンからなるので大きな格子エネルギーをもつ（表 4.1）．だからこの反応が起こりやすい．これに対して Ba^{2+} はサイズが大きいので，分解生成物 BaO は大きな格子エネルギーをもたない（だから BaO$_2$ も存在する）．たとえば CaCO$_3$ ⟶ CaO + CO$_2$ の $\Delta G° = +129.6$ kJ mol^{-1}, $\Delta H° = +178.4$ kJ mol^{-1}, $\Delta S° = +163.7$ J K^{-1} mol^{-1} ($T\Delta S° = +48.8$ kJ mol^{-1}), BaCO$_3$ ⟶ BaO + CO$_2$ の $\Delta G° = +217.6$ kJ mol^{-1}, $\Delta H° = +268.5$ kJ mol^{-1}, $\Delta S° = +170.7$ J K^{-1} mol^{-1} ($T\Delta S° = +50.9$ kJ mol^{-1}) である（粒子数が増え，固体から固体と気体が発生するので $\Delta S° > 0$ である）．$\Delta H° > 0$ なので，いずれの反応によっても弱い結合状態になるが，CaO より BaO のほうが格子エネルギーが小さいので，後者の $\Delta H°$ のほうが大きい（より弱い結合状態になっている）．また $\Delta G° > 0$ なので，25 ℃ ではこの反応は起こらない．$\Delta G = \Delta H - T\Delta S < 0$ になる（反応が起こる）ためには，$\Delta H/\Delta S < T$ であればよい．ΔH と ΔS が温度に依存しないと仮定すると，CaCO$_3$ では $T > 1090$ K（817 ℃），BaCO$_3$ では $T > 1573$ K（1300 ℃）となり，後者のほうが熱的安定性（分解温度）が高いことが理解される．MSO$_4$ についても同様である．

4.4 金属と窒素の単体 N$_2$ から窒化物を生成する際には，考慮すべき二つの熱力学的因子がある．一つは切断しなければならない強い N≡N 結合であり，もう一つはその結果生じる窒化物の格子エネルギーである．格子エネルギー（Box 3.1）は電荷が大きく，サイズが小さいとき最大になる．2 族元素の窒化物 M$_3$N$_2$ の格子エネルギーは大きいので（電荷が大きい），どの 2 族元素でも窒化物が存在する．Li では Li$^+$ のサイズが小さいので Li$_3$N は安定化を受けるが，他の（大きい）1 族のイオンでは格子エネルギーが小さく，M$_3$N 型の化合物は Li$_3$N に比べ安定性に欠ける．実際，計算上では Na$_3$N は安定だが単離されてはいない．

4.5 (a) $BaO_{2(s)} + H_2SO_{4(aq)} \longrightarrow BaSO_{4(s)} + H_2O_{2(l)}$
(b) $Ba(NO_3)_{2(aq)} + Na_2SO_{4(aq)} \longrightarrow BaSO_{4(s)} + 2\,NaNO_{3(aq)}$
(c) $Ca_{(s)} + H_{2(g)} + 熱 \longrightarrow CaH_{2(s)}, \quad \Delta H = -186\,kJ$

4.6 (a) グリニャール試薬をC=O結合に付加させ，酸性にする．いくつかの可能性があり，たとえば

$Me-C(O)-Et + PhMgBr \longrightarrow Me-C(OMgBr)(Et)(Ph)$
$\longrightarrow MeC(Et)(OH)Ph + MgBrX$

あるいは

$Me-C(O)-Ph + EtMgBr \longrightarrow \longrightarrow$

など．
(b) $AsCl_3 + 3\,PhMgBr \longrightarrow AsPh_3 + 3\,MgBrCl$

【5章】

5.1 B_4Cl_4, AlCl, TlCl〔Al(I)は不安定で，不均化しやすい．5.5.2項〕．

5.2 (a) B（平面構造はCl→Bのπ供与結合に都合がよい．5.5.1項）．$AlCl_3$は二量体．(b) AlとGa（B_2O_3は酸性，Ga_2O_3も両性的）．(c) B（サイズが大きくなるとEF_5^{2-}やEF_6^{3-}が生成するが，Bはサイズが小さいのでBF_4^-だけを生成し，BF_5^{2-}などは生成しない）．(d) Ga（気体状態ではGa_2H_6はB_2H_6のように二量体．5.6.2項）．Gaは，周期表のその位置にしては例外的に電気陰性度が大きいのでGaとGaの間の共有結合が強い（Ga_2単位が結晶化している）．Ga金属が融解するときは（融点29.8℃），全部の結合が緩むのではなくGa_2単位間結合が切れるだけである．だから融点が異常に低い．しかし完全に単原子になるための蒸発熱は小さくない（沸点2403℃）．(e) Tl（不活性電子対効果のため．Tl^+の溶解性は，同じ第5周期のAg^+に類似．67ページ訳者注1）．

5.3 (a) 一般に同族で周期を下がると軌道のエネルギーが高くなり，イオン化エネルギーは小さくなる．またnsとnp軌道のエネルギー差も小さくなる．しかし遮蔽効率の低い3d軌道が占有されたすぐあとの第4周期のpブロック元素では，有効核電荷が大きいために，予想以上に電気陰性度が高かったり，原子サイズが大きくなかったりする．またns軌道は核近くまで貫入しているため，np軌道よりも強く核電荷を受け，ns軌道のエネルギーは低くなり，np軌道とのエネルギー差が広がる．そのためns電子はイオン化が困難になると同時に結合に使われにくくなる（高い酸化数をとりにくく，nsとnp軌道との混成が起こりにくくなる）．4d軌道が占有されたあとの第5周期元素でも同様の傾向がみられるが，第6周期では遮蔽効率の低い4fと5d軌道が占有されたあとなので，この傾向が顕著に現れる．16，17，18族に進むと，np電子自身の遮蔽効果が次第に効いてきて，17と18族ではむしろ下の周期の元素が高い酸化数をとるようになる（電気陰性でない元素のほうが高い酸化数をとる）．5.1節も参照せよ．なお，高い酸化数がとれるかどうかはイオン化エネルギーの大きさだけでなく，その結果生成する結合の強さにも依存する．典型元素では周期を下がるほど結合は弱くなるので，高い酸化数はとりにくくなるのが一般的傾向である．これに対して遷移金属では，下の周期ほど結合が強くなるのでIEが大きくても高い酸化数をとることができる．(b) 1.3.4項と4.3節と5.7節を参照せよ．

5.4 (a) $BBr_3 + 3\,H_2O \longrightarrow B(OH)_3 + 3\,HBr$（加水分解反応）（5.5節）

(b) $BCl_3 + Me_4N^+Cl^- \longrightarrow Me_4N^+BCl_4^-$(付加物の生成反応で,ルイス酸は$BCl_3$,ルイス塩基は$Cl^-$)
(c) $Ph_2PCl + Li[AlH_4] \longrightarrow Ph_2PH + Li[AlH_3Cl]$(還元反応),あるいは$4\,Ph_2PCl + Li[AlH_4] \longrightarrow 4\,Ph_2PH + Li[AlCl_4]$〔例題2.6(b)参照〕

5.5 多くの元素のフッ化物は,同じ元素のほかのハロゲン化物に比べてイオン結合性が大きいので,高い融点をもつ傾向がある.AlF_3はAlF_6の八面体単位からなるポリマー固体で,Al—F—Al架橋をもつ.これに比べ$AlBr_3$は二量体Al_2Br_6の分子性物質である(5.5.1項).分子間の相互作用が比較的弱いので融点は低く,極性の低い溶媒であるベンゼンに可溶である.

5.6 (a) BCl_3とB_2H_6はいずれも形式的に電子不足である(オクテットよりも電子が少ない).$(LiMe)_4$や$Be(Me)_2$などもそうである.(b) $H_3N{:}{\rightarrow}BF_3$.

5.7 (a) 総価電子数=$(6\times3)+(6\times1)+2$(電荷)$=26$.これから6個のBH単位の電子数(6×2)を差し引くと14電子,つまり7組の電子対になる(SEP数が7).これは$n(=6)+1$だから,この構造は八面体に基づく.6個のB原子があるので,構造はクロソである〔図5.9(a)〕.

(b) 総価電子数=$(10\times3)(B)+(2\times4)(C)+(12\times1)(H)=50$,10個のBHと2個のCHの電子数$(10\times2+2\times2)=24$を差し引くと26電子,つまり13組の電子対になる(SEP数は13).だから構造は12個の頂点をもつ多面体,二十面体を基本構造とする(図5.2).BとC原子が合わせて12個だからクロソ構造である.これには3個の異性体が可能である.実際には2個の炭素が,できるだけ離れたパラ異性体が最も安定である.$HC{\equiv}CH$によって2個の炭素を導入したとすれば,まずオルト異性体が生成し,これが立方八面体(cuboctahedron)を経て異性化する.

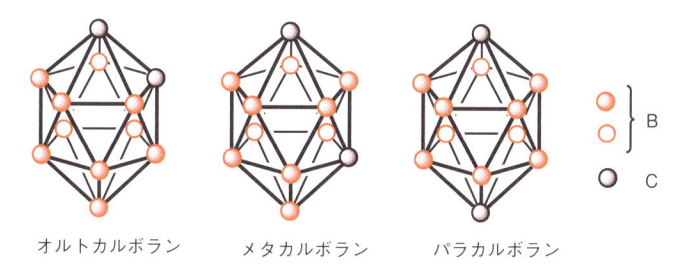

オルトカルボラン　メタカルボラン　パラカルボラン

B
C

カルボラン$B_{10}C_2H_{12}$のオルト,メタ,パラ異性体の構造.わかりやすくするために水素原子は省略してある

(c) 総価電子数=$(4\times3)+(10\times1)=22$.4個のBH単位の電子数$4\times2$を差し引くと14電子,つまり7組の電子対(SEP数は7).だからこの構造は八面体から誘導される.Bが4個(6−2)だから,2頂点が欠けた八面体(アラクノ)である.ウェード則からはどの2頂点が欠けるかはわからないが,実際には隣の2頂点が欠けた構造である(右図).

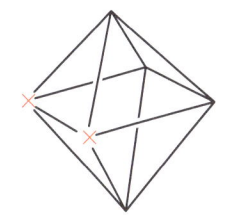

B_4H_{10}において2個の欠けた頂点(×)の位置を示した八面体

5.8 水溶液中ではAl^{3+}は溶媒和されて$[Al(H_2O)_6]^{3+}$となっている.このイオンは電荷密度(分極能)が高いので加水分解が起こる.つまり,配位したH_2OがOH^-イオンと遊離のH^+イオンとなって全体の電荷が小さくなる.その結果,その溶液は酸性になる〔$[Al(H_2O)_6]^{3+} \rightleftarrows [Al(H_2O)_5(OH)]^{2+} + H^+$,$pK_a=5.1$.式5.21参照〕.$Tl^+$イオンは,これに比べると電荷密度がかなり低いので強い溶

媒和は受けない．だから加水分解を引き起こす推進力はない（pK_a=13.5）．なお13族の Ga^{3+} と In^{3+} は Al^{3+} よりサイズが大きいが，その pK_a はそれぞれ 2.9 と 4.4 であり（もっとサイズが大きい Tl^{3+} の pK_a は 1.15），Al^{3+} の 5.1 より小さい．だから錯体を生成する能力も高い．占有された d や f 軌道をもつために有効核電荷が大きくなることと，内殻電子の分極率が高いからであろう．Hg^{2+}（pK_a=3.7）や Sn^{2+}（pK_a=4.3）も，その電荷とサイズの割に pK_a が小さく（Bi^{3+} の pK_a=1.6），共有結合性の化合物（あるいは錯体）を生成する傾向をもつ（6.5.1項と11.4節）．Ag$^+$ の pK_a は 6.9 である．

水中の酸 HB の pK_a と，その共役塩基 B$^-$ の電離平衡定数 K_b〔=[BH][OH$^-$]/[B$^-$]〕の対数の符号を変えたもの（pK_b）との間には pK_a+pK_b=14 の関係がある．たとえば NH$_3$ は pK_b=4.75 の塩基であり，共役酸 NH$_4^+$ の pK_a は 14－4.75=9.25．

5.9 B$_2$O$_3$ + 3 Mg ⟶ 2 B + 3 MgO（B の還元反応）ΔH=－532 kJ

5.10 例題 5.5 と比較せよ．

(a) 2 LiBH$_4$ + 4 O$_2$ ⟶ Li$_2$O + B$_2$O$_3$ + 4 H$_2$O，ΔH=(－598)+(－1273)+4(－286)－2(－189)－4(0)=－2637 kJ mol^{-1}．LiBH$_4$ の 2 mol は 43.6 g なので取り出せるエネルギーは －60.5 kJ g^{-1} である．

(b) 2 B$_4$H$_{10}$ + 11 O$_2$ ⟶ 4 B$_2$O$_3$ + 10 H$_2$O，ΔH=4(－1273)+10(－286)－2(+66)－11(0)=－8084 kJ mol^{-1}．B$_4$H$_{10}$ の 2 mol は 106.6 g なので，取り出せるエネルギーは －75.8 kJ g^{-1} である．

(c) B$_{10}$H$_{14}$ + 11 O$_2$ ⟶ 5 B$_2$O$_3$ + 7 H$_2$O，ΔH=5(－1273)+7(－286)－(+32)－11(0)=－8399 kJ mol^{-1}．B$_{10}$H$_{14}$ の 1 mol は 122.2 g なので，取り出せるエネルギーは －68.7 kJ g^{-1} である．

だから 1 g 当りでは，B$_4$H$_{10}$ を燃焼させるのが最も多くのエネルギーが生じる．1 mol（2 g）の H$_2$ が燃焼して水（液体）が生成するときの $\Delta_fH°$ が －286 kJ mol^{-1} だから（気体の水が生成する場合では －242 kJ mol^{-1}），水素 1 g から発生するエネルギー －143 kJ g^{-1} と比べると，B$_4$H$_{10}$ は比較的有用なエネルギー源である．

【6章】

6.1 (a) +4，(b) +2，(c) +2，(d) +3（Pb─Pb 結合は酸化数には寄与しない）．

6.2 (a) Si．(b) C（6.7.1項）．(c) Pb（Sn も同様）．(d) C（ダイヤモンド，グラファイト，分子性の同素体にはフラーレンがある．6.2.1項）．

6.3 炭素の酸化物は気体で，C=O の pπ─pπ 結合をもつ．またオキソ酸陰イオンも C=O の pπ─pπ 結合をもち，ポリマー状ではない．Si の酸化物とオキソ酸陰イオンはおもにポリマー状で，強い Si─O 結合をもつ（97ページ訳者注3参照）．C のハロゲン化物は加水分解に対して（速度論的に）安定であるが，Si のハロゲン化物はすぐに加水分解する．また Si のハロゲン化物はルイス酸として働き，ルイス塩基とは配位数が 5 または 6 の付加物を生成する（C の配位数は 4 に限定されている）．長鎖の炭素化合物は無数にあり安定である（いわゆる有機化合物）．また，しばしば C=C や C≡C 結合をもっている．これに対して長鎖の Si の化合物は少なく，Si=Si 結合はまれである．ただし Ge の化合物は Si のそれより安定であることが多い（章末問題 6.4 の解答参照）．

6.4 周期表で周期を下がると原子 E のサイズが大きくなり，その結果 E─H 結

合は次第に弱くなる(軌道間の重なりが悪くなるから).また,そのような化合物は単体への分解に対して不安定になる(分解して単体になりやすい).CH_4 の生成エンタルピー $\Delta_f H = 717$(グラファイト → $C_{(g)}$) $+ 2 \times 436$(H_2 の結合エネルギー) $- 4 \times 416$(C—H の平均結合エネルギー) $= -75 \text{ kJ mol}^{-1}$ となる.SiH_4 では 456($Si_{(s)} \rightarrow Si_{(g)}$) $+ 2 \times 436$(H_2) $- 4 \times 323.5$(Si—H) $= 34 \text{ kJ mol}^{-1}$ となり,これが正になるのは Si—H 結合が弱いからである.GeH_4 でさらに正になる(91)のは,Ge—H 結合($289.5 \text{ kJ mol}^{-1}$)がさらに弱いからである〔$377$($Ge_{(s)} \rightarrow Ge_{(g)}$) $+ 2 \times 436 - 4 \times 289.5 = +91$〕.ただし GeH_4 は SiH_4 よりも,酸化や加水分解に対して安定である.一般的傾向に反して Ge が Si よりも電気陰性であるために(72 ページ訳者注 1),Ge—H 結合のほうが極性が低く,攻撃を受けにくいこと(速度論的原因)と,生成する EO_2 の結合が Ge—O のほうが弱いこと(97 ページ訳者注 3 参照.熱力学的原因)が原因である.例題 2.5 も参照せよ.

6.5 (a) 6.1 節参照.(b) 6.2.1 と 8.2.2 項参照.(c) 6.2.1 項参照.(d) 5.5.2 と 6.5.2 項参照.

6.6 (a) I_2 は Sn を酸化数 +4 にまで酸化し,SnI_4 を与える.Sn + 2 I_2 ⟶ SnI_4.
(b) $Be_2C + 4 H_2O$ ⟶ $CH_4 + 2 Be(OH)_2$.加水分解反応.
(c) $CCl_4 + H_2O$ ⟶ 反応せず.CCl_4 の C—Cl 結合は加水分解に対して速度論的に安定である.
(d) $Et_2SiCl_2 + Li[AlH_4]$ ⟶ $Et_2SiH_2 + Li[AlH_2Cl_2]$.$Li[AlH_4]$ による還元反応であり,水素化物が生成する.

6.7 例題 6.3 のゲルマンと同じように,いろいろな枝分れの異性体がある.

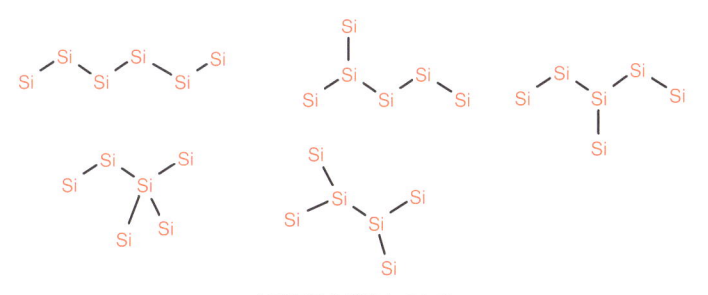

水素原子は省略してある

【7章】

7.1 (a) -2.(b) $+5$.(c) $+5$.(d) $+1$.(e) 五酸化リン P_2O_5 は,実際には P_4O_{10}(十酸化四リン)である(決して PO_5 ではない).だから酸化数は +5 である.

7.2 (a) N(唯一の同素体は N_2).(b) P(H_3PO_4, H_3PO_3, H_3PO_2).(c) N(7.7.2 項.NCl_3 や NI_3 は爆発性.N はサイズが小さいので NX_5 は存在しない.114 ページ訳者注 1).(d) Bi(XH_3 は X の周期を下がると不安定になる.Bi は非放射性).

7.3 (a) $NH_4NO_{2(s)}$ ⟶ $N_{2(g)} + 2 H_2O_{(g)}$, $\Delta H = -227 \text{ kJ}$
(b) $NH_4NO_{3(s)}$ ⟶ $N_2O_{(g)} + 2 H_2O_{(g)}$, $\Delta H = -35.9 \text{ kJ}$
(c) $Zn_3As_{2(s)} + 6 HCl_{(aq)}$ ⟶ $3 ZnCl_{2(aq)} + 2 AsH_{3(g)}$

(d) $As_2O_{3(s)} + 6\,Zn + 12\,H^+ \longrightarrow 2\,AsH_3 + 6\,Zn^{2+} + 3\,H_2O$

(e) $P_4O_{10} + 6\,H_2O_{(l)} \longrightarrow 4\,H_3PO_4, \quad \Delta H = -417\,kJ$

7.4 NH_3 の沸点は強い N—H⋯N の水素結合のために，他の同族の水素化物の沸点を単に外挿して得られる値よりも高い（7.3.1 項）．16 族の H_2O ではもっと顕著である．同じ周期で比べたとき，14，15，16 族水素化物の沸点は，ほとんど分子量に差がないにもかかわらず $EH_4 < EH_3 < EH_2$ の順に高い．16 族の EH_2 が最も極性が高く，14 族の EH_4 は極性をもたないからである．

7.5 VSEPR 則を使うと，O=NX 分子は中心の N 上に 3 組の電子対，つまり 1 個の二重結合（O との）と，1 組の孤立電子対と，X との結合電子対をもつ．二重結合は電子密度が高いことと，孤立電子対は N 原子に所属することから，両者の反発が大きい．だから X—N—O 角は 3 組の結合電子対に期待される 120° よりも狭くなる．しかし F は非常に電気陰性なので，N—F の結合電子対が N の近くで占める空間は狭い．したがって F—N—O 角がもっと狭くなると思われる．

7.6 P≡P 結合が 3 本の P—P 単結合に比べ安定であるためには，P≡P の三重結合の結合エネルギーが P—P の単結合の 3 倍より大きくなければならない．実際，そのようにはなっていない．同様に P=P の結合エネルギーは，P—P の単結合の結合エネルギーの 2 倍より小さい．だから P=P や P≡P 結合は，P—P 単結合に比べ不安定である（例題 7.1 参照）．第 3 周期以降の p ブロック元素間では p 軌道間の重なりがよくないので π 結合が弱いのである．

【8 章】

8.1 (a) −2(S)．(b) +2(O)．(c) +6(S)．(d) +5(S)．(e) −1(O)．

8.2 (a) O(OF_2)．(b) Te〔$Te(OH)_6$，8.7.2 項〕．(c) Se（室温で SO_2 は気体，SO_3 は固体，SeO_2 と SeO_3 はともに固体）．(d) O(O_2^+)（8.8 節）．(e) Po（16 族は Te までは非放射性）．

8.3 単体については 8.2.2 項，スルファン HS_nH については 8.3.5 項，クロロスルファン ClS_nCl については 8.4.2 項，多硫化物イオン S_n^{2-} については 8.3.5 項，ポリチオン酸イオンについては 8.7.1 項をそれぞれ参照せよ．

8.4 (a) 水和した $ZnBr_2$ を過剰の二臭化酸化硫黄 $SOBr_2$（臭化チオニルともいう）と加熱する（式 8.26）．$\Delta H > 0$ なので $SOBr_2$ を過剰に加える．

$ZnBr_2 \cdot 2\,H_2O + 2\,SOBr_2 \longrightarrow ZnBr_2 + 2\,SO_2 + 4\,HBr, \quad \Delta H = +51\,kJ$

(b) 安息香酸と過酸化水素とを加熱する．

$PhC(=O)OH + H_2O_2 \longrightarrow PhC(=O)OOH + H_2O$

(c) 硫黄とナトリウム金属とを反応させる．そのためには Na を液体アンモニア（3.6 節）に溶かし，これに化学量論量の硫黄を加えるのがよい．

$2\,Na + 3\,S \longrightarrow Na_2S_3$

ついで

$Na_2S_3 + 2\,HCl \longrightarrow H_2S_3 + 2\,NaCl$

とする．

8.5 (a)の AlS_2 である．というのは，これは 2 個の S^{2-} をもつ Al(IV) の化合物か，S_2^{2-} イオンを 1 個もつ Al(II) の化合物かであるが，Al は III の酸化数だけが安定な状態であるからである（I の酸化数も可）．CaS と BaS はいずれも S^{2-} イオンを含み，CS_2 は安定な分子で CO_2 の類似体である．K_2S_2 は S_2^{2-} イオンを含む

(このイオンは黄鉄鉱 FeS_2 のような鉱物にも見いだされる．だから Fe の酸化数は ＋2 である．ちなみに黄鉄鉱は外見上，真ちゅう黄色で金属様の光沢があるので，歴史的に「バカの金」として知られている)．Fe^{3+} の水溶液に H_2S を吹き込むと，Fe^{3+} が Fe^{2+} に還元されるので，得られる沈殿は Fe_2S_3 ではなく FeS である．同様に Cu^{2+} に H_2S を吹き込んで生成する沈殿はコベリン CuS ではなく $(Cu^+)_2 Cu^{2+}(S_2^{2-})S^{2-}$ である．

8.6 (a) 黒色の Ag_2S の沈殿が生じる．

$$2\,AgNO_{3(aq)} + H_2S_{(g)} \longrightarrow Ag_2S_{(s)} + 2\,HNO_{3(aq)}$$

(b) 酸化・還元反応が起こる．

$$2\,S_2O_3^{2-} + Br_2 \longrightarrow S_4O_6^{2-} + 2\,Br^- \quad (\text{式}\,9.25)$$

だから臭素の赤茶色が消える．

8.7 (a) $2\,H_2S + 3\,O_2 \longrightarrow 2\,SO_2 + 2\,H_2O_{(l)}, \quad \Delta H = -1124\,kJ$

(b) $H_2S + 4\,O_2F_2 \longrightarrow SF_6 + 2\,HF + 4\,O_2$

8.8 (a) $2\,H_2S \longrightarrow 2\,S + 4\,H^+ + 4\,e^-, \quad E° = -0.14\,V$

$SO_2 + 4\,H^+ + 4\,e^- \longrightarrow S + 2\,H_2O, \quad E° = +0.45\,V$

両者を加えると

$2\,H_2S + SO_2 + 4\,H^+ \longrightarrow 3\,S + 4\,H^+ + 2\,H_2O, \quad E° = +0.31\,V$

つまり

$2\,H_2S + SO_2 \longrightarrow 3\,S + 2\,H_2O \quad E° = +0.31\,V$

となる ($n=4$)．$E°$ の値は正，つまり $\Delta G° < 0$ なので反応は進行する ($\Delta G° = -nF \times E° = -96.5\,n \times E° = -119.7\,kJ\,mol^{-1}$．$n$ は関与する電子数，F はファラデー定数，平衡定数 K とは $\Delta G° = -RT \ln K$, $\log K = n \times E°/0.0592$ の関係)．

(b) $S_2O_3^{2-} + 6\,H^+ + 4\,e^- \longrightarrow 2\,S + 3\,H_2O, \quad E° = +0.50\,V$

$S_2O_3^{2-} + H_2O \longrightarrow 2\,SO_2 + 2\,H^+ + 4\,e^-, \quad E° = -0.40\,V\,(符号に注意)$

両者を加えると

$2\,S_2O_3^{2-} + 6\,H^+ + H_2O \longrightarrow 2\,S + 2\,SO_2 + 3\,H_2O + 2\,H^+, \quad E° = +0.10\,V$

整理して両辺を 2 で割ると

$S_2O_3^{2-} + 2\,H^+ \longrightarrow SO_2 + S + H_2O, \quad E° = +0.10\,V$

(ここで電位は 2 で割ってはならないが，$n=2$ となる)

この反応は $S_2O_3^{2-}$ イオンの不均化であり，$E°$ の値がかろうじて正なので標準状態で自発的に進行する．ただし濃度を変える(標準状態ではないとき)と E の値は変わる(小さい正の値なので，各成分の濃度によっては符号が変わりうる)ことに注意する．H^+ の濃度が高ければ E はもっと正になるので，チオ硫酸イオンは強酸性溶液中では不安定である．

酸化・還元に関与する化学種が標準状態にない場合には，E はネルンスト式 $E = E° - RT \ln(a_{red}/a_{ox})/mF$ で与えられる．ここで a_{red} と a_{ox} は，それぞれ還元体と酸化体の活量，m は関与する電子数，F はファラデー定数である．定数を代入すると，25 ℃ で $E = E° - 0.0592/m \times \log(a_{red}/a_{ox})$ となる．$S_2O_3^{2-} + 2\,H^+ \longrightarrow SO_2 + S + H_2O\,(E° = +0.10\,V)$ では $E = 0.10 - 0.0592/2 \times \log([SO_2][S][H_2O]/[S_2O_3^{2-}][H^+]^2)$ となり，$[H^+]$ が 1 より増大すると E は 0.10 V より大きくなる(ルシャトリエの原理を適用しても，平衡が右に移動する)ことがわかる．

【9章】

9.1 (a) +7. (b) Cl は +3, F は −1. (c) +1. (d) +5. (e) +1(ClO$^-$).

9.2 (a) Cl(F—F は第2周期元素間の結合であるが, 孤立電子対間の反発のため, その結合エネルギーは Cl—Cl よりも, また Br—Br よりも弱い), 結合エネルギーについては 105 ページ欄外の記事参照. (b) I(XF$_7$ が可能なハロゲン X は, 最もサイズが大きい I である). (c) F(電気陰性度は 4.0). (d) Br(交互効果).

9.3 第一イオン化エネルギーは, 周期を下がるとイオン化で抜ける価電子が核から離れて存在するようになるので減少し, 原子半径は増大する. 蒸発熱は重い分子になるにつれて(分極率が高くなる)分子間力が強くなるので, 増大する. X$_2$ 分子の結合エネルギーは周期を下がると減少する. なぜなら I$_2$ では, 大きく広がった p 軌道間の重なりが Cl$_2$ に比べ悪くなるからである (F$_2$ は孤立電子対間反発のため例外的に結合が弱いので, 結合エネルギーは Cl$_2$ > Br$_2$ > F$_2$ > I$_2$ の順).

9.4 (a) Cl$_2$ + IO$_3^-$ + 2 OH$^-$ ⟶ 2 Cl$^-$ + IO$_4^-$ + H$_2$O
(b) 2 KMnO$_4$ + 10 KCl + 8 H$_2$SO$_4$ ⟶ 2 MnSO$_4$ + 6 K$_2$SO$_4$ + 8 H$_2$O + 5 Cl$_2$
〔実験室で Cl$_2$ を発生させるのに使われるが, もっと簡便には
  4 HCl + MnO$_2$ ⟶ MnCl$_2$ + Cl$_2$ + 2 H$_2$O
あるいは
  CaClClO + 2 HCl ⟶ CaCl$_2$ + Cl$_2$ + H$_2$O
  さらし粉
でも Cl$_2$ を発生させられる (Br$_2$ も同様である). 前者では Cl$^-$ の酸化, 後者では Cl$^-$ と ClO$^-$ が Cl$_2$ へ均一化している. 章末問題 9.12 とその解答参照〕.

9.5 BrF$_5$ も AsF$_5$ も分子性なので導電性は低い. 両者を混合すると BrF$_5$ は F$^-$ を受け取りやすい AsF$_5$ に F$^-$ イオンを供与して, BrF$_4^+$ と AsF$_6^-$ イオンを与える (サイズが大きい As のほうが大きい配位数をとりやすい). だから, これらは電気を通すことができる.

9.6 BCl$_3$, SiCl$_4$, PCl$_5$ はすべて容易に加水分解する. なぜなら, これらには中心原子に水分子が配位するためのエネルギーの低い過程が可能だからである. ところが CCl$_4$ と SF$_6$ では, 入ってくる水分子による攻撃から中心の C や S 原子が立体的に保護されているから加水分解に対して安定である. また CCl$_4$ の C 原子は, 入ってくる水分子が相互作用するための適当な(空の)軌道をもたない. Si(CH$_3$)$_4$ の Si 原子もそうである (CH$_3$ 基のかさ高さと, Si の σ* 軌道のエネルギーが高い). SiCl$_4$ では Si—Cl 結合の σ* 軌道のエネルギーが比較的低いので容易に加水分解する.

9.7 (a) CsF + ClF$_3$ ⟶ Cs$^+$ [ClF$_4$]$^-$
(b) CsF + BrF$_5$ ⟶ Cs$^+$ [BrF$_6$]$^-$

9.8 固体状態でイオン化する分子性の化合物には, そのほかに 7.7.1 項の PCl$_5$ (PCl$_4^+$PCl$_6^-$), 8.4.2 項の SCl$_4$ (SCl$_3^+$Cl$^-$), 7.4.1 項の N$_2$O$_5$ (NO$_2^+$NO$_3^-$) がある.

9.9 単体のアスタチンは, 還元剤を使えば At$^-$ イオンに還元されるであろう. これに I$^-$ イオンを混合したのち, Ag$^+$ イオンを加えると AgI の沈殿が生じ, これは濃アンモニア水にも不溶である. At が I と同じような挙動をすれば, AgI の沈殿は放射性の At$^-$ を含むことになる.

9.10

I_3^- イオンのルイス構造（点は電子を表す）

中心原子 I は七つの価電子をもち，2 個の I と I の間の σ 結合による 2 電子を加え，さらに負電荷分の 1 電子を加えると 10 電子，つまり 5 組の電子対をもつ．だから構造はエクアトリアル位に 3 組の孤立電子対をもつ三角両錐構造である（ただし，これらの電子対はみえない）．中心の I に結合した二つの I 原子はアキシアル位にあるので，イオン全体としては直線構造である（図 9.8）．10 電子の XeF_2（図 10.2）も同様．

9.11 同じ条件下で，関連した塩素の化学種の化学的性質と比較する．
(a) 式 (9.13) を参考にして，$(CN)_2 + 2\,OH^- \longrightarrow CNO^- + CN^- + H_2O$．
(b) $Ag^+_{(aq)} + Cl^-_{(aq)} \longrightarrow AgCl_{(s)}$ の反応と同じように，難溶性の AgCN が沈殿する．ただし CN^- を過剰に加えると $[Ag(CN)_2]^-$ の錯体を生成して溶ける．
(c) I_2 と Cl_2 の混合物は，ハロゲン間化合物 ICl を生じる (9.7.1 項)．だから I_2 と $(CN)_2$ の反応では I—CN が生成すると期待される．
(d) $Cl_2 + H_2 \longrightarrow 2\,HCl$ となるので $H_2 + (CN)_2 \longrightarrow 2\,HCN$ の反応が期待される．
(e) Cl_2 は強い酸化剤として働いて，$2\,Cl^-$ イオンになる．だから $(CN)_2$ も同様に振る舞い，$2\,CN^-$ イオンを与える．

9.12 塩基性溶液 ($[OH^-] = 1$) では

$Cl_2 + 2\,e^- \longrightarrow 2\,Cl^-$, $E° = +1.36\,V$

$2\,ClO^- + 2\,H_2O + 2\,e^- \longrightarrow Cl_2 + 4\,OH^-$, $E° = +0.42\,V$

である．両者の差をとり，2 で割ると

$Cl_2 + 2\,OH^- \longrightarrow Cl^- + ClO^- + H_2O$, $E° = +0.94\,V$

（ここで電位は 2 で割ってはならない．また式を 2 で割ったので $n = 1$）
$E°$ は正だから，この不均化は塩基性の標準状態では自発的に進む（$\Delta G° = -0.94\,F$, $\log K = 0.94/0.0592 = 15.88$, $K = 7.6 \times 10^{15}$）．

酸性条件下 ($[H^+] = 1$) では

$Cl_2 + 2\,e^- \longrightarrow 2\,Cl^-$, $E° = +1.36\,V$

$2\,HClO + 2\,H^+ + 2\,e^- \longrightarrow Cl_2 + 2\,H_2O$, $E° = +1.63\,V$

両者の差をとり，2 で割ると

$Cl_2 + H_2O \longrightarrow Cl^- + HClO + H^+$, $E° = -0.27\,V$

（ここでも電位は 2 で割ってはならない．$n = 1$）
$E°$ は負だから，不均化は自発的には進行しない（$\Delta G° = +0.27\,F$, $\log K = -0.27/0.0592 = -4.56$, $K = 2.75 \times 10^{-5}$）．つまり塩素系の漂白剤（ClO^- が主成分）を酸性にすると（たとえば HCl と混合すると），逆反応が起こって Cl_2 ガスが発生する．さらし粉 CaClClO に HCl を加えるのも同じこと．

三角両錐構造では，孤立電子対は混み合いの少ないエクアトリアル位を好むことを思い出すこと．1.4.5 項参照．

【10章】

10.1 (a) +6. (b) +6. (c) +2. (d) +6.

10.2 (a) Ne. (b) Ar(0.93%). (c) Kr(Xeは希ガスのなかではイオン化エネルギーが比較的小さいので多様な酸化数をとる). (d) Rn.

10.3 (a) $C_6H_5I + XeF_2 \longrightarrow C_6F_5IF_2 + Xe$
(b) $Ph_2S + XeF_2 \longrightarrow Ph_2SF_2 + Xe$
(c) $S_8 + 24 XeF_2 \longrightarrow 8 SF_6 + 24 Xe$

10.4 (a) $KrF_2 + B(OTeF_5)_3 \longrightarrow Kr(OTeF_5)_2 +$ その他の生成物
(b) F^- を $XeOF_4$ に加え
$$XeOF_4 + F^- \longrightarrow [XeOF_5]^-$$
とするか,$[XeF_7]^-$ を加水分解して
$$[XeF_7]^- + H_2O \longrightarrow [XeOF_5]^- + HF$$
とする.

10.5 $Xe + 2 O_2F_2 \longrightarrow XeF_4 + 2 O_2$

10.6 例題10.1の方法を用いる.Cs^+Xe^- については $\Delta_f H° = 76 + 378 + 43 - 457 = +40 \text{ kJ mol}^{-1}$.$K^+Ne^-$ については $\Delta_f H° = 90 + 421 + 29 - 613 = -73 \text{ kJ mol}^{-1}$.$K^+Ne^-$ は $\Delta_f H°$ が負なので安定であるが(イオンサイズが小さいので格子エネルギーが大きい),Cs^+Xe^- は生成エンタルピーが正なので恐らく不安定であろう.しかし,いずれの場合も固体と気体から固体が生成するので $\Delta S < 0$ であり,K^+Ne^- ですら生成しない可能性もある.なお Ne と Xe の EA について,それぞれ 116 kJ mol^{-1}, 77 kJ mol^{-1} というデータ(1986年)もある.これらを採用すると,いずれの場合も $\Delta_f H° > 0$ となり,これらは熱力学的に不安定な化合物であるということになる.

10.7 (a) Xe は8個の価電子をもち,F との五つの σ 結合分の5電子を加え,負電荷分(−1)の1電子を加えると14電子,7組の電子対をもつ.7組の電子対が採用する構造にはいくつかある(図1.6).$[XeF_5]^-$ は五角両錐の配置をとり,2組の孤立電子対ができるだけ離れるような位置(トランス)にある(だから五角平面構造).$[XeF_5]^-$ や IF_7 では五角平面内の結合が多中心結合であり,孤立電子対が多中心結合の軌道を占めることはない.

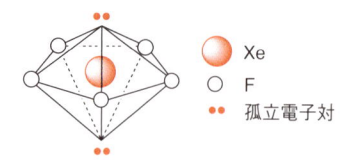

[XeF_5]$^-$ の構造

(b) Cl は7個の価電子をもち,2個の Xe—Cl 結合分の2電子を加え,正電荷分を差し引くと8電子,つまり4組の電子対になる.Cl は2組の結合電子対と2組の孤立電子対をもつので,Xe—Cl—Xe は屈曲構造である.実験的に測定された Xe—Cl—Xe 角は約117°である.

10.4(a)については,J. C. P. Sanders, G. J. Schrobilgen, *J. Chem. Soc., Chem. Commun.*, **1989**, 1576 をみよ.

10.4(b)については XeF_6 の加水分解(10.5節)と比較せよ.また,A. Allern, K. Seppelt, *Angew. Chem., Int. Ed. Engl.*, **34**, 1586(1995)をみよ.

K. O. Christe, E. C. Curtis, D. A. Dixon, H. P. Mercier, J. C. P. Sanders, G. J. Schrobilgen, *J. Am. Chem. Soc.*, **113**, 3351(1991)をみよ.

【11章】

11.1 (a) +2. (b) +2. (c) +1. (d) +2.

11.2 (a) Hg (2 HgO ⟶ 2 Hg + O$_2$). (b) Hg(水俣病の原因となった悪名高いジメチル水銀). (c) Zn(両性).

11.3 (a) Zn$_{(s)}$ + 2 HCl$_{(aq)}$ ⟶ ZnCl$_{2(aq)}$ + H$_{2(g)}$

(b) Zn$_{(s)}$ + 2 NaOH$_{(aq)}$ + 2 H$_2$O ⟶ Na$_2$[Zn(OH)$_4$]$_{(aq)}$ + H$_{2(g)}$

(c) Zn$_{(s)}$ + 2 NH$_4$Cl$_{(NH_3)}$ ⟶ ZnCl$_{2(NH_3)}$ + H$_{2(g)}$ + 2 NH$_{3(l)}$

(d) Zn$_{(s)}$ + 2 NaNH$_{2(NH_3)}$ + 2 NH$_{3(l)}$ ⟶ Na$_2$[Zn(NH$_2$)$_4$]$_{(NH_3)}$ + H$_{2(g)}$

11.4 pブロックの右下に位置する金属的な元素,すなわちAs, Sb, Bi, Sn, Pb. 6.8節,7.2節,7.5節参照のこと.これらはSやSeのような軟らかい塩基と相性がよい軟らかい酸(金属)である.

11.5 (a) HgSは非常に安定で不溶な固体なので,Hg$_2^{2+}$イオンは不均化する.

Hg$_2^{2+}$ + S^{2-} ⟶ HgS + Hg

(b) +2金属イオンの炭酸塩は不溶なので,CdCO$_3$が沈殿する.

Cd^{2+} + CO$_3^{2-}$ ⟶ CdCO$_{3(s)}$

【12章】

12.1 脱水縮合反応というのは,二つの前駆体からH$_2$OやHClのような小分子が脱離し,新しい結合を生成する反応である.ポリリン酸イオンが生成するときにはリン酸またはリン酸一水素または二水素陰イオン(HPO$_4^{2-}$またはH$_2$PO$_4^-$)を加熱すれば,水が脱離してP—O—P結合が生成する.

12.2 四メタケイ酸陰イオンは四つのSi原子をもち,環状である.骨格による表示は四メタリン酸陰イオン[P$_4$O$_{12}$]$^{4-}$と同じである(図12.2).

12.3 ピロキセン構造では繰返しの単位はSiO$_3$に基づく.この単位は2個の末端酸素(それぞれは−1の負電荷を帯びている)と,架橋の酸素原子(電荷をもたない)を1個もつ.だから(SiO$_3^{2-}$)$_n$の式が正しい.

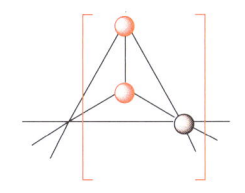

(SiO$_3^{2-}$)の繰返し単位

○ 架橋の酸素(Si—O—Si)で,電荷に無関係

○ 末端の酸素(Si—O$^-$)で,−1の電荷を寄与する

12.4 (a) これらのイオン半径の差は10%という限度以内なので,互いに交換できると思われる.

(b) できない.Ba^{2+}イオンは大きいのでCa^{2+}と置き換えることはできない.

12.5 滑石Mg$_3$(OH)$_2$Si$_4$O$_{10}$では,各層はSiとOからのみできており,Mg^{2+}

イオンを挟んだ2枚の層のサンドイッチ構造をもつ．サンドイッチ間の結合は弱いので滑石は軟らかい．雲母 $MMg_3(OH)_2(Si_3AlO_{10})$ では，Si 原子の一部が Al 原子で置き換わって，電荷のバランスをとるために 1 価の陽イオン M^+ が存在する．Si^{4+} を $(Al^{3+} + M^+)$ で置き換えるので，アルミノケイ酸イオンの層は負電荷を帯び，M^+ イオンがサンドイッチ間に存在する．これらの陽イオンがイオン的な相互作用によってサンドイッチを強く結びつけるので，雲母は滑石より硬い．しかし，やはり薄い層に剥がれやすい（12.3.4 項参照）．

12.6 8.5.1 項(図 8.6)と 8.5.2 項(図 8.7)を参照せよ．

12.7 (a) 加水分解すると [Me(Et)Si—O—] の繰返し単位からなるポリシロキサンを生成する．共存する Et_3SiCl が加水分解してポリマー鎖に結合すると，連鎖が停止する．だから生成するポリマーは以下のような構造である．

(b) 加熱すると [MeClP=N—] の繰返し単位をもつポリホスファゼンが生成する．つまり

である．

INDEX

数字・記号

1族金属 → アルカリ金属
2族金属　49
　——の過酸化物　53
　——の金属エチニド　56
　——の錯体　58
　——の酸化物　54
　——の水素化物　55
　——の炭化物　56
　——の炭酸塩　53
　——の単体　50
　——の窒化物　55
　——の超酸化物　53
　——のハロゲン化物　51
　——の硫化物　54
　——の硫酸塩　52
11族元素　167
12族元素　167
　——と酸素の化合物　171
　——のアルキル化剤　173
　——のイオン化エネルギー　167
　——のカルコゲン化物　170
　——の錯体　172
　——の単体　168
　——のハロゲン化物　169
13族元素　61
　——のイオン化エネルギー　61
　——の一ハロゲン化物　67
　——のオキソ酸陰イオン　74
　——のカルコゲン化物　76
　——の酸化物　74
　——の水酸化物　74
　——の水素化物　68, 73
　——の単体　62
　——のハロゲン化物　65, 67
　——の不活性電子対効果　61, 63
14族元素　81
　——と水素の結合エネルギー　86
　——のカートネーション　82, 87
　——の結合エネルギー　87, 105
　——の酸化物　91
　——の水素化物　86, 97
　——の水和二酸化物　89
　——のセレン化物　95
　——の多原子イオン　96
　——の多重結合　87
　——の単体　82
　——のテルル化物　95
　——の二ハロゲン化物　89
　——の配位数　88
　——のハロゲン化物　88
　——の不活性電子対効果　82
　——の四ハロゲン化物　88
　——の硫化物　95
15族元素　99
　——と水素の結合エネルギー　102
　——のイオン化エネルギー　99
　——のオキソ酸　111
　——のオキソ酸陰イオン　111
　——のオキソハロゲン化物　116
　——のカートネーション　101
　——のカルコゲン化物　111
　——の結合エネルギー　101, 105
　——の五ハロゲン化物　114
　——の五フッ化物　114

索引

——の錯体	116
——の酸化物	106, 109
——の三ハロゲン化物	115
——の水素化物	102
——の多原子イオン	101
——の多重結合	105
——の単体	100
——のハロゲン化物	114
——の不活性電子対効果	99, 115
——の硫化物	110
16族元素	119
——と水素の結合エネルギー	122
——のカートネーション	116, 119
——の結合エネルギー	105
——の酸化物	129, 130
——の三酸化物	130
——の水素化物	122
——の多原子イオン	134
——の単体	120
——の二酸化物	129
——のハロゲン化物	127
——の不活性電子対効果	119
17族元素 → ハロゲン	
18族元素 → 希ガス	
πアクセプター	93, 95, 107, 108, 115, 116
π逆供与	93, 107
π逆供与結合	95
π供与	51, 65, 97, 145
π供与結合	20
π結合性	18
π反結合性	18
σドナー	116

A〜Z

Bartlett	157, 160
Bent則	16
HSABの原理	58, 124, 168
pブロック元素	6
Pauling	5
sブロック元素	6
SEP数	71
VSEPR則	9
Zintlイオン	96, 134
Zintl関係	76, 83

あ

亜鉛	168
——の塩基性酢酸塩	167
——の炭酸塩	172
亜塩素酸	144, 145
アキシアル	12, 114
亜金属元素	6
アジ化水素	106, 141
アジ化物イオン	106, 141
亜硝酸	112
亜硝酸イオン	112
アスタチン	139, 153
——の同位体	139
アスベスト	182
亜セレン酸	132
亜テルル酸	132
亜ヒ酸	113
亜ヒ酸塩	113
亜ホスフィン酸	113
亜ホスホン酸	113
アラクノ	71
アラン	72
亜硫酸	132
亜硫酸イオン	132
亜リン酸 → ホスホン酸	
アルカリ金属	35, 37
——のイオン化エネルギー	35
——の塩化物	36
——のオゾン化物	42
——の過酸化物	42
——の金属エチニド	44
——の錯体	44
——の酸化物	42
——の硝酸塩	39
——の水素化物	43
——の多硫化物	42
——の炭酸塩	39
——の炭酸水素塩	39
——の単体	36
——の超酸化物	42

索　引

── の二原子分子　36
── のハロゲン化物　40
── の硫化物　42
アルカリ土類金属　49
アルキル化剤　44
　12族元素の ──　173
アルゴン　159
アルシン　104
アルミナ　63
アルミニウム　62
　── のオキソ酸陰イオン　75
　── の酸化物　75
　── の水酸化物　75
アルミノケイ酸塩　62, 183, 184
アルミン酸イオン　63, 76
アレニウスの酸・塩基　122
アンチモン　101
　── のオキソ酸　113
　── の酸化物　109
安定度定数
　アルカリ金属の錯体の ──　45
アンフィボール → 角セン石
アンミン錯体　171
アンモニア　43, 103
硫黄　120
　── の一ハロゲン化物　128
　── のオキソ酸　132
　── のオキソハロゲン化物　131
　── のカートネーション　126, 128
　── の水素化物　126
　── の多形体　121
　── の同素体　121
　── のハロゲン化物　127
イオン化エネルギー　1, 2
　12族元素の ──　167
　13族元素の ──　61
　15族元素の ──　99
　アルカリ金属の ──　35
　希ガスの ──　157
イオン結合性水素化物　27
イオン交換体　184
位置選択性　17, 114, 194
一ハロゲン化物

　13族元素の ──　67
　硫黄の ──　128
一硫化炭素　95
一酸化炭素　92
一酸化窒素　107
　── の結合次数　108
　── の分子軌道エネルギー準位図　107
一酸化二窒素　106
インジウム　63
ウェード則　70, 96
ウルツ鉱型構造　41, 170
雲母　183
液体アンモニア　43, 55, 103
エクアトリアル　12, 114
塩化セシウム型構造　40
塩化ナトリウム型構造　40
塩化ニトロシル　107, 116
塩化物
　アルカリ金属の ──　36
　典型元素の ──　7
塩化ベリリウム　51
塩化ホウ素クラスター　67
塩化ホスホリル　116
塩基　58, 65, 122
塩基性カルボン酸塩
　ベリリウムの ──　53
塩基性酢酸塩
　亜鉛の ──　167
塩基性酸化物　8, 74, 109
塩素　139
　── のオキソ酸の酸解離定数　143
　── の酸化物　142
塩素酸　144, 145
塩素酸カリウム　142
エンタルピー変化　2, 4, 38
エントロピー　125, 126, 159
オキソ酸
　15族元素の ──　111
　アンチモンの ──　113
　硫黄の ──　132
　セレンの ──　132
　窒素の ──　111
　テルルの ──　132

ハロゲンの──	143
ビスマスの──	113
ヒ素の──	113
リンの──	112
オキソ酸陰イオン	39
13 族元素の──	74
15 族元素の──	111
アルミニウムの──	75
窒素の──	111
ハロゲンの──	143
オキソニウムイオン	31, 124
オキソハロゲン化物	
15 族元素の──	116
硫黄の──	131
セレンの──	131
テルルの──	131
オゾン	120
オゾン化物	
アルカリ金属の──	42
オニウムイオン	31
オルト過ヨウ素酸	146
オルトケイ酸陰イオン	181
オルトリン酸	109, 112

か

過塩素酸	143, 144, 145
過塩素酸イオン	146
過塩素酸塩	145
角セン石	182
化合物半導体	76, 77, 170
過酸化一水素塩	126
過酸化水素	124, 125
──の自己解離	124
──の生成エンタルピー	125
過酸化物	
2 族金属の──	53
アルカリ金属の──	42
過酸化物塩	53, 126
加水分解	50, 78
硬い塩基	58
硬い酸	58
活性化エネルギー	126, 147
滑石	183

価電子帯	83
カートネーション	82
14 族元素の──	82, 87
15 族元素の──	101
16 族元素の──	119
硫黄の──	126, 128
ケイ素の──	90
ヨウ素の──	153
カドミウム	168
──の炭酸塩	172
過ヨウ素酸	146
過ヨウ素酸塩	146
ガラン	72
カリウム	36
ガリウム	63
ガリウムヒ素	76
カルコゲン	119, 123
カルコゲン化物	
12 族元素の──	170
13 族元素の──	76
15 族元素の──	111
カルコゲン化物陰イオン	123
カルシウム	50
カルシウムカーバイド	56, 90
カルボラン	70
還元電位	
12 族元素イオンの──	168
アルカリ金属イオンの──	37
貫入効果	62, 100, 168
擬回転	12, 66
希ガス	157
──のイオン化エネルギー	157
──の単体	159
──のハロゲン化物	160
キセノン	159
──と酸素の化合物	162
──のフッ化酸化物	163
──のフッ化物	160
キセノン酸(VIII)陰イオン	163
擬ハロゲン	100, 141
擬ハロゲン化物イオン	106, 141
逆蛍石型構造	42, 52
共鳴構造	14

共役塩基	38
共役酸	38
共有結合性水素化物	27
供与結合	15
局在化	6, 17
極性	5
キレート効果	45
均一化	89
金属アセチリド → 金属エチニド	
金属エチニド	
2族金属の──	56
アルカリ金属の──	44
金属カルボニル錯体	93
金属元素	6
金属状水素化物 → 侵入型水素化物	
金属炭酸塩	39, 53
金属ホウ化物	63
金属類似水素化物 → 侵入型水素化物	
クラウンエーテル	45
クラスター	
ホウ素の──	7, 62, 67, 68
クラスレート化合物 → 包接化合物	
グラファイト	83, 85
グラファイト型構造	76
グリニャール試薬	44, 56
クリプタンド	45
クリプトン	159
クロソ	71
ケイ化物	90
ケイ酸塩	94, 180
ケイ素	84
──のカートネーション	90
──の高級ハロゲン化物	90
──の酸化物	94
結合(解離)エネルギー	82
14族元素と水素の──	86
14族元素の──	87, 105
15族元素と水素の──	102
15族元素の──	101, 105
16族元素と水素の──	122
16族元素の──	105
酸素の──	19
水素の──	26
炭素の──	82
窒素の──	102
ハロゲンと水素の──	140
ハロゲンの──	105, 138, 148
リンの──	102
結合次数	19
一酸化窒素の──	108
結合性分子軌道	17
ゲルマニウム	84
──の酸化物	94
ゲルマン	86
原子価殻電子対反発則 → VSEPR則	
原子価結合法	19, 65
交換エネルギー	3, 5
高級ハロゲン化物	
ケイ素の──	90
高級ボラン	68
交互効果	100, 114, 146
格子エネルギー	37
2族金属の酸化物の──	54
合成ガス	24
五角両錐構造	14, 149
黒鉛 → グラファイト	
黒リン	101
五酸化リン	109
ゴーシュ形	105
五ハロゲン化物	
15族元素の──	114
五フッ化物	
15族元素の──	114
互変異性体	91, 113
コランダム	75
孤立電子対	9, 11
混成	10

さ

最密充填	30
錯体	
2族金属の──	58
12族元素の──	172
14族元素の──	88
15族元素の──	116
アルカリ金属の──	44

索　引

酸	58, 65, 122
酸・塩基	
アレニウスの──	122
ブレンステッド・ローリーの──	65
ルイスの──	65
酸解離定数	
塩素のオキソ酸の──	143
水和金属イオンの──	50, 78
酸化還元電位	147
三角両錐構造	11
酸化二ハロゲン	142
酸化物	
2族金属の──	53
13族元素の──	74
14族元素の──	91
15族元素の──	106
16族元素の──	129
アルカリ金属の──	42
アルミニウムの──	75
アンチモンの──	109
塩素の──	142
ケイ素の──	94
ゲルマニウムの──	94
臭素の──	142
スズの──	94
炭素の──	92
窒素の──	106
典型元素の──	8
鉛の──	94
ハロゲンの──	141
ビスマスの──	109
ヒ素の──	109
ヨウ素の──	143
リンの──	108
酸化ホウ素	74
三酸化硫黄	130
三酸化キセノン	162
三酸化二リン	109
三酸化物	
16族元素の──	130
酸性酸化物	8, 74, 109
酸素	120
──と12族元素の化合物	171
──とキセノンの化合物	162
──の結合エネルギー	19
──の同素体	120
──のハロゲン化物	127
──の分子軌道エネルギー準位図	18
三中心二電子結合	55, 57, 68
三中心四電子結合	12
三ハロゲン化物	
15族元素の──	115
三ハロゲン化ホウ素	65
三メタリン酸陰イオン	178
三ヨウ化物イオン	152
次亜塩素酸	142, 144
次亜硝酸	112
ジアゼン	105
ジアゾニウム塩	112
シアナミド	91
次亜リン酸 → ホスフィン酸	
自己解離	
過酸化水素の──	124
水の──	122
シーソー型構造	13, 128
ジチオン酸イオン	133
ジボラン	68
ジメチルベリリウム	57
ジメチルマグネシウム	57
四面体間隙	30, 51, 170
遮蔽	2
斜方硫黄	121
重水素	25
臭素	139
──の酸化物	143
──の多原子イオン	153
重炭酸イオン → 炭酸水素イオン	
縮重	18
準閉殻	3, 5, 168
昇位エネルギー	81
硝酸	111
硝酸塩	
アルカリ金属の──	39
常磁性	19, 107, 108, 120
シラン	86
シリコーン	185, 186

索 引 ● 215

シロキサン	89, 115, 185
辰砂	168
侵入型水素化物	26, 30
侵入型炭化物	90
水銀	168
水酸化物	
13族元素の──	74
アルミニウムの──	75
水素	23, 26
──の結合解離エネルギー	26
──の単体	23
──の同位体	25
水素イオン	23, 30
水素化アルミニウムナトリウム	73
水素化アルミニウムリチウム	44, 73
水素化物	26
2族金属の──	55
13族元素の──	68, 72
14族元素の──	86, 97
15族元素の──	102
16族元素の──	122
アルカリ金属の──	43
硫黄の──	126
セレンの──	126
テルルの──	126
典型元素の──	7
水素化ホウ素	68
水素化ホウ素ナトリウム	44, 73
水素結合	31, 122
水和エネルギー	37, 38
12族元素イオンの──	168
アルカリ金属イオンの──	37, 47
水和金属イオン	
──の酸解離定数	50, 78
水和二酸化物	
14族元素の──	89
スキュー形	124
スズ	85
──の酸化物	94
──の同素体	85
スタナン	86
スチビン	104
ストロンチウム	50
正四面体構造	10
生成エンタルピー	
14族元素の水素化物の──	97
15族元素の水素化物の──	102
16族元素の水素化物の──	122
過酸化水素の──	125
ハロゲン化水素の──	28
ハロゲン間化合物の──	148
水の──	25
正ヒ酸	113
正リン酸	112
ゼオライト	184
赤リン	101
セシウム	36
絶縁体	6
石灰水	54
セレン	121
──のオキソ酸	132
──のオキソハロゲン化物	131
──の水素化物	126
──のハロゲン化物	129
セレン化物	
14族元素の──	95
セレン酸	132
せん亜鉛鉱	168
せん亜鉛鉱型構造	41, 54, 170
層間化合物	86
速度論的安定性	26, 89, 103, 107, 126, 129, 159

た

対角関係	46, 49
ベリリウムとアルミニウムの──	59
リチウムとマグネシウムの──	46
体心立方格子	36, 40, 49
ダイヤモンド	83
ダイヤモンド型構造	84
多形体	82
硫黄の──	121
多原子イオン	
14族元素の──	96
15族元素の──	101
16族元素の──	134
臭素の──	153

ヨウ素の ──	152, 153
多座配位子	45
多中心結合	44
脱水縮合	112, 177
タリウム	63
多硫化水素	126
多硫化物	
アルカリ金属の ──	42
タルク → 滑石	
炭化物	90
2族金属の ──	56
炭酸	93
炭酸イオン	93, 94
炭酸塩	
2族金属の ──	53
亜鉛の ──	172
アルカリ金属の ──	39
カドミウムの ──	172
炭酸水素イオン	93
炭酸水素塩	
アルカリ金属の ──	39
単斜硫黄	121
炭素	82
── の酸化物	92
── の同位体	82
── の同素体	82
単体	
2族金属の ──	50
12族元素の ──	168
13族元素の ──	62
14族元素の ──	82
15族元素の ──	100
16族元素の ──	120
アルカリ金属の ──	36
希ガスの ──	159
水素の ──	23
典型元素の ──	6
ハロゲンの ──	138, 140
チオ硫酸イオン	132
窒化物	116
2族金属の ──	55
窒化ホウ素	76
窒化リチウム	43

窒素	100
── のオキソ酸	111
── のオキソ酸陰イオン	111
── の結合エネルギー	102
── の酸化物	106
── の同素体	100
超強酸	124
超原子価化合物	66, 88, 114, 150
超酸 → 超強酸	
超酸化物	
2族金属の ──	53
アルカリ金属の ──	42
テトラチオン酸イオン	132
テトラヒドロアルミン酸ナトリウム → 水素化アルミニウムナトリウム	
テトラヒドロアルミン酸リチウム → 水素化アルミニウムリチウム	
テトラヒドロホウ酸ナトリウム → 水素化ホウ素ナトリウム	
テルル	121
── のオキソ酸	132
── のオキソハロゲン化物	131
── の水素化物	126
── のハロゲン化物	129
テルル化物	
14族元素の ──	95
テルル酸	133
電荷密度	44
電気陰性度	5
典型元素	
── の塩化物	7
── の酸化物	8
── の水素化物	7
── の単体	6
電子欠損 → 電子不足	
電子親和力	1, 4
電子不足	28, 65, 72
伝導帯	83
同位体	
アスタチンの ──	139
水素の ──	25
炭素の ──	82
同位体効果	25

索　引 ◎ 217

同素体	6, 82
硫黄の──	121
酸素の──	120
スズの──	85
炭素の──	82
窒素の──	100
等電子	186
ドナー	73
トリチウム	25
トレーサー	153

な

内包フラーレン錯体	84
ナトリウム	36
鉛	85
──の酸化物	94
ニクトゲン	99
二酸化硫黄	130, 132
二酸化塩素	142
二酸化ケイ素	94
──の変態	94
二酸化炭素	93
二酸化窒素	107
二酸化物	
16族元素の──	129
二酸素陽イオン	127
二中心二電子結合	68
ニド	71
ニトロイルイオン	107
ニトロシルイオン → ニトロソニウムイオン	
ニトロソニウムイオン	107
ニトロニウムイオン → ニトロイルイオン	
二ハロゲン化酸素 → 酸化二ハロゲン	
二ハロゲン化物	
14族元素の──	89
二フッ化クリプトン	160
二硫化炭素	95
二硫酸 → ピロ硫酸	
二リン酸陰イオン → ピロリン酸陰イオン	
ネオン	159
熱力学的安定性	125

は

配位化合物 → 錯体	
配位数	9
2族金属イオンの──	58
12族元素イオンの──	172
14族元素の──	88
15族元素の酸化物の──	109
16族元素の酸化物の──	130
アルカリ金属イオンの──	45
硫黄のオキソ酸の──	132
セレンのオキソ酸の──	132
テルルのオキソ酸の──	132, 133
ヨウ素のオキソ酸の──	146
白リン	101
バタフライ構造 → シーソー型構造	
八面体間隙	30, 40, 94, 124
八面体構造	11
ハーバー法	103
バリウム	50
ハロカーボン → ハロゲン化炭素	
ハロゲン	137
──と水素の結合エネルギー	140
──のオキソ酸	143
──のオキソ酸陰イオン	143
──の結合エネルギー	105, 138, 148
──の酸化物	141
──の単体	138, 140
ハロゲン化水素	140
──の生成エンタルピー	28
ハロゲン化スルファン	127, 128
ハロゲン化スルフィニル	131
ハロゲン化スルフリル	131
ハロゲン化スルホニル → ハロゲン化スルフリル	
ハロゲン化炭素	90
ハロゲン化チオニル	131
ハロゲン化ニトロシル	107
ハロゲン化物	
2族金属の──	51
12族元素の──	169
13族元素の──	65
14族元素の──	88
15族元素の──	114

16 族元素の ──	127	
アルカリ金属の ──	40	
硫黄の ──	127	
希ガスの ──	160	
酸素の ──	127	
セレンの ──	129	
テルルの ──	129	
ハロゲン化ホスホリル	116	
ハロゲン間化合物	148, 151	
── の結合エネルギー	148	
── の生成エンタルピー	148	
半金属元素 → 亜金属元素		
半径比則	41	
反結合性分子軌道	17	
半減期	139	
反磁性	19, 108	
半導体	6, 76, 85, 111	
バンドギャップ	83	
ヒ化ニッケル型構造	41	
ヒ化物	117	
非共有電子対	9	
非局在化	6, 17, 83	
非金属元素	6	
非水溶媒	43	
ビスマス	101	
── のオキソ酸	113	
── の酸化物	109	
ビスムチン	104	
ヒ素	101	
── のオキソ酸	113	
── の酸化物	109	
── の硫化物	111	
ヒドラジン	104	
ヒドリド	23	
ヒドリド(陰)イオン	23, 27, 43	
ヒドロキシルアミン	105	
ヒドロキソニウムイオン	30	
ヒドロニウムイオン → ヒドロキソニウムイオン		
ヒホ	71	
ピロキセン	182	
ピロケイ酸陰イオン	181	
ピロ硫酸	132	
ピロリン酸陰イオン	178	
ファヤンス則	8, 23, 54, 59, 62	
ファラデー定数	148	
ファンデルワールス力	31, 138	
不活性電子対	14, 152	
不活性電子対効果	61, 62	
13 族元素の ──	61, 63	
14 族元素の ──	82	
15 族元素の ──	99, 115	
16 族元素の ──	119	
付加物		
13 族元素の水素化物の ──	73	
13 族元素のハロゲン化物の ──	66	
14 族元素のハロゲン化物の ──	88	
不均化	67, 144, 148	
不対電子	11, 19	
フッ化グラファイト	85	
フッ化酸化物		
キセノンの ──	163	
フッ化水素	32, 140	
フッ化チオチオニル	128	
フッ化物		
キセノンの ──	160	
フッ素	139	
不動態	63	
フラーレン	84	
ブランバン	86	
ブレンステッド・ローリーの酸・塩基	65	
プロトン	30	
分極	7	
分子軌道エネルギー準位図		
アルカリ金属の二原子分子の ──	36	
一酸化窒素の ──	107	
酸素の ──	18	
分子軌道論	17	
分子ふるい	184	
フントの規則	3, 19	
閉殻	2, 158	
ベイサル	12	
ヘリウム	159	
ベリリウム	50	
── の塩基性カルボン酸塩	53	
ペルオキソ二硫酸イオン	134	
変態	82	

二酸化ケイ素の ——	94	メタン	86
ホウ砂	62	メチルリチウム	44
ホウ酸	62, 74	面冠三角柱構造 → 面冠三角プリズム構造	
ホウ酸イオン	75	面冠三角プリズム構造	14
包接化合物		面冠八面体構造	13
希ガスの ——	159	面心立方格子	40, 51
ホウ素	62	モース硬度	83
—— のクラスター	7, 62, 67, 68		
ホスゲン	92	**や**	
ホスファゼン	186		
ホスファゼン誘導体	115	軟らかい塩基	58
ホスフィン	104	軟らかい酸	58
ホスフィン酸	113	有機金属化学	44
ホスホン酸	113	有機金属化合物	44, 56, 173
蛍石	51	有機リチウム化合物	44
蛍石型構造	51, 52, 169	有効核電荷	2, 4
ボラジン	76	ヨウ素	139
ボラン類	68	—— のオキソ酸の配位数	146
陰イオン性の ——	70	—— のカートネーション	153
ポリカルコゲン化物陰イオン	127, 134	—— の酸化物	143
ポリカルコゲン陽イオン	134	—— の多原子イオン	152, 153
ポリケイ酸イオン	180	ヨウ素酸	145
環状の ——	181	揺動的	160
層状の ——	183	溶媒和電子	43, 55
ポリ酸陰イオン	112	四酸化キセノン	163
ポリシラン	87	四窒化四硫黄 → 四硫化四窒素	
ポリスルファン → 多硫化水素		四中心二電子結合	44
ポリチアジル	110	四ハロゲン化硫黄	128
ポリチオン酸イオン	132	四ハロゲン化物	
ポリハロゲン陽イオン	153	14 族元素の ——	88
ポリホスファゼン	115, 186	四メタリン酸陰イオン	178
ポリヨウ化物陰イオン	152	四硫化四窒素	110
ポリリン酸陰イオン	178		
ポリリン酸塩	177	**ら**	
ボルン・ハーバーサイクル	38, 52, 158		
ポロニウム	122	ラジウム	50
		ラチマー図	147
ま		ラドン	159
		リチウム	36
マグネシウム	50	立方最密格子	40, 49, 51, 167, 170
水		硫化物	
—— の自己解離	122	2 族金属の ——	54
—— の生成エンタルピー	25	14 族元素の ——	95
無機ベンゼン	76	15 族元素の ——	110
		アルカリ金属の ——	42

索　引　219

ヒ素の ——	111
リンの ——	110
硫酸	132
硫酸塩	
2族金属の ——	52
両性	51, 63
両性元素	51
両性酸化物	8, 51, 59, 74, 109
リン	101
—— のオキソ酸	112

—— の結合エネルギー	102
—— の酸化物	108
—— の硫化物	110
リンイリド	116
リン化物	117
ルイスの酸・塩基	65
ルシャトリエの原理	108
ルチル型構造	51, 52, 94, 169
ルビジウム	36
六方最密格子	41, 49, 75, 94, 124, 167, 170

訳者略歴

三吉 克彦(みよし かつひこ)

1945 年　広島県生まれ
1968 年　広島大学理学部化学科卒業
現　在　広島大学大学院理学研究科教授
専　門　錯体化学
理学博士

第 1 版　第 1 刷　2003 年 9 月 10 日
　　　　第 3 刷　2016 年 3 月 20 日

検印廃止

JCOPY 〈(社)出版者著作権管理機構委託出版物〉

本書の無断複写は著作権法上での例外を除き禁じられています。複写される場合は、そのつど事前に、(社)出版者著作権管理機構(電話 03-3513-6969, FAX 03-3513-6979, e-mail: info@jcopy.or.jp)の許諾を得てください。

本書のコピー、スキャン、デジタル化などの無断複製は著作権法上での例外を除き禁じられています。本書を代行業者などの第三者に依頼してスキャンやデジタル化することは、たとえ個人や家庭内の利用でも著作権法違反です。

Printed in Japan　© Katsuhiko Miyoshi　2003
乱丁・落丁本は送料小社負担にてお取りかえします。無断転載・複製を禁ず

チュートリアル化学シリーズ④

典型元素の化学

訳　者　三吉克彦
発行者　曽根良介
発行所　㈱化学同人

〒600-8074　京都市下京区仏光寺通柳馬場西入ル
編集部　Tel 075-352-3711　Fax 075-352-0371
営業部　Tel 075-352-3373　Fax 075-351-8301
　　　　振替　01010-7-5702
E-mail webmaster@kagakudojin.co.jp
URL　http://www.kagakudojin.co.jp
印刷・製本　㈱太洋社

ISBN978-4-7598-1004-2